中等职业学校教学用书

数据库应用基础

(Access 2013)

赵增敏　张　博　王　亮　主编◎

电子工业出版社.

Publishing House of Electronics Industry

北京·BEIJING

内 容 简 介

本书根据教育部颁发的《中等职业学校专业教学标准（试行）信息技术类（第一辑）》中的相关教学内容和要求编写。本书的编写从满足经济发展对高素质劳动者和技能型人才的需求出发，在课程结构、教学内容和教学方法等方面进行了新的探索与改革创新，利于学生对理论知识的掌握和实际操作技能的提高。

本书结合教务管理系统的开发，采用"项目引领"和"任务驱动"的教学方式，详细地介绍了 Access 2013 数据库基础知识、数据库的设计与实现、查询的创建和应用、窗体的创建和应用、报表的创建和应用以及宏的创建和应用等内容。全书内容通俗易懂，紧密联系编程实际，可操作性强。

本书可作为中等职业学校软件与信息服务专业的核心课程教材，也可作为 Access 数据库应用培训机构的教材，还可供需要提高计算机应用技能的计算机爱好者使用。本书配有教学指南、电子教案和习题答案，详见前言。

图书在版编目（CIP）数据

数据库应用基础：Access 2013 / 赵增敏，张博，王亮主编. —北京：电子工业出版社，2018.11

ISBN 978-7-121-34818-1

Ⅰ. ①数… Ⅱ. ①赵… ②张… ③王… Ⅲ. ①关系数据库系统—职业教育—教材 Ⅳ. ①TP311.138

中国版本图书馆 CIP 数据核字（2018）第 174279 号

策划编辑：关雅莉
责任编辑：杨　波
印　　刷：三河市兴达印务有限公司
装　　订：三河市兴达印务有限公司
出版发行：电子工业出版社
　　　　　北京市海淀区万寿路 173 信箱　邮编　100036
开　　本：787×1 092　1/16　印张：18.25　字数：467.2 千字
版　　次：2018 年 11 月第 1 版
印　　次：2018 年 11 月第 1 次印刷
定　　价：38.00 元

凡所购买电子工业出版社图书有缺损问题，请向购买书店调换。若书店售缺，请与本社发行部联系，联系及邮购电话：（010）88254888，88258888。

质量投诉请发邮件至 zlts@phei.com.cn，盗版侵权举报请发邮件至 dbqq@phei.com.cn。

本书咨询联系方式：（010）88254617，luomn@phei.com.cn。

前　言

　　本书根据教育部颁发的《中等职业学校专业教学标准（试行）信息技术类（第一辑）》中的相关教学内容和要求编写。本书的编写从满足经济发展对高素质劳动者和技能型人才的需求出发，在课程结构、教学内容和教学方法等方面进行了新的探索与改革创新，利于学生对理论知识的掌握和实际操作技能的提高。

　　在编写过程中，编者力求使本书突出以下特色。

　　1．内容先进。本书选择 Access 2013 作为蓝本来讲述本课程。Access 2013 是 Access 数据库管理软件的新版本，它秉承了以前版本的功能强大、界面友好和容易上手等优点，同时也发生了很大变化，这些变化主要体现在用户界面、文件格式、网络访问功能、新的数据类型、格式文本的存储、表和窗体的设计方法、宏功能的增强以及安全性的提高等方面。通过使用 Access 2013，无须掌握很深的数据库知识，即可轻松创建富有吸引力和功能性的跟踪应用程序，并使数据库应用程序和报告适应不断变化的业务需求。

　　2．知识实用。本书不仅讲述数据库的基本知识和基本操作技能，还介绍了应用开发中经常用到的一些技巧，通过稍加修改这些技巧便可将其应用于自己的开发实践中。在讲解各类 Access 数据库对象时，突出了宏对象在各类对象之间的组织和协调作用，尤其强调了嵌入宏在窗体设计中的应用。

　　3．突出实践。本书以教务管理系统为主线，通过一系列具有很强实用性的任务来讲述本课程，使学生在动手操作的过程中掌握数据库应用开发的相关知识和技能。每个任务所涉及的内容与学生关系密切，有助于提高学生的学习兴趣。在本书的前 5 个项目中设计并创建了数据库，并在数据库中创建了教务管理系统所需要的表、查询、窗体、报表等数据库对象，到最后一个项目便可以完成整个系统的开发和集成。

　　4．结构合理。本书采用了"项目引领"和"任务驱动"的教学方法，每个项目一开始首先明确提出本项目的目标，继而通过一系列任务来展开本项目的教学内容，基本上每个任务都包括"任务描述"、"实现步骤"及"知识与技能"等环节；通过丰富的任务来模拟数据库应用开发的场景，并通过对这些任务的分析和实现过程，深入浅出、循序渐进地引导读者学习和掌握本课程的知识体系。每个项目后面均附有项目小结、项目思考和项目实训。

　　本书包含 6 个项目。项目 1 介绍使用 Access 2013 所需要的基础知识，讲述 Access 2013 新的用户界面，并介绍 Access 数据库中包含的各类对象；项目 2 讲述数据库的设计与实现，主要包括设计和创建数据库、在数据表视图中创建表、使用设计视图创建表、通过导入数据创建表、设置查阅字段、设置字段的输入掩码和验证规则、在表中添加和编辑记录以及在表之间建立关系；项目 3 介绍查询的创建和应用，主要包括创建选择查询、通过搜索条件筛选记录、创建多表查询、在查询中进行计算、创建参数查询、创建交叉表查询、创建子查询、通过追加查询添加记录、通过更新查询修改记录以及通过删除查询删除记录；项目 4 讲述窗体的创建和应用，主要包括使用窗体工具创建窗体、使用多项目工具创建窗体、使用分割窗体工具创建窗体、使用窗体向导创建窗体、使用空白窗体工具创建窗体、使用窗体设计工具创建窗体、创建主/子窗体组合、创建选项卡式窗体以及创建导航窗体；项目 5 讲述报表的创建和应用，主要包括使用报表工具创建报表、使用报表向导创建报表、使用标签向导创建报表、使用空白报表工具创建报表、使用报表设计工具创建报表、创建分组汇总报表、创建和使用子报表、创建包含图表的报表以及预览和打印报表；项目 6 介绍宏的创建和应用，主要包括通过宏打开数据库对象、实现记录操作、实现窗体查询，通过自动运行宏实现密码验证，通过宏导出子窗体数据，通过宏邮寄报表数据以及通过宏实现系统集成。

本书中所用到的一些公司名、人名、电话号码和电子邮件地址均为虚构，如有雷同，实属巧合。

本书由赵增敏、张博、王亮主编。参加本书编写的还有朱粹丹、赵朱曦、余霞、王庆建、吴洁、朱永天、卢捷、李强、彭辉、段丽霞、郭宏、赵玉霞、李娴、余晓霞、贺宝乾、宋晓丽、王静、刘颖、黄山珊等。此外，还有许多同志对本书的编写提供了很多帮助，在此一并致谢。

由于编者水平所限，书中疏漏和错误之处在所难免，欢迎广大读者提出宝贵意见。

为了方便教师教学，本书还配有教学指南、电子教案和习题答案。请有此需要的教师登录华信教育资源网（www.hxedu.com.cn）注册后免费进行下载。

编　者
2018 年 7 月

目　录

项目 1

初识 Access 2013

项目描述

Access 2013 是由微软发布的关系数据库管理系统，是 Office 2013 办公软件的重要组件之一。它将 JET 数据库引擎与图形用户界面结合起来，具有功能强大、易于扩展和安全可靠等特点。Access 2013 是一款优秀的桌面数据库管理系统，非常适合开发中小型信息管理系统，广泛用于账务、行政、金融、统计及审计等领域。通过本项目将学习 Access 2013 的基础知识，主要包括数据库的基本概念、Access 2013 用户界面及 Access 数据库的构成部件等。

项目目标

◆ 理解数据库的基本概念
◆ 掌握启动和退出 Access 2013 的方法
◆ 了解 Access 2013 用户界面
◆ 了解 Access 数据库的构成部件

任务 1.1 理解数据库

任务描述

Access 2013 是一款桌面数据库管理系统，可以用来开发中小型信息管理系统，以满足存储、查询、更新、分析和输出数据的需要。那么，什么是数据库？什么是关系数据库？什么是数据库管理系统？通过本任务将学习和理解与数据库相关的一些基本概念，为使用 Access 2013 打下必要的基础。

知识与技能

作为本项目的第一个任务，下面首先来了解一些与数据库相关的基本概念，具体包括数据库、关系数据库、关系数据库管理系统、Access 2013、数据库系统及结构化查询语言等。

1. 数据库

数据库是按照数据结构来组织、存储和管理数据的仓库，并建立在计算机的存储设备上。在日常工作中，经常需要把一些相关的数据放进这样的"仓库"中，并根据管理的需要进行相应的处理。

例如，企业或事业单位的人事部门通常会把本单位职工的基本情况（职工号、身份证号、姓名、出生日期、性别、籍贯、参加工作时间、工资、个人简历等）存放在一张表中，这张表就可以看成一个数据库。有了这个"数据仓库"，便可以根据需要随时查询某个职工的基本情况，也可以查询工资收入在某个范围内的职工人数等。这些工作都能够在计算机上自动进行，从而使人事管理的工作效率得到了极大提高。

严格地说，数据库是长期储存在计算机内、有组织的、可共享的数据集合。数据库中的数据按照一定的数据模型组织和存储在一起，具有尽可能小的冗余度、较高的数据独立性和易扩展性的特点，并且可以在一定范围内为多个用户共享。

这种数据集合具有以下特点：尽可能不重复，以最优方式为某个特定组织的多种应用服务，其数据结构独立于使用它的应用程序；对数据的添加、删除、修改和查询等操作通过软件进行统一管理和控制。

2．关系数据库

关系数据库是指采用关系模型来组织数据的数据库。数据库关系模型的概念是在 1970 年由 IBM 的 E.F.Codd 博士首先提出的，在以后几十年中关系模型得到了充分发展并逐渐成为数据库结构的主流模型。简言之，关系模型就是二维表格模型，一个关系型数据库是由二维表及其之间的联系所组成的数据组织。

在关系模型中，关系可以理解为一张二维表，每个关系都具有一个关系名，这就是表名。二维表中的行在数据库术语中通常称为记录或元组；二维表中的列称为字段或属性；字段的取值范围称为域，也就是字段的取值限制；一组可以唯一标识记录的字段称为关键字，也称主键。主键由一个或多个字段组成；关系模式是指对关系的描述，其格式为"表名（字段 1,字段 2,…,字段 n）"，称为表结构。在关系数据库中，通过在不同的表之间创建关系可以将某个表中的字段链接到另一个表中的字段，以防出现数据冗余。

3．关系数据库管理系统

关系数据库管理系统是用来管理数据库的软件，它提供用户与数据库之间的操作界面，让用户可以方便地创建和管理数据库。关系数据库管理系统通常具有数据定义、数据处理和数据安全等方面的功能。例如，SQL Server、Access 和 FoxPro 等都是关系数据库管理系统。

4．Access 2013

Access 2013 是一款运行于 Windows 操作系统平台上的关系数据库管理系统。在 Access 2013 中，不仅可以在数据表中定义主关键字和外部关键字，也可以对数据实施完整性规则和有效性规则；不仅可以使用附件数据类型字段和多值字段，也可以在备注字段中存储格式文本，此外还提供更加可靠的安全系统。

为了便于用户创建和管理数据库，Access 2013 提供了各种方便易用的基本工具，包括表设计器、窗体设计器、查询设计器、报表设计器、宏生成器及代码编辑器等。利用 Access 2013 可以管理文本、数字、图片、声音及动画等各种类型的数据，还可以使用多种方式对这些数据进行筛选、分类和检索；在 Access 2013 中，既可以通过窗体来查看数据库中的数据，也可以通过报表将数据按照指定的格式打印出来。

一般情况下，Access 数据库会将自带的表与其他对象一起存储在单个文件中。

使用 Access 2013 数据库管理系统，可以执行以下操作：

（1）向数据库中添加新数据，例如学生表的学生记录或商品表中的商品记录；

（2）编辑数据库中的现有数据，例如更改学生某门课程的成绩或某个商品的进货记录；

（3）删除信息，如果某学生已退学或某商品已停止销售，则应删除相关信息；

（4）以不同的方式组织和查看数据；

（5）通过报表、电子邮件、Intranet 或 Internet 与他人共享数据。

5. 数据库系统

数据库系统通常由软件、数据库和数据库管理员组成。其中，软件主要包括操作系统、各种宿主语言、实用程序及数据库管理系统。数据库通过数据库管理系统进行统一管理，数据的添加、修改、删除和检索都要通过数据库管理系统来实现。数据库管理员负责创建、监控和维护整个数据库，使数据能够被任何拥有使用权限的人有效使用。

以 Access 2013 格式创建的数据库使用 Access 2007-2013 格式，其文件扩展名为.accdb。也可以使用 Access 早期文件格式（如 Access 2000 和 Access 2002-2003）来创建数据库文件，其文件扩展名为.mdb。Access 数据库文件与 Access 应用程序关联。

数据库管理系统（例如 Access 2013）用于描述、管理和维护数据库，该系统运行于计算机操作系统之上，对数据库进行统一管理和控制。

数据库应用程序是使用数据库管理系统开发的应用程序，通过可以为用户提供信息服务，包括添加、修改、删除、查询数据、报表打印及报表导出等。

用户是使用计算机硬件和数据库管理系统对数据库进行操作的各种人员，不同类别的用户通常拥有不同的数据访问权限。

6. 结构化查询语言

结构化查询语言（SQL，Structured Query Language）是一种关系数据库操作语言。它具有数据查询、数据定义、数据操作和数据控制等功能，可以用于检索、插入、修改和删除关系数据库中的数据，也可以用于定义和管理数据库中的对象。

例如，在 SQL 语言中，可以使用 CREATE TABLE 语句在数据库中创建表，使用 INSERT 语句向表中添加数据，使用 UPDATE 语句修改表中的数据，使用 DELETE 语句从表中删除数据，使用 SELECT 语句从一个或多个表中检索数据等。

任务 1.2　认识 Access 2013 用户界面

任务描述

Access 2013 应用程序拥有一个全新的用户界面，这个新的用户界面经过广泛的研究和可用性测试，旨在简化查找所需命令的过程。在本任务中将打开一个名为罗斯文的 Access 数据库，并结合该数据库来认识 Access 2013 中新的用户界面元素，主要包括"文件"选项卡（Backstage 视图）、功能区、命令选项卡、上下文命令选项卡、快速访问工具栏、导航窗格、选项卡式文档及状态栏等。

数据库应用基础 (Access2013)

实现步骤

　　下面将在 Access 2013 中打开一个数据库，并结合打开的这个数据库对 Access 2013 用户界面的组成情况进行探讨。

1. 启动 Access 2013

启动 Access 2013 主要有以下两种方式。

- 使用"开始"菜单启动 Access 2013。单击屏幕左下角的"开始"按钮，然后执行"所有程序"→"Microsoft Office 2013"→"Access 2013"命令。
- 通过打开 Access 数据库文件启动 Access 2013。在安装过程中，由于 Access 数据库文件与 Access 应用程序之间自动建立了关联，因此，当在 Windows 资源管理器中打开一个 Access 数据库文件（*.accdb、*.mdb）时，也会启动 Access 2013 并打开当前所选定的数据库文件。

2. 认识开始页面

　　启动 Access 2013 时将会出现开始页面，如图 1.1 所示。该页左侧区域列出最近使用的数据库文件，单击某个数据库文件即可打开它；也可以单击"打开其他文件"链接，然后从计算机上选择要打开的其他数据库文件。

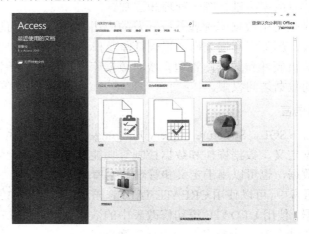

图 1.1　Access 2013 开始页面

　　开始页面的右侧区域列出了一些模板，第一个是"自定义 Web 应用程序"，用于创建 Access Web 应用程序；第二个是"空白桌面数据库"，用于创建一个空白的 Access 2013 桌面数据库；其他几个均为联机模板，需要从微软公司的网站上下载才能使用。也可以在页面顶部的搜索框中输入关键词，以搜索所需的数据库联机模板。

3. 打开罗斯文数据库

　　罗斯文数据库是 Access 自带的示例数据库，也是一个很好的学习教程。通过罗斯文数据库能够对 Access 数据库的表、关系、查询、报表、窗体等对象有一个全面的了解。

　　在开始页面上单击"打开其他文件"链接，在计算机上查找数据库文件"罗斯文.accdb"，然后打开它。此时会出现如图 1.2 所示的登录对话框，可选择一个员工并单击"登录"按钮。

图 1.2　罗斯文数据库的登录对话框

登录成功后，将进入罗斯文数据库的主页，如图 1.3 所示。

图 1.3　罗斯文数据库的主页

4．功能区和命令选项卡

功能区提供了 Access 2013 中主要的命令界面，用来取代以前版本中的菜单和工具栏。功能区的主要优点之一是，它通常需要使用菜单、工具栏、任务窗格及其他用户界面组件才能显示任务或将入口点集中在一个地方。这样一来，只需要在一个位置查找命令，而不用四处查找命令。当打开数据库时，功能区显示在 Access 2013 主窗口的顶部，它在此处显示了活动命令选项卡中的命令。

Access 2013 功能区由一系列命令选项卡组成。主要的命令选项卡包括"开始"、"创建"、"外部数据"和"数据库工具"。每个选项卡都包含多个命令组，这些命令组展现了一些命令和其他用户界面元素。若要折叠或展开功能区，可按 Ctrl+F1 组合键；也可以单击 ﹀ 折叠功能区，或者单击 ﹣ 固定功能区。若要激活某个活动选项卡，可单击该选项卡。

默认情况下将显示"开始"命令选项卡，如图 1.4 所示。使用该选项卡可执行以下操作：选择不同的视图；从剪贴板复制和粘贴；设置当前的字体特性；设置当前的字体对齐

数据库应用基础 (Access2013)

方式；对备注字段应用格式文本格式；使用记录（刷新、新建、保存、删除、汇总、拼写检查及更多）；对记录进行排序和筛选；查找记录。

图 1.4　"开始"命令选项卡

选择"创建"命令选项卡，如图 1.5 所示。在该选项卡中可执行以下操作：插入新的空白表；使用表模板创建新表；在 SharePoint 网站上创建列表，在链接至新创建的列表的当前数据库中创建表；在设计视图中创建新的空白表；基于活动表或查询创建新窗体；创建新的数据透视表或图表；基于活动表或查询创建新报表；创建新的查询、宏、模块或类模块。

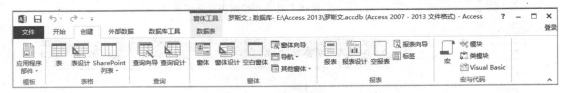

图 1.5　"创建"命令选项卡

选择"外部数据"命令选项卡，如图 1.6 所示。在该选项卡中可执行以下操作：导入或链接到外部数据；导出数据；通过电子邮件收集和更新数据；创建保存的导入和保存的导出；运行链接表管理器。

图 1.6　"外部数据"命令选项卡

选择"数据库工具"命令选项卡，如图 1.7 所示。在该选项卡中可执行以下操作：将部分或全部数据库移至新的或现有 SharePoint 网站；启动 Visual Basic 编辑器或运行宏；创建和查看表关系；显示/隐藏对象相关性；运行数据库文档或分析性能；将数据移至 Microsoft SQL Server 或 Access（仅限于表）数据库；管理 Access 加载项；创建或编辑 Visual Basic for Applications (VBA)模块。

图 1.7　"数据库工具"命令选项卡

除了通过单击鼠标左键选择所需的命令选项卡和相关命令之外，也可以在功能区中使用键盘快捷方式。操作方法是：按 Alt 键显示键盘提示，然后按相应的提示键，选择所需的命令选项卡和相关命令等，如图1.8所示。

图1.8 使用键盘快捷方式

5．上下文命令选项卡

除标准命令选项卡之外，在 Access 2013 中还可以使用一种称为"上下文命令选项卡"的新的用户界面元素。根据上下文（进行操作的对象及正在执行的操作）的不同，标准命令选项卡旁边可能会出现一个或多个上下文命令选项卡。

上下文命令选项卡包含在特定上下文中需要使用的命令和功能。例如，当在"设计"视图中打开一个窗体时会出现一个名为"设计"的上下文命令选项卡，单击"设计"选项卡时，功能显示仅当窗体处于设计视图时才能使用的命令，例如视图切换、窗体控件等，如图1.9所示。在"设计"选项卡右边还出现了"排列"和"格式"上下文命令选项卡。

图1.9 在"设计"视图中打开窗体时出现的上下文命令选项卡

再如，如果在"设计"视图中打开一个表，则上下文选项卡中将包含仅在该视图中使用表时才能应用的命令，例如设计主键、插入行、删除行等，如图1.10所示。

图1.10 在"设计"视图中打开表时出现的"设计"上下文命令选项卡

6．"文件"选项卡（Backstage 视图）

当单击"文件"时，将会打开"文件"选项卡，使用该选项卡中的命令可以完成一些常见任务，例如新建文件、打开文件、保存文件及设置 Access 选项等，如图1.11所示。

7．快速访问工具栏

快速访问工具栏位于控制菜单图标右侧，默认情况下该工具栏中包含"保存"、"撤销"和"恢复"3个命令按钮，如图1.12所示。根据需要，也可以在快速访问工具栏中添加其他命令按钮。操作方法是：单击快速访问工具栏右边的 ￬ 按钮，然后从弹出菜单中选中要添加的命令。

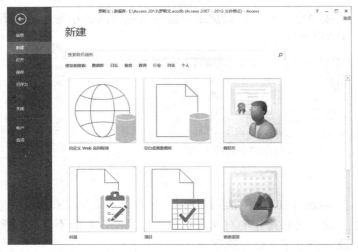

图 1.11　"文件"选项卡（Backstage 视图）

图 1.12　快速访问工具栏

8. 导航窗格

　　当在 Access 2013 中打开数据库或创建新数据库时，数据库对象的名称将显示在导航窗格中，如图 1.13 所示。

　　数据库对象包括表、窗体、查询、报表、宏和模块。导航窗格将数据库对象划分为多个类别，各个类别中又包含多个组。某些类别是预定义的，也可以创建自己的自定义组。单击导航窗格上部的向下箭头，可以显示分组列表，如图 1.14 所示。

　　导航窗格取代了早期版本的 Access 中所用的数据库窗口。如果在以前版本中使用数据库窗口执行任务，那么现在可以在 Access 2013 中使用导航窗格来执行同样的任务。例如，如果要在数据表视图中向表中添加行，则可以从导航窗格中打开该表。

　　若要打开数据库对象或对数据库对象应用命令，可用鼠标右键单击该对象，然后从上下文菜单中选择一个菜单项。上下文菜单中的命令因对象类型而不同。

　　若要打开数据库对象（例如表、窗体或报表），可执行下列操作之一。

　　（1）在导航窗格中双击对象。

　　（2）在导航窗格中选择对象，然后按 Enter 键。

　　（3）在导航窗格中用鼠标右键单击对象，然后在上下文菜单中单击菜单项。

　　默认情况下，当在 Access 2013 中打开数据库时将显示导航窗格。通过设置应用程序选项可以阻止显示导航窗格。若要显示或隐藏导航窗格，可单击导航窗格右上角的《或》按钮，或按 F11 键。处于隐藏状态的导航窗格如图 1.15 所示。

9. 选项卡式文档

　　在 Access 2013 中，可以使用选项卡式文档代替重叠窗口来显示数据库对象，如图 1.16 所示。为了便于日常的交互使用，可能更愿意采用选项卡式文档界面，也可以通过设置 Access 选项来启用或禁用选项卡式文档。不过，如果要更改选项卡式文档设置，则必须先关闭再重新打开数据库，新设置才能生效。

初识 Access 2013

图 1.13 导航窗格

图 1.14 对象分组

图 1.15 处于隐藏状态的导航窗格

图 1.16 选项卡式文档

10. 状态栏

与早期版本 Access 一样，在 Access 2013 中也会在窗口底部显示状态栏，如图 1.17 所示。使用状态栏可以显示状态消息、属性提示、进度指示等。在 Access 2013 中，状态栏也具有两项标准功能，即视图/窗口切换和缩放。

图 1.17 状态栏

使用状态栏上的可用控件可以在不同视图之间快速切换活动窗口。如果要查看支持可变缩放的对象，则可以使用状态栏上的滑块，调整缩放比例以放大或缩小对象。

知识与技能

通过快捷方式启动 Access 2013 后，可以对快速访问工具栏进行自定义，也可以禁止显示导航窗格。

1. 创建 Access 2013 快捷方式

为了快速启动 Access 2013，也可以在 Windows 桌面、"开始"菜单或"快速启动"工具栏上创建 Access 2013 的快捷方式。

- 若要在 Windows 桌面上创建快捷方式，可以依次单击"开始"、"所有程序"和"Microsoft Office 2013"，然后用鼠标右键单击"Access 2013"，并在弹出菜单中选择"发送到"→"桌面快捷方式"选择。
- 若要在"开始"菜单中创建快捷方式，可以依次单击"开始"、"所有程序"和"Microsoft Office 2013"，然后用鼠标右键单击"Access 2013"，并在弹出菜单中选择"附加到「开始」菜单"。
- 若要在快捷工具栏上创建快捷方式，将桌面上的 Access 2013 快捷方式拖到屏幕左下角的快捷工具栏上即可。

2. 自定义快速访问工具栏

默认情况下，快速访问工具栏上仅显示 3 个常用命令，即"保存"、"撤销"和"恢复"。不过，也可以根据需要对快速访问工具栏进行自定义，具体操作方法是：单击该工具栏右侧的下拉箭头，然后从弹出菜单中选取要添加的命令（如"新建""打开"命令等），如图 1.18 所示。

图 1.18　自定义快速访问工具栏

如果在弹出的菜单中找不到需要添加的命令，则可以通过"Access 选项"对话框来添加。为此，可选择"文件"选项卡，单击"选项"以打开"Access 选项"对话框，如图 1.19 所示。单击"快速访问工具栏"，然后执行下列操作。

- 若要向快速访问工具栏上添加命令，可从左侧的列表中选择要添加的一个或多个命令，然后单击"添加"按钮。
- 若要从快速访问工具栏中删除命令，可在右侧的列表中单击该命令，然后单击"删除"按钮或者在列表中双击该命令。
- 若要使快速访问工具栏显示在功能区的下方，可选中"在功能区下方显示快速访问工具栏"复选框，完成设置后单击"确定"按钮。

图 1.19 "Access 选项"对话框

3. 禁止显示导航窗格

默认情况下,当在 Access 2013 中打开数据库(包括使用 Access 早期版本创建的数据库)时,将会显示导航窗格。若要禁止显示导航窗格,可执行以下操作。

(1)单击"文件",然后单击"选项"。

(2)当出现"Access 选项"对话框时,在左侧的窗格中单击"当前数据库",在"导航"下清除"显示导航窗格"复选框,如图 1.20 所示。

图 1.20 在默认情况下禁止显示导航窗格

（3）单击"确定"按钮。

任务 1.3 认识 Access 数据库对象

任务描述

在任务 1.2 中打开的罗斯文数据库，用于存储罗斯文贸易公司的各种信息，包括员工、客户、供应商、运货商、采购、库存及订单等。由此可知，数据库就是一个与特定主题或用途相关的数据和对象的集合。在本任务中，将结合罗斯文数据库来了解一下 Access 数据库中包含哪些类型的数据库对象。

实现步骤

首先，打开罗斯文数据库，然后来查看其中包含的各种数据库对象。

（1）在 Access 2013 用户界面中单击"文件"，执行"打开"命令，然后选择并打开罗斯文数据库。

（2）在导航窗格中选择"表"类别，双击"产品"表，如图 1.21 所示。此时，可以在"数据表"视图中打开的"产品"表中浏览表中的数据，如图 1.22 所示。使用状态栏右端的按钮可在不同视图之间切换。

图 1.21 打开"产品"表　　　　图 1.22 浏览"产品"表中的数据

（3）在导航窗格中选择"窗体"类别，双击"采购订单明细"窗体，如图 1.23 所示。此时，将在"窗体视图"中打开这个窗体，不仅可以查看和编辑供应商信息，也可以查看和编辑与该供应商相关的采购订单明细，如图 1.24 所示。

（4）在导航窗格中选择"查询"类别，双击"按员工和日期产品销售量"查询，如图 1.25 所示。此时，会在"数据表"视图中显示这个查询的运行结果，看起来就像表一样，如图 1.26 所示。

（5）在导航窗格中选择"报表"类别，双击"前十个最大订单"报表，如图 1.27 所示。此时，将会在"报表视图"中打开这个报表，如图 1.28 所示。

图 1.23　打开窗体

图 1.24　查看"采购订单明细"窗体的运行结果

图 1.25　打开查询

图 1.26　查看"按员工和日期产品销售量"查询的运行结果

图 1.27　打开报表

图 1.28　查看"前十个最大订单"报表

（6）在导航窗格中选择"宏"类别，用鼠标右键单击"删除所有数据"并选择"设计视图"，如图 1.29 所示。此时，将在设计视图中打开这个宏对象，如图 1.30 所示。

图 1.29　打开宏

图 1.30　查看宏对象设计

（7）在导航窗格中选择"模块"类别，双击"采购订单"模块，如图 1.31 所示。此时，可以打开 VBA 编辑环境，在这里可以看到数据库中包含的模块源代码，如图 1.32 所示。

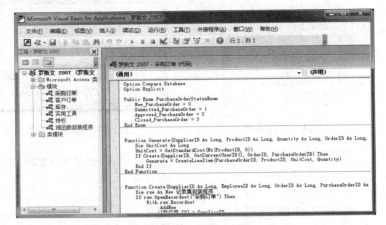

图 1.31 打开模块　　　　　　　　　　图 1.32 查看模块源代码

知识与技能

Access 2013 数据库可以包含 6 种类型的数据库对象，即表、查询、窗体、报表、宏和模块，这些对象也称为 Access 数据库的部件。若要查看某种类型的数据库对象，可单击导航窗格上部的向下箭头，选中"对象类型"和"所有 Access 对象"。当查看某种类型的对象时，首先在导航窗格中选择该对象类型，然后在某种视图中打开对象。

1. 表

表是数据库中最重要的基础对象，包含数据库中的所有数据，而其他数据库对象（如查询和报表等）都是依赖于表而存在的。表是关于特定主题数据的集合，如学生和成绩、作者和图书、产品和供应商等。每个主题使用一个表，意味着用户只需要存储一次数据，这样就不会发生冗余，并且减少了数据输入的出错概率。例如，当在数据库中存储有关教学管理的信息时，每个学生的信息只需要在专门设置为保存学生数据的表中输入一次，有关课程和成绩的数据将存储在其专用表中，有关教师的数据将存储在另外的表中。这个过程称为标准化。

数据库表在外观上与电子表格相似，因为二者都以行和列存储数据。这样，通常可以将电子表格导入数据库表中。将数据存储在电子表格中与存储在数据库中的主要区别在于数据的组织方式不同。

表中的每一行称为一条记录，记录用来存储各条信息。每一条记录包含一个或多个字段。字段对应表中的列。例如，罗斯文数据库中有一个名为"订单"的表，其中每一条记录（行）都包含有关不同订单的信息，每一字段（列）都包含不同类型的信息（如订单 ID、员工姓名、订单日期及发货日期等）。必须将字段指定为某一数据类型，可以是文本、日期或时间、数字或其他类型。

在 Access 2013 中，可以将"设计"视图用于设置表中各个字段和整个表的属性，包括指定字段的名称、为字段选择数据类型及设置表的主键和索引等。在"数据表"视图中可以查看表中包含的实际数据，可以向表中添加新的记录、编辑现有记录或删除无用记录。

2. 查询

查询是 Access 数据库中应用最多的部件，可以用来执行多种功能。使用查询可以按照不同的方式来查看、更新和分析数据，还可以将查询作为窗体和报表的记录源。查询的最常用功能是从表中检索特定数据。如果要查看的数据通常分布在多个表中，则可以通过查询在一张数据表中查看这些数据。此外，由于通常不需要一次看到所有的记录，因此，可以在查询中添加一些条件，便可以从大量数据中筛选出所需要的记录。

查询可分为 2 种基本类型，即选择查询和操作查询。选择查询仅供检索数据使用，既可以在屏幕中查看查询结果，也可以将结果打印出来或者将其复制到剪贴板中，还可以将查询结果用作窗体或报表的记录源。操作查询用于对数据执行某些操作任务，可以用来创建新表或向现有表中添加数据，也可以更新数据或者删除数据。某些查询是可更新的，即可以通过查询数据表来编辑基础表中的数据。如果使用的是可更新的查询，则应当注意所做的更改实际上是在基础表中完成的，而不只是在查询数据表中完成的。

查询可以在"设计"视图、"数据表"视图或"SQL"视图中来查看。"设计"视图提供了一个友好的用户界面，可以用于创建和修改视图；"数据表"视图用于查看查询的运行结果，通常呈现为数据表，看起来就像表一样；"SQL"视图用于查看相应的 SQL 语句，例如，选择查询对应于 SELECT 语句，追加查询对应于 INSERT 语句，更新查询对应于 UPDATE 语句，删除查询对应于 DELETE 语句。

3. 窗体

窗体有时也称为数据输入屏幕。窗体是用来处理数据的界面，通常包含一些可执行各种命令的命令按钮，可以用来查看、输入和编辑表中的数据。

窗体提供了一种简单易用的处理数据的格式，而且还可以向窗体中添加一些控件，例如命令按钮。通过对按钮进行编程，可以确定在窗体中显示哪些数据、打开其他窗体或报表或者执行其他各种任务。例如，可能有一个可用于处理客户数据的称为"客户"的窗体，该窗体中可能包含一个可以打开订单窗体的按钮，可以在该订单窗体中输入客户的新订单。

使用窗体还可以控制其他用户与数据库数据之间的交互方式。例如，可以创建一个只显示特定字段且只允许执行特定操作的窗体。这有助于保护数据并确保输入的数据正确。

窗体有多种用途，但最常用的是作为数据输入和数据显示的方式。数据输入窗体可以帮助用户方便快捷地将数据输入到表中，显示窗体则用于显示从给定表中提取的特定信息。

4. 报表

报表用来汇总和显示表中的数据。一个报表通常可以回答一个特定问题，例如"前十个最大的订单是哪些？"。对每个报表设置格式后，可以采用最容易阅读的方式来显示信息。报表可以在任何时候运行，而且将始终反映数据库中的当前数据。

通常将报表的格式设置为适合打印的格式，但是报表也可以在屏幕上进行查看、导入其他程序或者以电子邮件的形式发送。

5. 宏

Access 中的宏可以视为一种简化的编程语言，通过宏可以向数据库中添加操作和控制功能。宏是由一个或多个操作组成的集合，其中每个操作用来自动完成特定的任务。例如，可以将一个宏附加到窗体上的某一命令按钮，这样每次单击该按钮时，所附加的宏就会运行。

宏包括可执行任务的操作，例如打开报表、运行查询或者关闭数据库。大多数手动执行的数据库操作都可以利用宏自动执行，因此宏是非常省时的方法。

6. 模块

与宏类似，使用模块对象也可以向数据库中添加功能。尽管可以通过从宏操作列表中进行选择以在 Access 中创建宏，但是还可以用 Visual Basic for Applications（VBA）编程语言来编写模块。模块是声明、语句和过程的集合，它们作为一个单元存储在一起。

一个模块可以是类模块，也可以是标准模块。类模块可附加到窗体或报表上，而且通常包含一些特定于所附加到的窗体或报表的过程。标准模块包括与任何其他对象无关的常规过程。在导航窗格的"模块"下列出了标准模块，但没有列出类模块。

7. 操作数据库对象

使用导航窗格可以对 Access 数据库包含的对象进行以下操作。

- 打开数据库对象：在导航窗格中选择一种组织方式，然后双击要打开的对象。
- 查找数据库对象：在搜索框中输入该对象的名称或名称的一部分。
- 复制数据库对象：在导航窗格中单击该对象，在"开始"命令选项卡中依次单击"复制"和"粘贴"按钮，然后在"粘贴为"对话框中指定对象副本的名称，复制表时还需要设置粘贴选项。
- 重命名数据库对象：在导航窗格中用鼠标右键单击该对象并选择"重命名"，然后为该对象指定新的名称。
- 将表数据导出到其他格式文件中：在导航窗格中用鼠标右键单击该表并在弹出菜单中指向"导出"，然后选择所需的目标文件格式。
- 删除数据库对象：在导航窗格中单击该对象并按 Delete 键，然后在弹出的对话框框中单击"是"按钮加以确认。

项目小结

通过本项目学习了使用 Access 2013 所需要的基础知识，主要包括以下 3 部分。

（1）数据库基本概念：包括数据库、关系数据库、关系数据库管理系统和数据库系统等。

（2）Access 2013 用户界面：主要包括开始页面、功能区、命令选项卡、上下文选项卡、文件菜单、快速访问工具栏，导航窗格、选项卡式文档及状态栏等。

（3）Access 数据库的构成部件：包括表、查询、窗体、报表、宏和模块。在 Access 2013 的导航窗格中选择某个对象类别，可以查看此类别中的所有对象，通过双击可以打开对象。利用导航窗格还可以对数据库对象进行复制、重命名及删除等操作。

项目思考

一、选择题

1. 在下列各项中，（　　）不属于关系数据库。
   A．Visual FoxPro B．Visual Basic
   C．SQL Server D．MySQL

2. Access 2013 是一个（　　）。
   A．关系数据库 B．关系数据库管理系统
   C．数据库系统 D．层次数据库

3. 以 Access 2013 格式创建的数据库的文件扩展名为（　　）。
   A．.doc B．.mdb
   C．.accdb D．.bmp

4. 在 Access 数据库中，数据存储在（　　）中。
   A．查询 B．表
   C．窗体 D．报表

5. 如果一个 Access 数据库包含 3 个表、4 个查询和 5 个窗体，则该数据库存储在（　　）个文件中。
   A．1 B．3
   C．4 D．5

二、判断题

1. 数据库是按照数据结构来组织、存储和管理数据的仓库。（　　）
2. 数据库由一组表组成。（　　）
3. 关系模型由关系数据结构、关系操作集合、关系完整性约束三个部分组成。（　　）
4. 所有 Access 数据库的文件扩展名都是.accdb。（　　）
5. 结构化查询语言（SQL）是一种关系数据库操作语言，它具有数据查询、数据定义、数据操作和数据控制功能。（　　）
6. 在 Access 2013 开始页面上单击"空白桌面数据库"可以创建一个空白数据库文件。
   （　　）

三、简答题

1. 什么是关系数据库？请列举几种关系数据库。
2. 使用 Access 2013 可以执行哪些操作？
3. Access 2013 的用户界面主要包括哪些部分？
4. Access 2013 功能区主要包括哪些命令选项卡？
5. 罗斯文数据库包含哪些表？
6. 罗斯文数据库包含哪些查询？
7. 罗斯文数据库包含哪些报表？
8. 罗斯文数据库包含哪些窗体？

项目实训

1. 分别在"开始"菜单、桌面、快速启动工具栏上为 Access 2013 创建快捷方式。
2. 通过快捷方式启动 Access 2013，然后打开数据库文件"罗斯文.accdb"。
3. 通过打开"罗斯文.accdb"数据库启动 Access 2013，然后退出 Access 2013。
4. 在 Access 2013 中打开"罗斯文.accdb"数据库，然后执行以下操作。

（1）在功能区中分别选中"开始"、"创建"、"外部数据"及"数据库工具"命令选项卡，并观察这些命令选项卡各有哪些命令组。

（2）在导航窗格中分别选择"表"、"查询"、"窗体"、"报表"、"宏"和"模块"类别，并观察这些类别中分别包含哪些对象。

（3）在导航窗格中选择"表"类别，然后分别打开"员工"、"产品"、"客户"、"供应商"和"订单"表，并观察出现了哪些上下文选项卡。

（4）在导航窗口中选择"查询"类别，然后分别打开"按类别产品销售"、"产品采购订单数"及"客户扩展信息"查询。

（5）在导航窗格中选择"报表"类别，然后分别打开"按类别产品销售"、"供应商通讯簿"及"前十个最大订单"报表。

（6）在导航窗格中选择"宏"类别，然后用鼠标右键单击"删除所有数据"并选择"设计视图"命令，在设计视图中打开这个宏对象。

（7）在导航窗格中选择"模块"类别，然后分别打开"客户订单"和"实用工具"模块，在 VBA 编辑环境中查看模块的源代码。

项目2

数据库的设计与实现

项目描述

　　本书的主线是使用 Access 2013 来开发一个教务管理系统,用于存储和管理学生、教师、课程及成绩等教务信息。在表中存储数据是使用数据库的基础,为此首先要创建一个空白数据库,然后在该数据库中创建一些表并录入一些测试性数据,还要在相关表之间建立起关系。通过本项目将完成教务管理数据库的设计和实现,主要任务包括设计数据库、创建数据库、在数据库中创建表、设置表字段的属性、在表中添加和编辑记录,以及在相关表之间建立关系等。

项目目标

◆ 了解设计数据库的相关原则
◆ 掌握创建数据库的方法步骤
◆ 掌握创建表的方法步骤
◆ 掌握设置字段属性的方法
◆ 掌握在表之间建立关系的方法

任务 2.1　数据库设计

任务描述

　　合理的数据库设计是开发信息管理系统的一个关键性步骤。通过设计数据库来创建业务模型,可以让用户访问最新的、准确的信息。在本任务中,将学习数据库设计的相关原则和具体过程,并对教务管理数据库进行设计,以便获得一个既能满足需要又能轻松适应变化的数据库。

实现步骤

　　教务管理数据库的设计过程包括以下步骤。

1. 明确数据库的用途

通过与教务管理人员交流可以知道，要开发的教务管理系统应具有以下主要功能。

- 系统用户管理：对用户信息进行添加、修改、删除和查询。
- 系部信息管理：对系部基本信息进行添加、修改、删除和查询。
- 教师信息管理：对教师基本信息进行添加、修改、删除和查询。
- 班级信息管理：对班级信息进行添加、修改、删除和查询。
- 课程信息管理：对课程信息进行添加、修改、删除和查询。
- 授课信息管理：对教师授课信息进行添加、修改、删除和查询。
- 学生信息管理：对学生基本信息进行添加、修改、删除和查询。
- 选课信息管理：对学生选课信息进行添加、修改、删除和查询。
- 学生成绩信息管理：对学生成绩信息进行添加、修改、删除和查询。

2. 明确数据库中需要的表

在数据库设计过程中，收集需要在数据库中记录的各种信息，将这些信息项划分到主要的实体或主题中，每个主题构成一个表。在教务管理数据库中，涉及的主题主要包括系部、教师、班级、学生、课程、授课、选课及成绩。这样，教务管理数据库需要使用以下各表来存储相关数据，即系统用户表、系部表、教师表、班级表、课程表、授课表、学生表、选课表及成绩表。

3. 明确表中需要的字段

确定了数据库中的表之后，还需要确定在每个表中存储哪些信息，每个信息项都将成为一个字段，并作为列显示在表中。确定每个表中需要哪些字段之后，还需要进一步确定每个字段存储什么类型的数据，对于某些字段还要明确数据的长度。

下面列出教务管理数据库中各个表包含的字段以及数据类型。

- 系统用户表：用户编号（数字），用户名（短文本），登录密码（短文本）。
- 系部表：系部编号（数字）、系部名称（短文本）。
- 教师表：教师编号（数字），系部编号（数字）、姓名（短文本）、性别（短文本）、出生日期（日期/时间），参加工作日期（日期/时间），政治面貌（短文本），学历（短文本），职称（短文本），手机号码（短文本），个人简历（附件），照片（附件）。
- 班级表：班级编号（短文本），专业名称（短文本），系部编号（数字）。
- 课程表：课程编号（数字），课程名称（短文本），课程类别（短文本），课程性质（短文本），考试类别（短文本），学分（数字）。
- 授课表：教师编号（数字），课程编号（数字），班级编号（短文本），学年（短文本），学期（短文本），学时（数字）。
- 学生表：学号（短文本），班级编号（短文本），姓名（短文本），性别（短文本），出生日期（日期/时间），是否团员（是/否），入学日期（时间/日期），入学成绩（数字），手机号码（短文本），电子信箱（短文本），照片（附件）。
- 选课表：学号（短文本），课程编号（数字）。
- 成绩表：学号（短文本），课程编号（数字），学年（短文本），学期（数字），成绩（数字）。

4．明确表中的主键

每个表应包含一个或多个字段，用于对存储在该表中的每条记录进行唯一标识。这通常是一个唯一的标识号，例如身份证号、学号或教师编号等。在数据库术语中，该标识号称为表的主键。在 Access 中，可使用主键字段将多个表中的数据关联起来，从而实现数据组合。

在教务管理数据库中，各表的主键由一个或多个字段组成。系统用户表的主键是"用户编号"字段；教师表的主键为"教师编号"字段；班级表的主键为"班级编号"字段；课程表中的主键为"课程编号"字段；学生表的主键为"学号"字段；对于选课表和成绩表而言，主键均由"学号"和"课程编号"两个字段组成；授课表的主键则是由"教师编号"、"班级编号"和"课程编号"这三个字段组成的。

5．创建表关系

Access 是关系数据库管理系统。在关系数据库中，可以将信息划分到基于主题的不同表中，然后根据需要，使用表关系将信息组合在一起。例如，成绩表和学生表都有"学号"字段，成绩表和课程表都有"课程编号"字段，通过这些公共字段分别在成绩表和学生表、成绩表和课程表之间建立关系，这在查询学生成绩时是十分有用的。

为了在数据库设计中表示一对多关系，可以获取关系"一"方的主键，并将其作为附加的一个或多个字段添加到关系"多"方的表中。例如，"学号"字段是学生表中的主键，但也可以在成绩表中添加"学号"字段，用于确定每条成绩记录所对应的学号。成绩表中的"学号"字段称为外键。外键是另一个表的主键。成绩表中的"学号"字段之所以是外键，是因为它也是学生表中的主键。在这种情况下，学生表也称为父表或主表，成绩表也称为子表或从表。

在教务管理数据库中，可以通过公共字段在相关表之间创建以下关系。

- 系部表与教师表通过"系部编号"字段建立关系。
- 系部表与班级表通过"系部编号"字段建立关系。
- 教师表与授课表通过"教师编号"字段建立关系。
- 课程表与授课表通过"课程编号"字段建立关系。
- 班级表与学生表通过"班级编号"字段建立关系。
- 班级表与授课表通过"班级编号"字段建立关系。
- 学生表与选课表通过"学号"字段建立关系。
- 学生表与成绩表通过"学号"字段建立关系。
- 授课表与选课表通过"课程编号"字段建立关系。
- 授课表与成绩表通过"课程编号"字段建立关系。

6．绘制数据库模型图

完成数据库设计后，可以使用 Microsoft Office Visio 软件将设计结果绘制成一张数据库模型图，用来描述数据库的结构，并表示数据库中包含哪些表，每个表中包含哪些字段，每个字段使用什么数据类型，哪些表之间通过主键和外键建立了关系。关于使用 Visio 软件绘制数据库模型图的方法已超出了本书讲述的范围，有兴趣的读者可参阅有关专门书籍。

完成教务管理数据库设计后，所绘制的教务管理数据库模型图如图 2.1 所示。在这个模型图中，共包含 9 个实体，每个实体对应于数据库中的一个表。实体图的标题行标出表的名称，例如系部、班级、课程及授课等。表中的每个字段用以下三列来表示。

- 左边的列表示该字段是否为表中的主键（PK）或外键（FK）。
- 中间的列表示出字段名称，对于表的主键字段，其名称带有下画线。
- 右边的列给出字段的数据类型和字段大小。

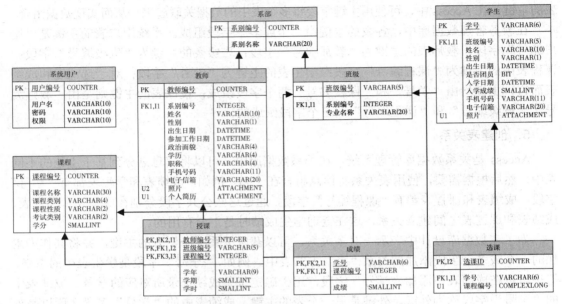

图 2.1 教务管理数据库模型图

表之间的关系使用一条带箭头的线段或折线来表示，带箭头的一端指向主表（公共字段在该表中为主键），不带箭头的一端指向从表（公共字段在该表中为外键）。

从图 2.1 可以看出，某些表中的主键同时也是外键。例如，成绩表中的主键由"学号"和"课程编号"两个字段组成，这些字段同时又是该表中的外键，其中"学号"字段是学生表中的主键，"课程编号"字段是课程表中的主键。授课表中的主键由"教师编号"、"班级编号"和"课程编号"3 个字段组成，这些字段同时又是该表中的外键，因为"学号"字段是学生表中的主键，"班级编号"字段是班级表中的主键，"课程编号"字段则是课程表中的主键。

知识与技能

通过本任务应对数据库设计原则和设计步骤有所了解。

1. 数据库设计原则

在数据库设计过程中应当遵循以下原则：尽量不要包含冗余数据，因为这种重复信息不仅会浪费空间，还会增加出错和不一致的可能性。信息的正确性和完整性也很重要，如果在数据库中包含不正确的信息，则任何从数据库中提取信息的报表也将包含不正确的信息。因此，基于这些报表所做的任何决策都将提供错误信息。

因此，良好的数据库设计应该满足以下标准。

- 将信息划分到基于主题的表中，以减少冗余数据。
- 向 Access 提供根据需要链接表中信息时所需的信息。
- 可以帮助支持和确保信息的准确性和完整性。

● 可以满足数据处理和报表需求。

2．数据库设计步骤

数据库设计过程主要包括以下步骤。

（1）确定数据库的用途。这是进行其他步骤所需的准备工作。

（2）查找和组织所需要的信息。收集可能希望在数据库中记录的各种信息，例如系部和班级，学号和成绩，订单号和产品名称等。

（3）将信息划分到表中。将信息项划分到主要的实体或主题中，例如系部、班级、教师、学生、课程或成绩等。每个实体或主题构成一个表。

（4）将信息项转换为列。确定在每个表中存储哪些信息。每个项将成为一个字段，并作为列显示在表中。例如，学生表中可以包含"学号"和"姓名"等字段。

（5）指定主键。为每个表设置键。主键是一个用于唯一标识每个行的一个或多个字段。例如，主键可以是学号或课程编号，也可以是学号和课程编号的组合。

（6）建立表关系。查看每个表，并确定各个表中的数据如何彼此关联。根据需要，将字段添加到表中或创建新表，以便清楚地表达这些关系。

（7）优化设计。分析设计中是否存在错误。创建表并添加一些示例数据记录。确定是否可以从表中获得期望的结果。根据需要对设计进行调整。

（8）应用规范化规则。应用数据规范化规则确定表的结构是否正确，并根据需要对表进行调整。规范化规则可使数据冗余减到最小，并在数据库中方便地强制数据完整性。

（9）在 Word 文档中将数据库设计的结果绘制成表格，或者使用 Visio 软件绘制成数据库模型图。这些表格或模型图为实现数据库提供了依据。

任务 2.2　创建数据库

任务描述

在前面任务中对教务管理数据库进行了设计并绘制了数据库模型图，已经确定了这个数据库中包含哪些表，每个表中包含哪些字段，每个字段使用什么数据类型，以哪些字段作为表的主键及应当在哪些表之间创建关系。通过本任务将学习创建 Access 2013 数据库的方法，并创建教务管理数据库。

实现步骤

在 Access 2013 中创建数据库有多种方法。通常可以先创建一个空白数据库，然后在该数据库中添加表、查询、窗体以及报表等对象，这是灵活性最强的方法。

创建空白数据库的操作步骤如下。

（1）启动 Access 2013。

（2）在开始页面上单击"空白桌面数据库"，如图 2.2 所示。

（3）在"空白桌面数据库"对话框中，通过浏览找到要保存数据库的文件夹并指定数据库文件名，然后单击"创建"按钮。

在本任务中，选择"D:\Access 2013"作为保存数据库的文件夹，将数据库文件名更改为"教务管理.accdb"如图 2.3 所示。

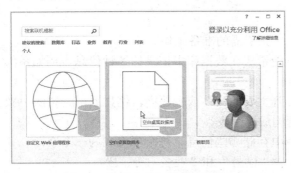

图 2.2　选择"空白桌面数据库"　　　　　　　图 2.3　指定数据库文件路径

此时，将创建一个空白数据库（默认情况下采用 Access 2007-2013 文件格式），然后打开该数据库并在数据表视图中显示一个名为"表 1"的新表，如图 2.4 所示。

图 2.4　创建数据库时自动创建的表

（4）此时，可以在这个表中添加新的字段并输入一些数据，然后保存对新表所做的修改，再将其关闭。也可以放弃这个新表，直接将其关闭。

知识与技能

在 Access 2013 中，除了创建空白桌面数据库之外，也可以基于模板创建数据库。对于现有数据库可以使用各种方法打开，也可以更改名称或位置另行保存，不用时可以将其关闭。

1．基于模板创建数据库

模板是预设的数据库，其中包含执行特定任务时所需的所有表、查询、窗体和报表。Access 2013 提供了许多数据库模板，使用这些模板可以加快数据库的创建过程。

若要基于模板创建数据库，可执行以下操作。

（1）单击"文件"选项卡，执行"新建"命令。

（2）在"新建"页面上单击所需数据库模板，也可以在搜索框中输入关键词，从 Office Online 网站上搜索并下载更多模板，如图 2.5 所示。

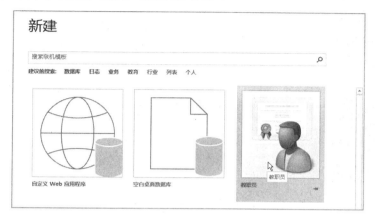

图 2.5　单击数据库模板

（3）此时，Access 将显示一个对话框并提供一个建议的数据库文件名。根据自己的实际需要，也可以更改该数据库的文件名，如图 2.6 所示。

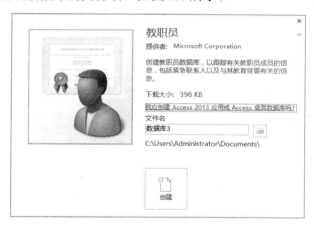

图 2.6　指定新建数据库的文件名和位置

（4）如果希望保存数据库的文件夹不是文件名框下方显示的文件夹，则可单击▣按钮并通过浏览找到用于保存数据库的文件夹，然后单击"确定"按钮。

Access 将创建或下载数据库，然后将该数据库打开。此时可以在导航窗格中查找想要使用的表、窗体或报表。

2．打开数据库

若要打开现有的 Access 数据库，可执行以下操作。

（1）打开"文件"选项卡，单击"打开"命令。

（2）在图 2.7 所示的"打开"页面上，单击"计算机"，选择"浏览"选项。

（3）在"打开"对话框中通过浏览找到要打开的数据库，然后执行下列操作之一。

● 若要由"Access 选项"对话框中指定的默认模式，或者由管理策略所设置的模式打开数据库，可双击该数据库。

数据库的设计与实现

- 若要在多用户环境中，以共享访问为目的打开数据库，可直接单击"打开"按钮。

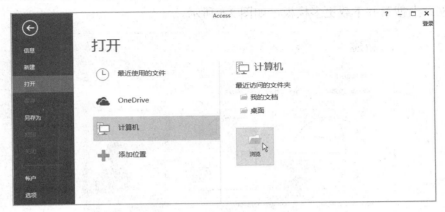

图 2.7 "打开"页面

- 若要以只读方式、独占方式或独占只读方式打开数据库，可单击"打开"按钮旁边的箭头，然后在菜单中单击相应的命令，图 2.8 所示为以只读方式打开数据库。

图 2..8 以只读方式打开数据库

注意：如果要打开最近使用过的数据库文件，可以在"文件"选项卡中单击"最近使用的文件"，然后在页面右侧单击相应的文件名，便可打开相应的数据库。

3．另存为数据库

对于当前已打开的数据库文件，若要换个路径、格式或文件名来保存，可单击"文件"选项卡，单击"另存为"，在"另存为"选项卡中单击"数据库另存为"，在右侧选择所需的数据库文件类型，然后单击"另存为"按钮，并指定文件名和路径并加以保存，如图 2.9 所示。

4．关闭数据库

若要关闭当前打开的数据库，可单击"文件"选项卡，然后执行"关闭数据库"命令。此时将返回"开始"选项卡。

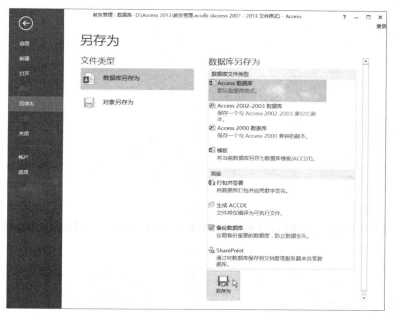

图 2.9 "另存为"选项卡

任务 2.3 使用数据表视图创建表

任务描述

前面任务中已经创建了一个名为"教务管理"的空白数据库,可以把它用作存储各种数据库对象的容器来使用。创建数据库之后,还需要按照数据库设计的要求创建一些表,分别用于存储各种数据。一个表由结构和数据组成。创建表时首先定义表结构,然后向表中输入数据记录。通过定义表结构可以确定表中包含哪些字段,字段值属于哪种数据类型,在字段中最多可以输入多少个字符,以及字段以什么格式来显示等。在本任务中,将使用"数据表"视图在教务管理数据库中创建两个表,即系统用户表和系部表,分别用于存储系统用户和系部的相关信息。

实现步骤

在"数据表"视图中创建表时,可以指定字段的名称,也可以输入数据记录。字段的数据类型由 Access 根据输入的数据来确定。

在"数据表"视图中创建表的操作步骤如下。

(1)打开教务管理数据库。

(2)在功能区选择"创建"命令选项卡,然后在"表格"命令组中单击"表"命令,如图 2.10 所示。

此时,将在数据表视图中打开一个新表,其名称暂定为"表 1",默认情况下该表仅包含一个名称为 ID 的字段,功能区还出现了"字段"和"表"命令选项卡,如图 2.11 所示。

图 2.10 选择"表"命令

图 2.11 在数据表视图中打开新表

（3）创建"用户编号"字段。双击 ID 字段，将字段名称由 ID 更改为"用户编号"，然后按 Enter 键，对该字段进行重命名。该字段为自动编号类型，不用修改。

说明：由于该字段默认为表中的主键，因此"唯一"复选框已经处于选中状态。

（4）创建"用户名"字段。单击第 2 列标题栏的"单击以添加"，从弹出菜单中"短文本"作为该字段的数据类型，如图 2.12 所示。

图 2.12 设置新增字段的数据类型

新增加的字段暂时命名为"字段 1"，将其重命名为"用户名"并按 Enter 键；在"字段"选项卡中对该字段的相关属性进行设置：在"属性"组中将字段大小设置为 10；若要改变字段的数据类型，可在"格式"组中重新进行选择；在"字段验证"组中选中"必需"复选框，以确保必须在该字段中输入内容，如图 2.13 所示。

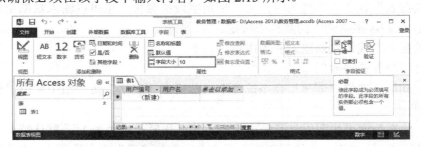

图 2.13 创建"用户名"字段

（5）创建其他字段。使用相同的方法，在该表中创建"密码"和"权限"两个字段，它们的数据类型都是"短文本"，字段大小分别为 10 和 6。

（6）在表中输入记录。在该表中输入一些记录作为测试数据，由于"用户编号"字段为自动编号类型，所以不必在此字段中输入数据，只需要在其他三个字段中输入数据即可，如图 2.14 所示。

图 2.14　在表中输入数据记录

（7）保存表。在快速访问工具栏上单击"保存"按钮，在"另存为"对话框中将表名称指定为"系统用户"，然后单击"确定"按钮，如图 2.15 所示。

图 2.15　保存表

此时，在"数据表"视图和导航窗格中，表的名称由原来的"表 1"变成了"系统用户"，如图 2.16 所示。

图 2.16　创建"系统用户"表

（8）使用上述方法步骤，在教务管理数据库中创建系部表。这个表包含"系部编号"和"系部名称"两个字段，其中"系部编号"字段为自动编号类型，并且为表的主键；"系部名称"字段为短文本类型，字段长度为 20。在这个表中输入四条记录，然后将新表的名称指定为"系部"并加以保存，如图 2.17 所示。

图 2.17　创建系部表

在"数据表"视图中创建表时,可以增加或删除字段并对字段进行重命名,也可以对字段的数据类型和各种属性进行设置,还可以直接在表中输入记录。

1. 在"数据表"视图中创建表

若要在"数据表"视图中创建表,可执行以下操作。

(1)单击"创建"选项卡,在"表格"组中单击"表"。

(2)在表中添加字段。默认情况下新表仅包含一个名为 ID 的字段,其数据类型为自动编号。要添加新字段,可执行下列操作之一。

- 单击最右侧列标题行中的"单击以添加",选择数据类型并指定字段名。
- 单击位于新字段左侧的字段列,在"字段"选项卡的"添加和删除"组中单击某个数据类型(例如"数字"和"文本"),或单击"其他"并从弹出菜单中选择所需的数据类型,然后指定字段名。
- 用鼠标右键单击新字段右侧的字段列,从弹出菜单中选择"插入字段"命令,此时将插入一个文本类型的字段,可对字段进行重命名,并设置字段的数据类型。

(3)重命名字段。默认情况下新增字段的名称暂定为"字段 1"或"字段 2"等,应根据实际需要来指定字段名称。若要重命名字段,可执行下列操作之一。

- 双击要重命名的字段名,然后输入新名称并按 Enter 键。
- 单击要重命名的字段列,在"字段"选项卡的"属性"组中单击"名称和标题",在"输入字段属性"对话框中设置字段的名称,然后单击"确定"按钮,如图 2.18 所示。

图 2.18　"输入字段属性"对话框

- 用鼠标右键单击要重命名的字段列,从弹出菜单中选择"重命名字段"命令,输入新的字段名,然后按 Enter 键。

(4)设置字段的默认值。如果希望未在字段中输入数据时由系统自动提供数据,可对该字段设置默认值，具体方法是：在"字段"选项卡的"属性"组中单击"默认值"，然后在弹出的对话框中指定一个默认值。

（5）设置字段的数据类型。在表中插入字段时，默认情况下使用文本类型，若要更改字段的数据类型，可在"字段"选项卡的"格式"组选择其他数据类型，如图 2.19 所示。

图 2.19　设置字段的数据类型

（6）设置字段的非空性。若要设置一个字段必须输入值，不能为空，可单击该字段所在列，然后在"字段"选项卡的"字段验证"组中选取"必需"复选框。

（7）调整字段的次序。若要调整字段次序，可将字段名称直接拖到新的位置上。

（8）从表中删除字段。对于不需要的字段，可通过执行下列操作之一将其删除。

● 单击该字段所在的列，在"字段"选项卡的"添加和删除"组中单击"删除"命令。

● 用鼠标右键单击该字段所在的列，从弹出菜单中选择"删除字段"命令。

2．字段命名

定义表结构时，必须为每个字段指定一个名称。该名称不能与表中其他任何字段的名称重复，而且必须符合以下对象命名规则。

（1）长度最多不能超过 64 个字符。

（2）可以包含字母、数字、空格及特殊字符的任意组合，但不能包含句点（.）、感叹号（!）、重音符号（`）及方括号（[ ]）。

（3）不能以先导空格开头，也不能包含控制字符（从 0~31 的 ASCII 值）。

3．字段的数据类型

定义表结构时，必须为每个字段指定一个数据类型。在 Access 2013 中，对于字段可以使用以下数据类型。

● 短文本：以前称为文本，可以是文本或文本和数字的组合，以及不需要计算的数字（例如手机号码）。最多为 255 个字符。Access 不会为文本字段中未使用的部分保留空间。

● 长文本：以前称为备注。包含大量文本或文本和数字的组合，例如句子和段落。最多约 1GB，但显示长文本的控件限制为显示前 64 000 个字符。

● 数字：用于数学计算的数值数据。

● 日期/时间：从 100~9999 年的日期与时间值。

● 货币：货币值或用于数学计算的数值数据，这里的数学计算的对象是带有 1~4 位小数的数据。精确到小数点左边 15 位和小数点右边 4 位。

● 自动编号：每向表中添加一条新记录时，则由 Access 指定一个唯一的顺序号（每次递增 1）或随机数。自动编号字段不能更新，通常占用 4 个字节。

- 是/否：包含布尔数据（真/假）。在 Access 中，数值 0 表示假，-1 表示真。
- OLE 对象：Access 表中链接或嵌入的对象（如 Excel 电子表格、Word 文档、图形、声音或其他二进制数据）。最多为 1GB 字节，受可用磁盘空间限制。
- 超链接：Internet、Intranet、局域网（LAN）或本地计算机上的文档或文件的链接地址。超链接地址最多包含三个部分：显示的文本、地址和子地址，每个部分最多可以包含 2 048 个字符。超链接数据最多可以包含 8 192 个字符。
- 附件：任何支持的文件类型。可将图像、电子表格文件、文档、图表和其他类型的支持文件附加到数据库的记录中，还可以查看和编辑附加的文件。每个附件字段最大约 2GB。
- 计算：可以创建一个或多个字段中使用数据的表达式。可以指定不同的结果表达式中的数据类型。计算数据类型取决于"结果类型"属性的数据类型，"短文本"数据类型结果最多可以包含 243 个字符，"长文本"、"数字"、"是/否"和"日期/时间"与它们各自的数据类型一致。
- 查阅向导："设计"视图的"数据类型"列中的"查阅向导"条目实际上并不属于数据类型。当从"数据类型"列中选择这个条目时将启动一个向导，可以帮助用户定义简单或复杂查阅字段。简单查阅字段使用另一个表或值列表的内容来验证每行中单个值的内容，复杂查阅字段允许在每行中存储相同数据类型的多个值。

4．设置主键

主键是表中唯一具有标识每条记录的值的一个或多个字段。主键不允许为空值（Null），并且其值不能重复。

若要在表中创建主键，可通过以下操作来设置主键。

（1）若当前已在"数据表"视图中打开表，可单击状态栏上的"设计视图"按钮，以切换到"设计"视图。

（2）选择将要定义为主键的一个或多个字段。若要选择一个字段，可单击所需字段的行选定器。若要选择多个字段，可按住 Ctrl 键并单击每个所需字段的行选择器。

（3）在"设计"选项卡的"工具"组中单击"主键"命令，如图 2.20 所示。

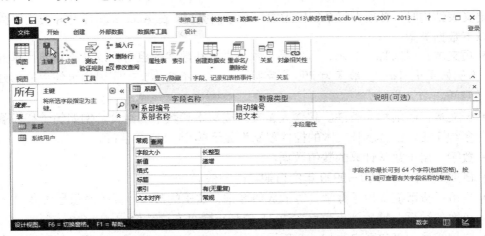

图 2.20　在"设计"视图中设置表的主键

（4）若要从表中删除主键，可单击当前主键字段的行选择器，然后在"设计"选项卡的"工具"组中单击"主键"命令。

任务 2.4　使用设计视图创建表

任务描述

使用"数据表"视图创建表时可以同时定义表结构和输入表数据。不过，在"数据表"视图中创建表后通常还要切换到表的"设计"视图，以便对表字段的更多属性进行设置。在本任务中将直接使用"设计"视图为教务管理数据库创建更多的表，包括教师表、班级表、学生表、授课表、选课表及成绩表，这些表的结构分别在表2.1～表2.6中列出。

表 2.1　教师表结构

字段名称	数据类型	字段大小	备　注
教师编号	数字	长整型	自动编号，主键，标题为"教师"
系部编号	数字	整型	与系部表中的项相同
姓名	短文本	10	
性别	短文本	1	取值为"男"或"女"
出生日期	日期/时间		格式为"短日期"
参加工作日期	日期/时间		格式为"短日期"
政治面貌	短文本	4	取值为"共产党员"、"共青团员"、"群众"或"其他"
学历	短文本	4	取值为"大学本科"或"研究生"
职称	短文本	4	取值为"正高"、"副高"、"中级"或"初级"
手机号码	短文本	11	
电子信箱	短文本	20	
照片	附件		
个人简历	附件		

表 2.2　班级表结构

字段名称	数据类型	字段大小	备　注
班级编号	短文本	5	自动编号，主键
系部编号	数字	整型	与系部表中的项相同
专业名称	短文本	20	

表 2.3　学生表结构

字段名称	数据类型	字段大小	备　注
学号	短文本	6	主键
班级编号	短文本	5	与班级表中的项相同
姓名	短文本	10	
性别	短文本	1	取值为"男"或"女"
出生日期	日期/时间		

项目2

数据库的设计与实现

续表

字段名称	数据类型	字段大小	备 注
入学日期	日期/时间		
入学成绩	数字	整型	
是否团员	是/否		格式为"是/否"
手机号码	短文本	11	
电子信箱	短文本	20	
照片	附件		

表 2.4　授课表结构

字段名称	数据类型	字段大小	备 注
教师编号	数字	整型	主键,与教师表中的项相同
班级编号	短文本	5	主键,与班级表中的项相同
课程编号	数字	整型	主键,与课程表中的项相同
学年	短文本	9	例如 2016-2017
学期	数字	整型	查阅字段,取值为 1 或 2
学时	数字	整型	

表 2.5　选课表结构

字段名称	数据类型	字段大小	备 注
选课 ID	数字	整型	自动编号,主键
学号	短文本	6	与学生表中的项相同
编程编号	数字	整型	与授课表中的项相同,标题为"课程"

表 2.6　成绩表结构

字段名称	数据类型	字段大小	备 注
学号	短文本	6	主键,与学生表中的项相同,标题为"学生"
课程编号	数字	整型	主键,与授课表中的项相同,标题为"课程"
成绩	数字	整型	

实现步骤

在"设计"视图中创建表时,需要定义每个字段,即指定字段名和数据类型,并根据需要对字段的其他属性进行设置,具体操作步骤如下。

(1) 在 Access 2013 中打开教务管理数据库。

(2) 在"创建"选项卡的"表格"组中单击"表设计"命令,如图 2.21 所示。

图 2.21　选择"表设计"命令

此时将打开表的"设计"视图,该视图上部网格中的每一行用于定义表中的一个字段,在这里可以设置字段的名称、数据类型和字段说明；字段说明是可选的，当在窗体上选择该字段时，将在状态栏上显示字段说明。该视图下部是"字段属性"节，由"常规"和"查阅"两个选项卡组成。"常规"选项卡用于设置字段的字段大小、格式、输入掩码、标题、默认值等属性，"查阅"选项卡用于设置查阅字段的相关属性，例如显示控件、行来源类型及行来源等；进入设计视图后还会出现"设计"上下文选项卡，如图 2.22 所示。

图 2.22　在"设计"视图中创建表

（3）在"设计"视图中，为教师表定义以下字段。

① 字段 1：字段名称为"教师编号"，数据类型为"自动编号"。

② 字段 2：字段名称为"系部编号"，数据类型为"数字"，字段大小为"整数"。

③ 字段 3：字段名称为"姓名"，数据类型为"短文本"，字段大小为 10。

④ 字段 4：字段名称为"性别"，数据类型为"短文本"，字段大小为 1。

⑤ 字段 5：字段名称为"出生日期"，数据类型为"日期/时间"，格式为"短日期"。

⑥ 字段 6：字段名称为"参加工作日期"，数据类型为"日期/时间"，格式为"短日期"。

⑦ 字段 7：字段名称为"政治面貌"，数据类型为"短文本"，字段大小为 4。

⑧ 字段 8：字段名称为"学历"，数据类型为"短文本"，字段大小为 4。

⑨ 字段 9：字段名称为"职称"，数据类型为"短文本"，字段大小为 4。

⑩ 字段 10：字段名称为"手机号码"，数据类型为"短文本"，字段大小为 11。

⑪ 字段 11：字段名称为"电子信箱"，数据类型为"短文本"，字段大小为 20。

⑫ 字段 12：字段名称为"照片"，数据类型为"附件"。

⑬ 字段 13：字段名称为"个人简历"，数据类型为"附件"。

（4）设置表的主键。单击"教师编号"字段所在的行，在"设计"选项卡的"工具"组中单击"主键"命令，如图 2.23 所示。

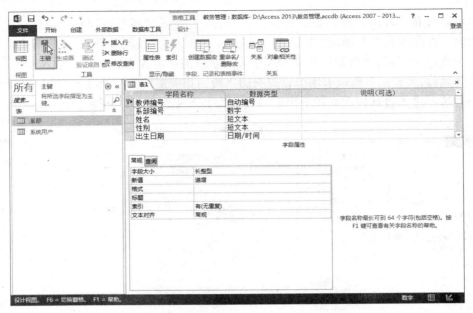

图 2.23　设置表的主键

注意： 如果表的主键由多个字段组成（例如"成绩"表和"授课"表），则要按住 Ctrl 键并单击每个所需字段的行选择器来选择这些字段。

（5）完成表中所有字段的定义后，在快速访问工具栏上单击"保存"按钮 ，在"另存为"对话框中将表名称指定为"教师"，然后单击"确定"按钮。

（6）使用相同的方法，创建其他各表。

知识与技能

在本任务中，使用"设计"视图在教务管理数据库中创建了 6 个表，包括教师表、班级表、学生表、授课表、选课表及成绩表。使用"设计"视图定义或修改表结构时，经常要用到以下操作。

1．定义表结构时的字段操作

使用"设计"视图定义表结构时，可以在表中插入字段或从表中删除字段，也可以调整字段的顺序。

- 在表中插入字段：单击要在其下方插入行的那一行，然后在"设计"上下文选项卡中单击"插入行"命令，如图 2.24 所示。

图 2.24　"设计"上下文选项卡

- 在表末尾添加字段：单击第一个空白行，然后输入字段名称并选择数据类型。
- 从表中删除一个或多个字段：选定这些字段所在的行，然后在"设计"上下文选项卡中单击"删除行"命令。

- 调整字段的顺序：选定一个或多个字段，然后将这些字段拖动到新的位置。

2．设置字段的显示格式

在"字段属性"节的"常规"选项卡中，可以对字段的"格式"属性进行设置，以指定字段值的显示格式。

对于不同数据类型的字段，Access 2013 提供了不同的预定义格式。

- 日期/时间类型字段：可用的预定义格式有"常规日期"、"长日期"、"中日期"、"短日期"、"长时间"、"中时间"及"短时间"等，如图 2.25 所示。

常规日期	2015-11-12 17:34:23
长日期	2015年11月12日 周四
中日期	15-11-12
短日期	2015-11-12
长时间	17:34:23
中时间	05:34 下午
短时间	17:34

图 2.25　"日期/时间"类型字段的预定义格式

- 数字型和货币型字段：可用的预定义格式有"常规数字"、"货币"、"欧元"、"固定"、"标准"、"百分比"及"科学记数"等。
- 是/否类型字段：预定义格式有"是/否"、"真/假"及"开/关"等。
- 短文本和长文本类型字段：可以在"格式"框中创建自定义格式。

3．设置字段的标题

在"字段属性"节的"常规"选项卡中，可以为字段设置标题。字段标题可用作"数据表"视图中的字段列标题，也可以用作窗体或报表上字段标签的内容。如果未指定字段标题，则以字段名作为标签。标题可以不同于字段名称。

4．设置字段的其他属性

在"字段属性"节的"常规"选项卡中，可以对以下字段属性进行设置。

- 输入掩码：在字段中输入数据时使用的模式。请参阅任务 2.7。
- 默认值：添加新记录时自动输入到字段中的值。
- 验证规则：用于限制字段的表达式。请参阅任务 2.8。
- 验证文本：当用户输入验证规则所不允许的值时出现的出错消息。
- 必填字段：指定字段中是否必须有值。
- 允许空字符串：指定字段是否允许零长度字符串。
- 索引：可加速字段中搜索和排序的速度，但有可能会使数据更新变慢。选择"有（无重复）"可禁止在该字段中出现重复值。

任务 2.5 通过导入数据创建表

任务描述

除了直接在 Access 数据库中创建表之外，还可以将外部数据（如 Excel 电子表格、文本文件及 XML 文件等）导入到数据库中并生成表。在本任务中，首先使用 Excel 2013 创建一个课程表，然后将这个 Excel 电子表格中的数据导入教务管理数据库中，由此创建一个名为“课程”的数据库表。从 Excel 电子表格导入数据后，在“设计”视图中打开“课程”表对表中各个字段的属性进行设置。

实现步骤

本任务的实施过程可以分为 2 个阶段：前一阶段在 Excel 2013 中进行，后一阶段在 Access 2013 中进行。

（1）在 Excel 2013 中，创建一个工作簿，然后在工作表中输入课程编号、课程名称、课程类别、课程性质、考试类别及学分等信息，如图 2.26 所示。

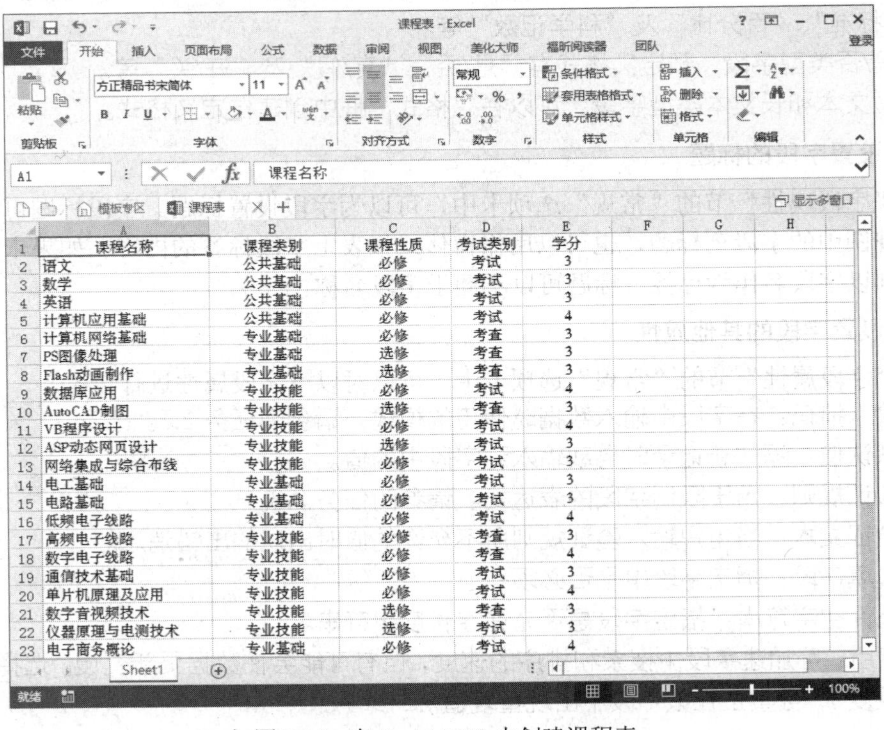

课程名称	课程类别	课程性质	考试类别	学分
语文	公共基础	必修	考试	3
数学	公共基础	必修	考试	3
英语	公共基础	必修	考试	3
计算机应用基础	公共基础	必修	考试	4
计算机网络基础	专业基础	必修	考查	3
PS图像处理	专业基础	选修	考查	3
Flash动画制作	专业基础	选修	考查	3
数据库应用	专业技能	必修	考试	4
AutoCAD制图	专业技能	选修	考查	3
VB程序设计	专业技能	必修	考试	4
ASP动态网页设计	专业技能	选修	考试	3
网络集成与综合布线	专业技能	必修	考试	3
电工基础	专业基础	必修	考试	3
电路基础	专业基础	必修	考试	3
低频电子线路	专业基础	必修	考试	4
高频电子线路	专业技能	必修	考查	3
数字电子线路	专业技能	必修	考查	4
通信技术基础	专业技能	必修	考试	3
单片机原理及应用	专业技能	必修	考试	4
数字音视频技术	专业技能	选修	考查	3
仪器原理与电测技术	专业技能	选修	考试	3
电子商务概论	专业基础	必修	考试	4

图 2.26　在 Excel 2013 中创建课程表

（2）将 Excel 工作簿文件命名为“课程表.xlsx”并保存。

（3）在 Access 2013 中，打开教务管理数据库。

（4）单击“外部数据”选项卡，单击“导入并链接”组中的“Excel”，如图 2.27 所示。

图 2.27　向数据库中导入电子表格

（5）在"获取外部数据－Excel 电子表格"对话框中，选择前面创建的"课程表.xlsx"，选中"将源数据导入当前数据库的新表中"选项，然后单击"确定"按钮，如图 2.28 所示。

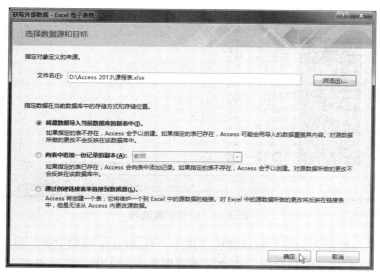

图 2.28　选择电子表格作为数据来源

（6）此时，将显示"导入数据表向导"对话框，选中"第一行包含列标题"复选框，从而将工作表中的列标题设置为数据库表中的字段名称，然后单击"下一步"按钮，如图 2.29 所示。

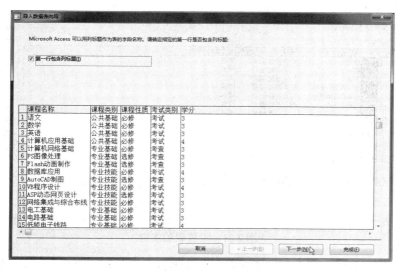

图 2.29　设置工作表的列标题作为表的字段名称

数据库的设计与实现

（7）在"导入数据表向导"对话框中，对各字段的数据类型进行设置。将"课程名称"、"课程类别"、"课程性质"和"考试类别"字段设置为短文本，"学分"字段设置为整型，完成字段选项设置后单击"下一步"按钮，如图 2.30 所示。

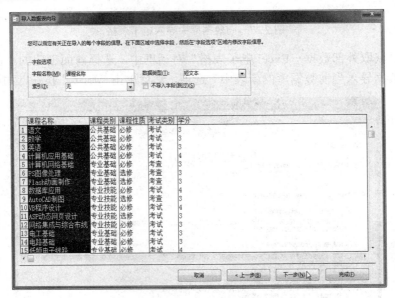

图 2.30　设置字段选项

（8）在"导入数据表向导"对话框中，选中"让 Access 添加主键"复选框，此时将生成一个名称为 ID 的自动编号字段，该字段被设置为表的主键；然后单击"下一步"按钮，如图 2.31 所示。

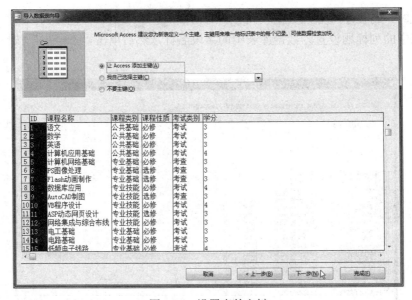

图 2.31　设置表的主键

（9）在"导入数据表向导"对话框中，指定将数据导入到"课程"表中，然后单击"完成"按钮,如图 2.32 所示。

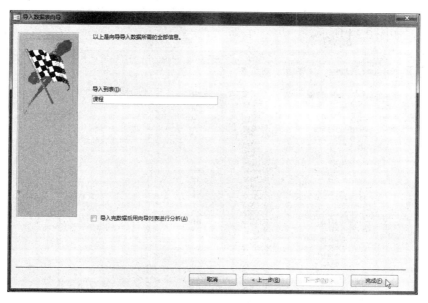

图 2.32　指定表的名称

(10)在"获取外部数据 – Excel 电子表格"对话框中,选择"保存导入步骤"复选框,输入导入步骤的名称(如"导入–课程表")和相关说明信息,然后单击"保存导入"按钮,如图 2.33 所示。

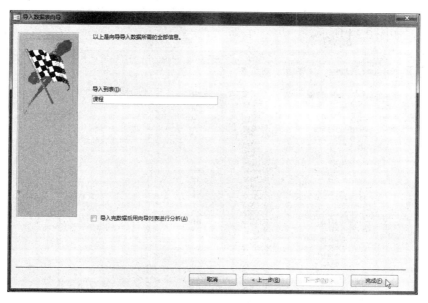

图 2.33　保存外部数据导入步骤

(11)切换到"设计"视图,对"课程"表中各个字段的属性进行设置,将 ID 字段重命名为"课程编号",并将该字段设置为表的主键;将"课程名称"字段的大小设置为 30,将"课程类别"字段的大小设置为 4,将"课程性质"字段和"考试类别"字段的大小均设置为 2。

（12）在导航窗格中选择“表”，然后双击“课程”表，在“数据表”视图中查看表中的数据记录，如图 2.34 所示。

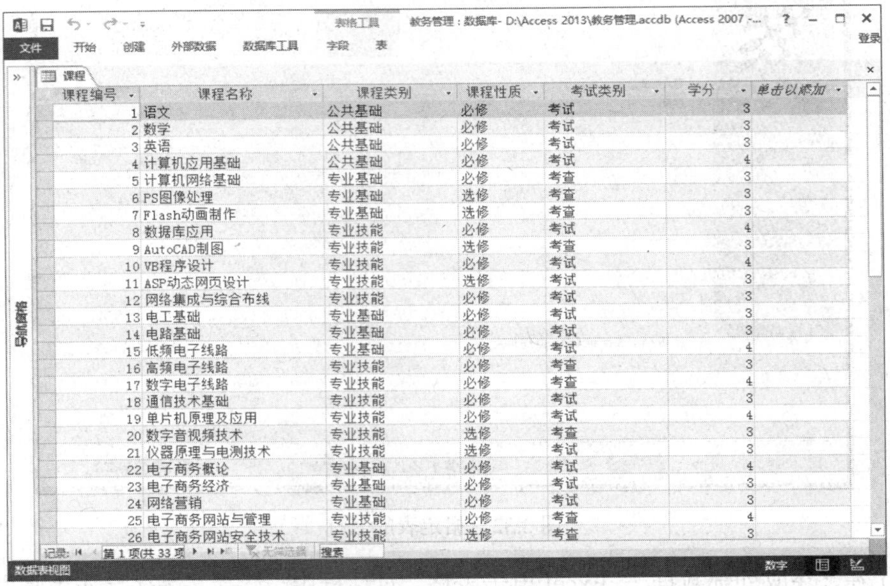

课程编号	课程名称	课程类别	课程性质	考试类别	学分	单击以添加
1	语文	公共基础	必修	考试	3	
2	数学	公共基础	必修	考试	3	
3	英语	公共基础	必修	考试	3	
4	计算机应用基础	公共基础	必修	考试	4	
5	计算机网络基础	专业基础	必修	考查	3	
6	PS图像处理	专业基础	选修	考查	3	
7	Flash动画制作	专业基础	选修	考查	3	
8	数据库应用	专业技能	必修	考试	4	
9	AutoCAD制图	专业技能	选修	考查	3	
10	VB程序设计	专业技能	必修	考试	4	
11	ASP动态网页设计	专业技能	选修	考试	3	
12	网络集成与综合布线	专业技能	必修	考试	3	
13	电工基础	专业基础	必修	考试	3	
14	电路基础	专业基础	必修	考试	3	
15	低频电子线路	专业基础	必修	考试	4	
16	高频电子线路	专业技能	必修	考查	3	
17	数字电子线路	专业技能	必修	考查	4	
18	通信技术基础	专业技能	必修	考试	3	
19	单片机原理及应用	专业技能	必修	考试	4	
20	数字音视频技术	专业技能	选修	考查	3	
21	仪器原理与电测技术	专业技能	选修	考试	3	
22	电子商务概论	专业基础	必修	考试	4	
23	电子商务经济	专业基础	必修	考试	3	
24	网络营销	专业基础	必修	考试	3	
25	电子商务网站与管理	专业技能	必修	考查	4	
26	电子商务网站安全技术	专业技能	选修	考查	3	

图 2.34　在“数据表”视图中查看“课程”表中的数据

知识与技能

在本任务中，通过导入外部数据创建了“课程”表，导入操作保存后还可以重复执行。

1. 导入数据

如果已经使用 Excel 电子表格、文本文件或 XML 文件存储了数据，而且用 Access 开发数据库应用系统需要用到这些数据时，则可以将其他格式的数据导入到 Access 数据库中，这样可以节省录入数据所需的时间。导入操作是通过运行导入向导来实现的。

将 Excel 工作簿中的数据添加到 Access 2013 数据库中有多种方法，可以将数据从打开的工作表复制并粘贴到 Access 数据表中，也可以将工作表导入新表或现有的表中，或者从 Access 数据库链接到工作表。

如果要把文本文件中的数据导入 Access 数据库中，则在创建文本文件时，可用逗号或分号来分隔每个数据项（对应于表中的字段），每条信息占用一行（对应于表中的记录）。

2. 保存导入操作

在 Access 2013 中运行导入向导时，可将所用的操作设置保存为规格，以便能够随时重复该操作。规格包括在不需由用户提供任何输入的情况下，Access 重复操作所需要的所有信息。从 Excel 2013 工作簿导入数据的规格中则存储了 Excel 源文件的名称、目标数据库的名称及其他详细信息。例如，是否向现有的表追加数据或向新表导入数据、主键信息、字段名称等。对于涉及 Access 所支持的任何文件格式的导入操作，都可以保存操作的详细信息。

若要运行已保存的导入操作，可执行以下操作。

（1）单击“外部数据”选项卡，执行“导入并链接”组中的“已保存的导入”命令，如图 2.35 所示。

图 2.35　执行"已保存的导入"命令

（2）此时，出现如图 2.36 所示的"管理数据任务"对话框，单击"已保存的导入"选项卡，单击已保存的导入步骤，然后单击"运行"按钮。

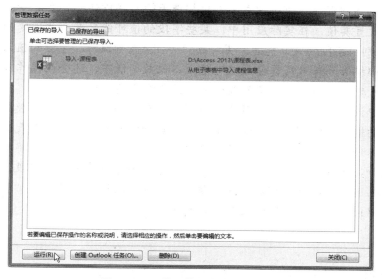

图 2.36　"管理数据任务"对话框

3．创建表的方法

在 Access 2013 中创建表有多种方法，现归纳如下。

- 在"数据表"视图中创建表，可以添加字段并设置其数据类型，以及输入记录。
- 在"设计"视图中创建表，可以对表字段的更多属性进行设置。
- 通过导入数据创建表，可以将 Excel 电子表格、文本文件或 XML 文件中的数据导入数据并创建新表，也可以将数据导入已存在的表中。

4．修改表结构的方法

在创建表结构的过程中对各个字段的名称、数据类型、格式及标题等属性进行设置。

创建表之后，根据需要还可以对表结构进行修改，具体操作方法如下。

（1）在导航窗格中选择"表"类别。

（2）用鼠标右键单击要修改的表，然后从弹出菜单中选择"设计视图"命令，如图 2.37 所示。

图 2.37　选择"设计视图"命令

（3）在"设计"视图中打开表，对字段定义进行修改。

（4）在快速访问工具栏上单击"保存"按钮🖫，保存对表所做的修改。

任务 2.6 设置查阅字段

任务描述

在"数据表"视图中向表中输入记录时，对于大多数数据类型（如文本型、数字型、日期/时间型）的字段而言，都是使用文本框控件来输入字段值；对于是/否型字段，可通过复选框控件来设置其值。在实际应用中，某些字段的值可能只是一些固定的值。例如，在教师表中，"性别"字段的值只能是"男"或"女"；"系部编号"字段的值只能是系部表中已经存在的系部编号。如果反复输入这些值，不仅效率低下，还会让操作人员感到单调乏味。那么，输入数据时用户如何从列表框中选择所需要的值呢？

通过在表中设置查阅字段可以解决上述问题。有了查阅字段，在"数据表"视图中打开表时，字段的输入控件可以使用组合框，并从自行输入的值或另一个表或查询为该字段提供数据。在本任务中，通过对教务管理数据库中的一些表进行修改，将某些字段设置为查阅字段。例如，对教师表进行修改，将其中的系部编号设置为查阅字段，以便从系部表中获取系部信息。此外，也将该表中的"性别"、"政治面貌"、"学历"、"职称"字段设置为查阅字段，以便从预定义的值列表中获取数据。

实现步骤

本任务将设置各种类型的查阅字段，包括"值列表"查阅字段、"表/查询"查阅字段包含多列的查阅字段及包含多值的查阅字段。

1. 设置"值列表"查阅字段

"值列表"查阅字段从预定义的一组值中获取数据。这一类查阅字段可以使用"查阅向导"来创建，也可以直接通过设置字段的相关属性来创建。

（1）打开教务管理数据库。

（2）在"设计"视图中打开教师表，选择"性别"字段，从"数据类型"单元格的列表框中选择"查阅向导"选项，如图 2.38 所示。

（3）在"查阅向导"对话框中，选择"自行键入所需的值"选项，然后单击"下一步"按钮，如图 2.39 所示。

（4）在"查阅向导"对话框中，指定查阅字段中所需列数为 1，在列表中输入"男"和"女"两个值，还可以通过拖动或双击列的右边缘来调整列的宽度，然后单击"下一步"按钮，如图 2.40 所示。

（5）在"查阅向导"对话框中，指定查阅字段的标签为"性别"，选取"限于列表"复选框，然后单击"完成"按钮，如图 2.41 所示。

图 2.38　选择"查阅向导"选项

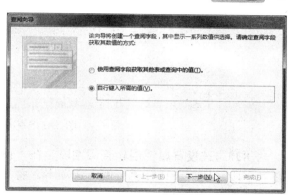

图 2.39　设置查阅字段获取数据的方式

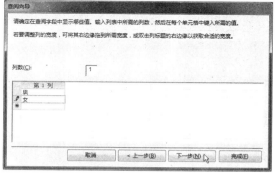

图 2.40　确定查阅字段中显示的值

图 2.41　确定查阅字段的标签文字

（6）返回"设计"视图后，选择"性别"字段，在"字段属性"节中选择"查阅"选项卡，以查看查阅字段列的属性设置情况。在这里可以看到，"显示控件"属性为"组合框"，"行来源类型"属性为"值列表"，"行来源"属性为""男";"女""；"限于列表"属性设置为"是"，用来限制添加或修改记录时，该字段只能从列表框中选择值，如图 2.42 所示。

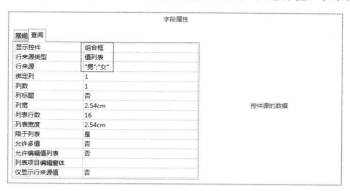

图 2.42　设置查阅字段列的属性

（7）切换到"数据表"视图，单击"性别"列的单元格中的向下箭头，可以从列表框中选择所需要的值，如图 2.43 所示。

图 2.43　测试查阅字段列

（8）通过设置属性创建查阅字段。在"设计"视图中单击"政治面貌"字段所在行，在"字段属性"节选择"查阅"选项卡，将"显示控件"属性设置为"组合框"，将"行来源类型"属性设置为"值列表"，将"行来源"属性设置为"共产党员;共青团员;群众;其他"（对于文本型字段，Access 会对每项自动添加引号），其他属性则使用默认值，如图 2.44 所示。

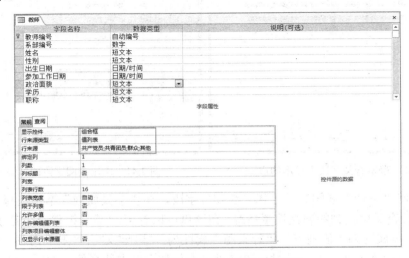

图 2.44　通过设置属性创建查阅字段

（9）通过将"显示控件"属性设置为"组合框"，"行来源类型"属性设置为"值列表"，将教师表中的以下字段也设置为"值列表"查阅字段。

- "学历"字段："行来源"属性为"大学本科;研究生"。
- "职称"字段："行来源"属性为"正高;副高;中级;初级"。

（10）使用相同的方法，将下列表中的指定字段设置为值列表查阅字段。

- 学生表中的"性别"字段："行来源"属性为"男;女"。
- 授课表中的"学年"字段："行来源"属性为"2016-2017;2017-2018"。
- 授课表中的"学期"字段："行来源"属性为"1;2"。

2. 设置"表/查询"查阅字段和"包含多列"查阅字段

"表/查询"查阅字段从另一个表或查询中获取数据，可以使用"查阅向导"来创建。

（1）在"设计"视图中打开教师表，选择"系部编号"字段，在"常规"选项卡中将"标题"属性设置为"系部"，然后从"数据类型"列表框中选择"查阅向导"，如图 2.45 所示。

（2）在"查阅向导"对话框中，选择"使用查阅字段获取其他表或查询中的值"选项，然后单击"下一步"按钮，如图 2.46 所示。

图 2.45 选择"查阅向导"

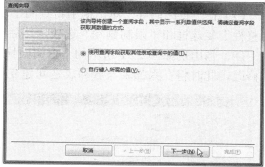

图 2.46 确定查阅字段获取值的方式

（3）在"查阅向导"对话框中，选择系部表为查阅字段提供数据，然后单击"下一步"按钮，如图 2.47 所示。

（4）在"查阅向导"对话框中，从"可用字段"列表框中单击所需字段名称，单击 ▶ 按钮，将该字段添加到"选定字段"列表框中，然后单击"下一步"按钮。在本任务中，将"系部编号"和"系部名称"两个字段都添加到"选定字段"列表框中，如图 2.48 所示。

图 2.47 选择为查阅字段提供数据的表

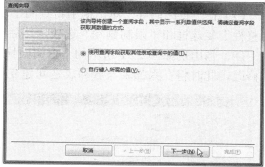

图 2.48 确定查阅字段中包含的字段值

（5）在"查阅向导"对话框中，设置要为列表框中的项所使用的排序。在此设置按"系部编号"字段升序排序，然后单击"下一步"按钮，如图 2.49 所示。

（6）在"查阅向导"对话框中，选取"隐藏键列（建议）"复选框（此处键列为系部编号），通过拖动或双击列的右边缘来调整列的宽度，然后单击"下一步"按钮，如图 2.50 所示。

图 2.49 确定列表框中的项使用的排序次序

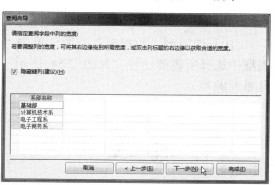

图 2.50 隐藏键列并调整列宽

数据库的设计与实现

数据库应用基础 (Access2013)

（7）在"查阅向导"对话框中将查阅字段的标签指定为"系部编号"，选取"启用数据完整性"复选框和"限制删除"选项，然后单击"完成"按钮，如图 2.51 所示。

（8）当出现如图 2.52 所示的"查阅向导"对话框时，单击"是"按钮，保存对表所做的修改，此时将在系部表与教师表之间建立一对多关系。

图 2.51　指定查阅字段的标签并启用数据完整性　　　图 2.52　"查阅向导"对话框

（9）返回"设计"视图后，在"查阅"选项卡中查看查阅字段的属性设置。在此可以看到，"显示控件"属性为"组合框"，"行来源类型"属性为"表/查询"，"行来源"属性为"SELECT [系部].[系部编号], [系部].[系部名称] FROM 系部 ORDER BY [系部编号];"（这个 SQL 查询语句用于从系部表中查询并返回"系部编号"、"系部名称"两个字段的值并按系部编号排序）；为了限制在教师表中添加或修改记录时，"系部编号"字段只能从列表框中选择值，将"限于列表"属性设置为"是"，如图 2.53 所示。

图 2.53　查阅字段的属性设置

（10）切换到"数据表"视图，单击"系部"列的单元格右侧的向下箭头，并从列表框中选择所需要的值，如图 2.54 所示（在此选择的是系部名称，字段中实际存储的是系部编号）。

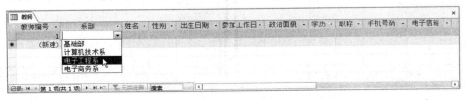

图 2.54　测试教师表中的查阅字段

（11）在"设计"视图中打开班级表，将"系部编号"字段的标题设置为"系部"；使用"查阅向导"将该字段设置为查阅字段，从"系部"表中检索"系部编号"和"系部名称"字段的值（不包含"基础部"，"行来源"属性为"SELECT 系部.系部编号，系部.系部名称 FROM 系部 WHERE ((（系部.系部名称)<>"基础部")) ORDER BY 系部.系部编号;"），分别用于存储和显示；然后在"数据表"视图中进行测试，测试结果如图 2.55 所示。

数据库的设计与实现

图 2.55 班级表中查阅字段的测试结果

（12）在"设计"视图中打开学生表，使用"查阅向导"将该表中的"班级编号"字段设置为查阅字段，从班级表中检索班级编号信息（显示兼存储）；在"数据表"视图中进行测试，测试结果如图 2.56 所示。

图 2.56 学生表中查阅字段的测试结果

（13）在"设计"视图中打开授课表，将该表中的以下字段设置为查阅字段。

- "教师编号"字段：设置字段标题为"教师"；运行"查阅向导"，从教师表中检索"教师编号"和"姓名"字段的值，分别用于存储和显示，测试结果如图 2.57 所示。

图 2.57 授课表中查阅字段"教师编号"的测试结果

- "班级编号"字段：运行"查阅向导"，从班级表中检索"班级编号"字段的值，用于存储和显示；在"数据表"视图中进行测试，测试结果如图 2.58 所示。

图 2.58　授课表中查阅字段"班级编号"的测试结果

- "课程编号"字段：设置字段标题为"课程"；运行"查阅向导"，从课程表中检索"课程编号"和"课程名称"字段的值，分别用于存储和显示；在"数据表"视图中进行测试，测试结果如图 2.59 所示。

图 2.59　授课表中查阅字段"课程编号"的测试结果

（14）在"设计"视图中打开选课表，将"学号"字段设置为查阅字段，运行"查阅向导"，从学生表中检索"学号"和"姓名"字段的值，不隐藏键列，即同时显示两个字段，但只存储"学号"字段的值；在"数据表"视图中进行测试，测试结果如图 2.60 所示。

图 2.60　选课表中查阅字段"学号"的测试结果

（15）在"设计"视图中打开成绩表，在该表中设置以下两个查阅字段。

- "学号"字段：运行"查阅向导"，从学生表中检索"学号"和"姓名"字段的值，不隐藏键列，即同时显示两个字段，但只存储"学号"字段的值。
- "课程编号"字段：设置字段标题为"课程"；运行"查阅向导"，从课程表中检索"课程编号"字段和"课程名称"字段的值，分别用于存储和显示。

3. 设置包含多值的查阅字段

在选课表中可以同时选择多种选修课，此时需要用到包含多值的查阅字段。对于这一类多值的查阅字段，可以使用"查阅向导"来创建。

（1）在"设计"视图中打开选课表，单击"课程编号"字段所在的行，并从"数据类型"单元格的列表框中选择"查阅向导"。

（2）在"查阅向导"对话框中，选择"使用查阅字段获取其他表或查询中的值"，然后单击"下一步"按钮，如图2.61所示。

（3）在"查阅向导"对话框中，选择课程表作为查阅字段的数据来源，然后单击"下一步"按钮，如图2.62所示。

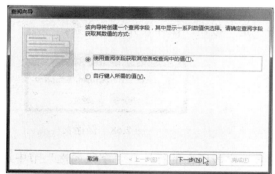
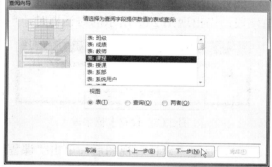

图2.61　设置查阅字段获取数据的方式　　　图2.62　设置查阅字段的来源表

（4）在"查阅向导"对话框中，选择"课程编号"和"课程名称"字段包含在查阅字段中，然后单击"下一步"按钮，如图2.63所示。

（5）在"查阅向导"对话框中，设置列表框中的项按"课程编号"字段升序排序，然后单击"下一步"按钮，如图2.64所示。

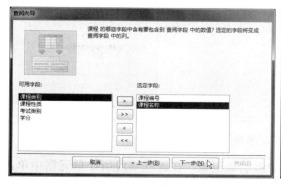
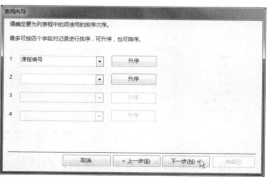

图2.63　设置为查阅列提供数据的字段　　　图2.64　设置列表项的排序次序

（6）在"查阅向导"对话框中，选取"隐藏键列（建议）"复选框并调整列宽，然后单击"下一步"按钮，如图2.65所示。

（7）在"查阅向导"对话框中，将这个查阅字段的标签设置为"课程编号"，并选取"允许多值"复选框，然后单击"完成"按钮，如图2.66所示。

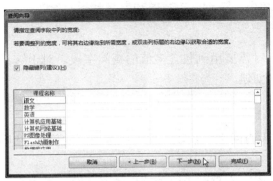

图2.65　隐藏键列并调整列宽

图2.66　设置查阅字段标签并允许多值

（8）当出现图2.67所示的对话框时，单击"是"按钮，将"课程编号"字段设置为多值字段；当出现图2.68所示的对话框时，单击"是"按钮，保存表并创建关系。

图2.67　设置多值字段

图2.68　保存表

（9）返回"设计"视图后，单击"课程编号"字段所在的行，在"字段属性"节中选择"查阅"选项卡，对"行来源"属性进行修改，即在"查阅向导"设置的属性值中添加"WHERE (((课程.课程性质)="选修"))"，以限制列表框中只显示选修课程，如图2.69所示。

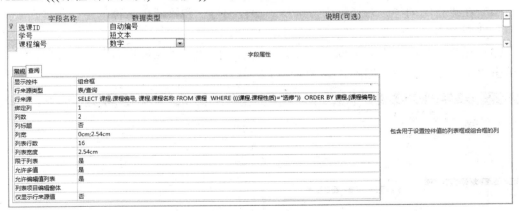

图2.69　更改"行来源"属性

（10）切换到"数据表"视图，向课程表中添加新记录，在课程字段所在单元格中单击向下箭头，此时弹出的列表框每个课程名称前面都有一个复选框，要选择多门课程，可选中相关的复选框并单击"确定"按钮，如图2.70所示。

图2.70　测试选课表中的多值查阅字段

知识与技能

查阅字段是表中的字段，其中的值是从另一个表/查询或值列表中检索而来的。使用查阅字段可以显示组合框或列表框中的选项列表。选项可以来自表或查询，也可以是用户自己提供的值。既可以使用"查阅向导"来创建查阅字段，也可以通过设置字段的"查阅"字段属性手动创建查阅字段。如果可能，应该使用"查阅向导"创建查阅字段。查阅向导可简化创建过程，自动填写适当的字段属性并创建适当的表关系。通过使用查阅字段，可以使用列表框或组合框从另一个表或值列表中选择一个值，这样不仅可以提高数据输入的效率，还能够避免输入无效的数据。创建查阅字段时，可以使用"查阅向导"或手工方式来设置字段的以下属性。

1．显示控件

"显示控件"属性指定在数据表视图中使用什么类型的控件来显示字段。在"设计"视图中选择"查阅"选项卡，然后设置字段的"显示控件"属性。对于文本型或数字型的字段，该属性可以设置为"文本框"、"列表框"或"组合框"；对于是/否型的字段，该属性可以设为"复选框"、"文本框"或"组合框"。

2．行来源类型

通过将"行来源类型"属性和"行来源"属性一起使用，可以告知Access如何为列表框或组合框控件提供数据。"行来源类型"属性使用以下三种设置。

- 表/查询：数据来自"行来源"属性设置指定的表、查询或SQL语句。这是默认值。例如，教师表中的"系部编号"字段、学生表中的"班级编号"字段，以及选课表中的"学号"字段和"课程编号"字段均属于这种情况。
- 值列表：数据是由"行来源"属性设置指定的项组成的列表。例如，教师表中的"性别"字段、"政治面貌"字段和"学历"字段等均属于这种情况。
- 字段列表：数据是由"行来源"设置指定的表、查询或者SQL语句中的字段名组成的列表。

3．行来源

"行来源"属性必须与"行来源类型"属性一起使用，以确定如何为列表框或组合框提供数据。"行来源"属性设置取决于"行来源类型"属性的设置。请看下面的例子。

（1）若要在一个列表框中显示"共产党员"、"共青团员"、"群众"或"其他"四项，可以将"行来源类型"属性设置为"值列表"，并将"行来源"属性设置为一个字符串，其

数据库的设计与实现

内容为"共产党员;共青团员;群众;其他",使用分号来分隔两个不同的项。对于文本型字段，Access 会自动对每个项添加双引号作为定界符。

（2）若要在一个列表框中显示课程表中必修课的课程编号和课程名称数据，可将列表框的"行来源类型"属性设置为"表/查询"，并将"行来源"属性设置为以下查询语句。

```
SELECT 课程.课程编号, 课程.课程名称 FROM 课程
WHERE 课程.课程性质="选修" ORDER BY 课程.课程编号;
```

这是一个 SQL SELECT 查询语句，用于从"课程"表获取所有必修课的课程编号和课程名称，并按课程编号升序排序。该 SELECT 语句由四个子句组成：SELECT 子句指定要在查询中选择哪些字段，字段可用"表名.字段名"形式表示，字段之间用逗号分隔；FROM 子句指定从哪个表或查询中获取数据；WHERE 子句用于指定如何对查询返回的记录进行筛选，只有符合筛选条件的记录才会包含在查询结果中；ORDER BY 子句指定按照哪个字段对查询结果进行排序，以及如何排序。在本任务中，WHERE 子句是在运行"查阅向导"后添加的。

4．绑定列

从列表框或组合框中进行选择时，"绑定列"属性确定 Access 把哪一列的值用作控件的值。"绑定列"属性的默认值为 1，即指定第一个字段的值作为控件的值。

组合框中最左边可见的列包含组合框中文本框部分所显示的数据。在进行选择时，"绑定列"属性用于确定存储文本框或组合框列表中哪一列的值，这样可以显示不同于控件值的数据。例如，在成绩表中创建"学号"查阅字段时，要从学生表中检索"学号"字段和"姓名"字段，绑定列为 1，字段中存储的却是学号，组合框中显示的是学生姓名。输入数据时，将自动在组合框的文本框中填写一个与组合框列表中的值相匹配的值。

5．列数、列宽、列表行数和列表宽度

"列数"属性指定列表框中或组合框的列表框部分所显示的列数。如果从学生表中检索"学号"和"姓名"字段，或从课程表中检索"课程编号"和"课程名称"字段，都需要将列数属性设置为 2。

"列宽"属性指定多列组合框或列表框中每列的宽度。列宽以半角分号分隔。例如，"1.5 cm;0;2.5 cm"表示第 1 列宽为 1.5cm，第 2 列隐藏，第 3 列宽为 2.5cm。"2cm;;2 cm"表示第一列宽为 2cm，第 2 列宽使用默认值，第 3 列宽为 2cm。若将"列宽"属性留空，则 3 列的宽度相同。在本任务中，创建查阅字段时通常设置隐藏键列，这样会把相应的列宽设置为 0。

"列表行数"属性设置组合框中列表框部分所能显示的最大行数，默认值为 16。根据需要，可以自行设置在列表框中显示的最大行数。

"列表宽度"属性设置组合框中列表框部分的宽度。如果要显示多列列表，可输入可以使列表足够宽的值，以显示所有的列。

6．限于列表

"限于列表"属性可将组合框值限制为列表项。若将该属性设置为"是"，则当用户在组合框的列表中选择了某个项，或输入了与列表项相匹配的文本，Access 都将接受。当输入的文本不在列表项中时，则不接受该文本，必须重新输入，或选择列表项，或按 Esc 键，或执行"撤销"命令。若该属性设置为"否"，则 Access 接受任何符合"验证规则"属性的文本。

7. 允许多值

"允许多值"属性决定是否允许选择多个项目。若将该属性设置为"是",则在数据表视图中输入数据时,查阅字段组合框的下拉列表框中每个选项前面都包含一个复选框,下拉列表框底部包含"确定"和"取消"按钮,允许从列表中选择多个值。此类查阅字段称为多值字段。选课时每个学生均可选择多门选修课;或者有一项任务要分配给员工或承包商,但需要将它分配给多个人员。在这些场合,都可以创建一个多值字段,以便从列表框中选择多项。本任务设置的多值字段是基于查询的。此外,多值字段的值也可以是基于值列表的。

任务 2.7 设置字段的输入掩码

任务描述

输入掩码用于设置表字段的有效输入格式,可以对输入的数据类型进行控制。例如,在输入密码时,出于安全性的考虑,输入内容通常显示为星号;在日期型字段中只能输入数字(包括年月日)及日期分隔符,不允许输入其他字符。为了对用户在字段中输入的值进行控制并使输入更容易,需要对字段的"输入掩码"属性进行设置。在本任务中,将对系统用户表、教师表和学生表中的部分字段设置输入掩码。

实现步骤

在"设计"视图中打开表,即可对表中的字段设置输入掩码。这个设置过程通常可以使用"输入掩码向导"来完成,也可以用手工方式来直接设置。

（1）打开教务管理数据库。

（2）在"设计"视图中打开系统用户表。

（3）单击"密码"字段所在的行,在"字段属性"节中选择"常规"选项卡,单击"输入掩码"属性框右侧的对话按钮，如图 2.71 所示。

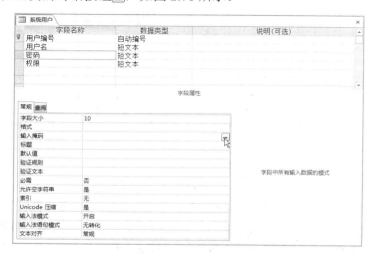

图 2.71 设置"密码"字段的"输入掩码"属性

（4）当出现如图 2.72 所示的"输入掩码向导"对话框时，从"输入掩码"列表框中选择"密码"项（其示例数据为"*******"），并在"尝试"框中输入测试数据（此时显示为一串星号），然后单击"下一步"按钮。

（5）在图 2.73 所示的"输入掩码向导"对话框中，单击"完成"按钮。

图 2.72　选择输入掩码

图 2.73　完成输入掩码向导

此时，可以看到"输入掩码"属性被设置为"密码"，如图 2.74 所示。

（6）切换到"数据表"视图以查看系统用户表中的记录数据，此时，可以看到密码字段的值一律显示为星号。如果在"密码"字段中输入或修改值，所输入的字符也显示为星号，如图 2.75 所示。

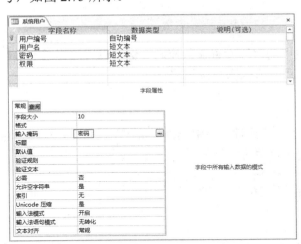
图 2.74　"输入掩码"的字段属性设置

图 2.75　测试字段的输入掩码

（7）在"设计"视图中打开教师表，单击"出生日期"字段所在的行，在"字段属性"节中单击"常规"选项卡，将"显示日期选取器"属性设置为"为日期"，然后单击"输入掩码"属性框右侧的对话按钮，如图 2.76 所示。

（8）当出现如图 2.77 所示的"输入掩码向导"对话框时，从"输入掩码"列表框中选择"短日期"项（示例数据为"1969-09-27"），然后单击"下一步"按钮。

（9）在图 2.78 所示的"输入掩码向导"对话框中，接受默认的输入掩码"0000/00/00"和占位符"_"，并在"尝试"框中输入数据进行测试，然后单击"下一步"按钮。

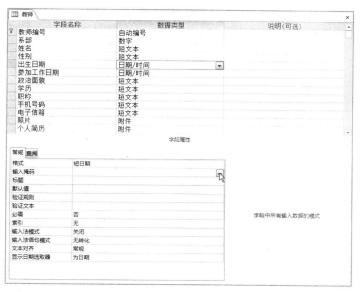

图 2.76 设置"出生日期"字段的"输入掩码"属性

图 2.77 选择"短日期"项

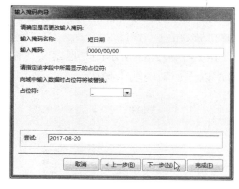

图 2.78 修改输入掩码

注意: 上述输入掩码中的字符"0"表示数字 0~9,字符"/"为日期分隔符。若要表示数字或空格字符,则需要使用字符"9"。

(10)在图 2.79 所示的"输入掩码向导"对话框中,单击"完成"按钮,此时,可以看到出生日期字段的"输入掩码"属性被设置为"0000-00-00;0;_",如图 2.80 所示。

说明: 在图 2.80 中,字段的输入掩码"0000-00-00;0;_"由以下三个部分组成,各个部分用分号分隔。

第一部分为"0000-99-99",这是输入掩码本身,其中 0 表示一个数字(0~9),而且必须输入;字符"-"是原义字符(短横线),表示日期分隔符。

第二部分位于两个分号之间,这里是数字 0,它表示将原义字符与字段值一起保存;若为 1 或空白,则表示只保存输入的非空格字符。

第三部分位于第二个分号后面,在这里是一个下画线符号"_",表示应该在输入掩码中键入字符的位置显示一个下画线。

数据库应用基础 (Access2013)

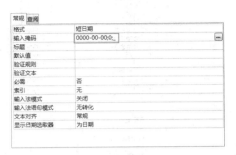

图 2.79　完成输入掩码设置　　　　　图 2.80　查看字段的输入掩码

（11）在教师表中选择"参加工作日期"字段，在"字段属性"节的"常规"选项卡中，将该字段的"输入掩码"属性直接设置为"0000-00-00;0;_"。

（12）切换到"数据表"视图，向教师表中添加新记录，当在"出生日期"字段中输入数据时，将出现输入掩码提示，此时在年份部分必须输入 4 位数字，月份和日期部分则可以输入两位数字，在该字段中输入值时，数字以外的字符都将被拒绝，如图 2.81 所示。

（13）在"设计"视图中打开学生表，选择"学号"字段，单击"输入掩码"属性框右侧的对话按钮，在图 2.82 所示的"输入掩码向导"对话框中单击"编辑列表"按钮。

（14）在图 2.83 所示的"自定义'输入掩码向导'"对话框时，单击"新（空白）记录"按钮，以添加新的输入掩码。

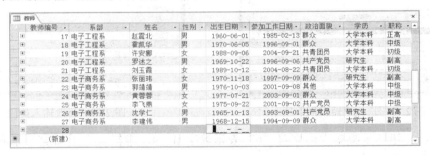

图 2.81　测试出生日期字段的输入掩码

图 2.82　编辑输入掩码列表　　　　　图 2.83　创建自定义输入掩码

（15）在图 2.84 所示的"自定义'输入掩码向导'"对话框中，对新定义的输入掩码进行设置，在"说明"框中输入"学号"，在"输入掩码"框中输入"000000"，在"占位符"框中输入"_"，在"示例数据"框中输入"160001"，然后单击"关闭"按钮。

（16）返回"输入掩码向导"对话框时，刚才所定义的"学号"输入掩码已被添加到"输入掩码"列表框中；从"输入掩码"列表框中选择所需的"学号"，然后单击"下一步"按钮，如图 2.85 所示。

图 2.84　定义"学号"输入掩码

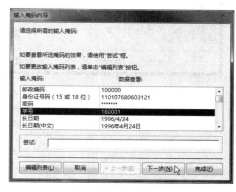

图 2.85　选择所需输入掩码

（17）在图 2.86 所示的"输入掩码向导"对话框中，对已设置的输入掩码和占位符进行确认，并通过在"尝试"框中输入一个学号对所选的输入掩码进行测试，然后单击"下一步"按钮。

（18）在图 2.87 所示的"输入掩码向导"对话框中，选择"像这样不使用掩码中的符号"选项（即在"学号"输入掩码不包含任何原义字段），然后单击"下一步"按钮。

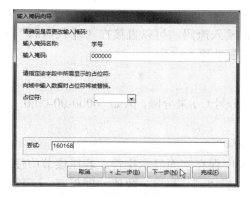

图 2.86　测试输入掩码

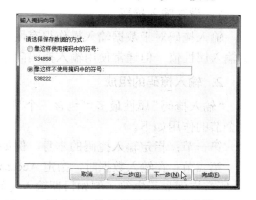

图 2.87　选择是否保存原义字符

（19）在图 2.88 所示的"输入掩码向导"对话框中单击"完成"按钮；此时"学号"字段的"输入掩码"属性将被设置为"000000;;_"，如图 2.89 所示。

（20）切换到"数据表"视图，向学生表中添加新记录，当在设置输入掩码的字段中输入值时，将会出现输入掩码提示，此时只能输入数字字符，如图 2.90 所示。

常规	查阅	
字段大小		6
格式		
输入掩码		000000;;
标题		
默认值		
验证规则		
验证文本		
必需		是
允许空字符串		是
索引		有(无重复)
Unicode 压缩		是
输入法模式		开启
输入法语句模式		无转化
文本对齐		常规

图 2.88　完成输入掩码设置　　　　　　　　　图 2.89　所设置的输入掩码

学生							
学号	班级	姓名	性别	出生日期	入学日期	入学成绩	是否团员
⊞ 160256	商1602	张凯华	男	2001-10-15	2016-08-26	382	☐
⊞ 160257	商1602	冯岱若	女	2002-02-21	2016-08-26	413	☑
⊞ 160258	商1602	张娜娜	女	2001-03-09	2016-08-26	456	☑
⊞ 160259	商1602	孙超威	男	2000-09-12	2016-08-26	368	☑
⊞ 160260	商1602	李红梅	女	2001-05-22	2016-08-26	416	☐
⊞ 160261	商1602	侯莹莹	女	2002-09-26	2016-08-26	396	☐
⊞ 160262	商1602	康建国	男	2001-05-20	2016-08-26	399	☑
*						0	☐

图 2.90　输入出生日期字段值时出现的输入掩码提示

知识与技能

使用"输入掩码"属性可以使数据输入更容易，并且还可以控制用户在文本框类型控件中输入值的内容和长度。

1．设置输入掩码

输入掩码对于数据输入操作很有用。若要设置输入掩码，可以直接在"输入掩码"框中输入属性值，但通常使用输入掩码向导来设置该属性更为方便。

2．输入掩码的组成

"输入掩码"属性最多可包含三个节，节之间用分号（;）来分隔，例如"0000-00-00;0;_"。每个节的作用如下。

第一节：指定输入掩码的本身，例如，0000-00-00。

第二节：在输入数据时，指定 Access 是否在表中保存字面显示字符。若在该节中使用 0，所有字面显示字符（例如日期输入掩码中的分隔符"-"）都将与数值一同保存；若输入 1 或未在该节中输入任何数据，则只有输入到控件中的字符才能保存。

第三节：指定 Access 为一个空格所显示的字符，此空格表示应在输入掩码中输入字符的地方。该节可使用任何字符，用双引号（""）将空格括起来可显示空字符串。

3．有效地输入掩码字符

在创建输入掩码时，可以使用特殊字符来要求某些必须输入的数据，而其他数据则是可选的。这些特殊字符指定了在输入掩码中必须输入的数据类型，例如数字或字符。表 2.7 列出了定义输入掩码时可以使用的特殊字符。

表 2.7 用于输入掩码的特殊字段

字 符	说 明
0	必须输入数字（0～9）
9	可以输入一个数字或空格
#	可以输入一个数字或空格，也可以不输入内容
L	必须输入一个大写字母（A～Z）
?	可以输入一个大写字母（A～Z）
A	必须输入一个字母或数字
a	可以输入一个字母或数字，也可以不输入内容
&	必须输入一个字符或空格
C	可以输入一个字符或空格，也可以不输入内容
. , : ; - /	表示小数点占位符及千位、日期与时间的分隔符，实际的字符按控制面板中区域设置属性的设置而定
<	将其后的所有字符转换为小写
>	将其后的所有字符转换为大写
!	使输入掩码从右到左显示，而不是从左到右显示
\	使接下来的字符以字面字符显示。例如，\A 显示为 A
password	创建密码输入控件，在文本框中输入的任何字符都将以原字符保存，但显示为星号（*）

任务 2.8 设置字段的验证规则

任务描述

在表中添加或编辑记录时，某些字段的取值通常应满足指定要求。例如，电子信箱字段值中必须包含一个 "@" 字符；百分制下成绩字段的取值范围为 0～100，如果小于 0 或大于 100，就不是一个有效值。通过设置字段的验证规则，可以设置对输入字段值的要求，若违反了此规则，则可以通过验证文本显示出错信息。在本任务中，将对教师表中的 "电子信箱" 字段、成绩表中的 "成绩" 字段及学生表中的 "出生日期" 字段设置验证规则和验证文本。

实现步骤

对同一个字段来说，通常同时设置 "验证规则" 属性和 "验证文本" 属性。使用 "验证规则" 属性指定对输入到记录或字段中的数据的要求；当输入的数据违反 "验证规则" 设置时，将显示通过 "验证文本" 属性指定的消息。

（1）打开教务管理数据库。

（2）在 "设计" 视图中打开成绩表，然后选择 "成绩" 字段。

（3）在 "字段属性" 节选择 "常规" 选项卡，并在 "验证规则" 属性框中输入表达式 ">=0 And <=100"，然后在 "验证文本" 属性框中输入 "只能输入 0～100 之间的数字！"，如图 2.91 所示。

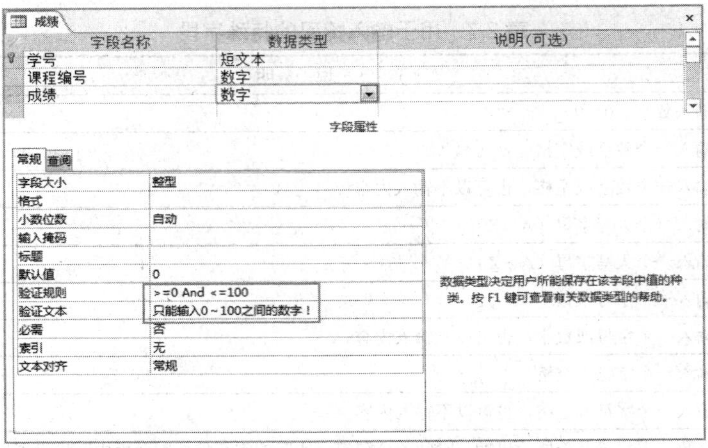

图 2.91 对"成绩"字段设置验证规则和验证文本

提示： 在上述表达式中，>=表示大于等于运算符，<=表示小于等于运算符，And 为逻辑运算符，表示两项同时成立时才符合验证规则，这个规则表示"成绩"字段的值只能是 0～100 范围的一个数字，既不能是负数，也不能超过 100。

（4）切换到"数据表"视图，对所设置的验证规则进行测试。如果在"成绩"字段中输入超出 0～100 范围的数值，当离开"成绩"字段输入框时，将弹出显示验证文本的对话框，如图 2.92 所示。单击"确定"按钮时，光标重新返回"成绩"字段输入框中。

图 2.92 输入数值测试验证规则

（5）在"设计"视图中打开学生表，选择"出生日期"字段，在"验证规则"文本框中输入表达式"<Now()"，然后在"验证文本"文本框中输入"出生日期不能在未来！"，如图 2.93 所示。

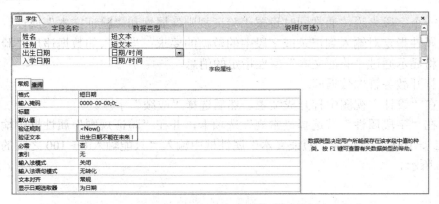

图 2.93 对"出生日期"字段设置验证规则和验证文本

提示： 上述表达式中 Now() 为 VBA 函数，用于获取计算机系统的当前日期和时间；表达式<Now()表示所输入的"出生日期"字段值应为以前的某个时间。VBA 是 Visual Basic for Applications 的缩写，这是 Visual Basic 的一种宏语言，是微软公司开发出来在其桌面应用程序中执行通用的自动化任务的编程语言，主要用来扩展 Windows 应用程序（尤其是 Office 软件）的功能。

（6）单击应用程序窗口右下角的"数据表"按钮，切换到"数据表"视图，对验证规则进行测试。当在"出生日期"字段中输入晚于当前日期的日期数据时，将弹出包含验证文本的对话框，如图 2.94 所示。

图 2.94　输入日期数据测试验证规则

（7）在"设计"视图中打开教师表，选择"电子信箱"字段；在"验证规则"文本框中输入表达式"Is Null Or ((Like "*?@?*.?*") And (Not Like "*[,;]*"))"，然后在"验证文本"文本框中输入"电子邮件地址无效！"，如图 2.95 所示。

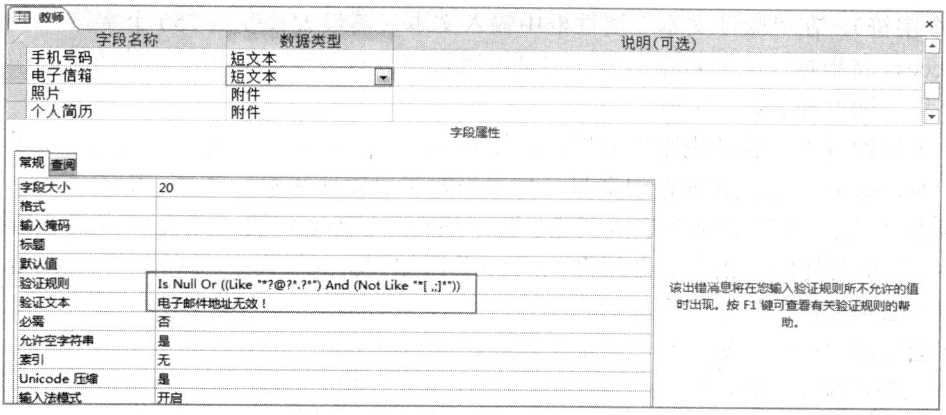

图 2.95　对"电子信箱"字段设置验证规则和验证文本

提示： 上述表达式用到了 Is 运算符、Like 运算符、星号（*）通配符、问号（?）通配符及其他运算符，用于检查输入的字段值是否为一个有效地电子邮件地址。

（8）切换到"数据表"视图，对验证规则进行测试。当输入的电子邮件地址不符合要求时，就会弹出包含验证文本的消息框，如图 2.96 所示。

图 2.96　输入字段测试验证规则

知识与技能

使用"验证规则"属性可以对输入到记录、字段中的数据指定要求。当输入的数据违反了验证规则的设置时，可以使用"验证文本"属性指定将显示给用户的消息。

若要设置"验证规则"和"验证文本"属性，可在设计视图中打开表，然后在字段属性节中选择"常规"选项卡，并在"验证规则"属性框中输入一个表达式（其最大长度是2 048个字符），在"验证文本"属性框中输入文本（其最大长度是255个字符）。

Access 将根据字段的数据类型，自动检查数据的有效性。例如，在数值字段中不允许输入字母、标点等非数字字符。

如果只设置了"验证规则"属性，但没有设置"验证文本"属性，则当违反了验证规则时，Access 将显示默认的错误消息。如果设置了"验证文本"属性，所输入的文本将作为错误消息显示。如果为某个字段创建了验证规则，则 Access 通常不允许 Null 值存储在该字段中。如果要使用 Null 值，必须将"Is Null"添加到验证规则中，例如"<> 8 Or Is Null"，并确保"必填字段"属性已经设置为"否"。

下面给出"验证规则"和"验证文本"属性的示例。

"验证规则"属性	"验证文本"属性
<> 0	输入项必须是非零值。
> 1000 Or Is Null	输入项必须为空或大于1000。
Like "A????"	输入项必须是5个字符并以字母A开头。
>= #1/1/96# And <#1/1/97#	输入项必须是1996年中的日期。

任务 2.9　在表中添加和编辑记录

任务描述

通过前面几个任务，在教务管理数据库中创建了一些表，并将部分表字段设置为查询字段列，此外还对部分字段设置了输入掩码和验证规则。表由结构和数据两部分组成。定义表结构后，既可以向表中添加新记录，也可以对表中现有记录进行编辑。在本任务中，将以学生表为例，说明如何在表中添加、编辑和删除记录。

实现步骤

无论是在表中添加新记录还是对表中现有记录进行编辑和删除操作，都是在"数据表"视图中进行的，具体操作方法如下。

（1）打开教务管理数据库。

（2）在导航窗格中选择"表"类别，双击学生表，在"数据表"视图中打开它，然后在该表中添加新记录或修改现有记录。

对于不同类型的字段，输入数据的方法有所不同。

- 文本型或数字型字段：默认情况下其显示控件是文本框，可以直接在文本框中输入字段值。如果已经对字段设置了输入掩码，则可以按照输入掩码的提示来输入字段值。如果已经对字段设置了验证规则，则在违反该规则时，将显示由验证文本指定的错误提示信息，此时可以按 Esc 键来取消修改。

- 查阅字段：其显示控件默认为组合框，可以从列表框中选择预先设定的静态值（如"性别"字段），也可以选择来自其他表或查询中的字段值（如"班级编号"字段）。如果所需要的值没有包含在列表中，则可以在组合框的文本框中输入字段值。如果希望字段能够接受所输入的值，应在字段属性节的"查阅"选项卡中将"限于列表"属性设置为"否"。

- 是/否型字段：默认情况下其显示控件为复选框，可以通过选中或取消复选框来输入字段值（例如"是否团员"字段）。

- 附件类型字段：其标题显示为 ⓤ 符号，表明该字段为"附件"数据类型。默认情况下，附件字段值单元格中显示 ⓤ(o) 符号，其中数字"0"表示当前附件文件的数目为 0。

    若要向附件字段中添加文件，可双击该字段值单元格，打开图 2.97 所示的"附件"对话框，然后单击"添加"按钮，并在图 2.98 所示的"选择文件"对话框中选择要添加的文件；此时所添加的文件列在"附件"对话框中，单击"确定"按钮，即完成附件的添加。

图 2.97　添加附件

若要删除已添加的附件文件，可单击该文件并单击"删除"按钮。

若要查看附件内容，可双击附件文件来运行相关联的应用程序，以打开该文件。

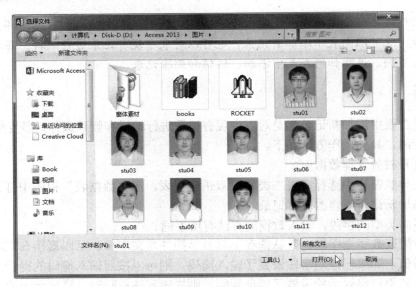

图 2.98　选择要添加的附件文件

（3）若要添加新记录，可以将光标定位在表的最后一行中，然后输入字段值。如果表中包含的记录比较多，可单击记录导航栏上的 按钮快速定位到最后一行。

（4）若要修改现有记录，可以将光标定位在需要修改数据的单元格上，此时字段值处于选中状态，输入的内容将代替原有内容；也可按 F2 键取消选中状态，然后再进行修改。

（5）若要删除现有记录，可以单击要删除记录的选择器，然后按 Delete 键，并在弹出的对话框中单击"是"按钮，以确认删除操作。若要选择多条连续记录，可以单击要删除的首记录的选择器，然后在按 Shift 键的同时单击要删除的末纪录的选择器。

（6）若要查找字段值，可以在记录导航栏的"搜索"文本框中输入要查找的内容，也可以按 Ctrl+F 组合键，以打开"查找和替换"对话框，输入要查找的内容并单击"查找下一个"按钮，如图 2.99 所示。

（7）若要查找并替换字段值，可按 Ctrl+H 组合键打开"查找和替换"对话框，在"替换"选项卡中输入要查找的内容和要替换的内容，进行查找和替换操作，如图 2.100 所示。

图 2.99　查找字段的内容　　　　　　　　图 2.100　查找并替换字段的内容

（8）若要对记录进行排序，可单击作为排序依据的字段列，并在"开始"选项卡的"排序和筛选"组中单击"升序"按钮 升序 或"降序"按钮 降序，如图 2.101 所示；当按多个字段对记录进行排序时，首先根据第一个字段按指定顺序排序；若第一个字段具有相同的值，则根据第二个字段按指定顺序排序；若要清除排序，可在在"开始"选项卡的"排序和筛选"组中单击"取消排序"按钮 取消排序。

图 2.101 排序与筛选

（9）若要根据某个字段的特定值对记录进行筛选，可以单击该字段所在的列，并在"开始"选项卡的"排序和筛选"组中单击"筛选器"命令，然后使用复选框列表选择特定值，如图 2.102 所示；也可以指向"文本筛选器"，并从下一级菜单中选择适当的命令，如图 2.103 所示，然后在"自定义筛选器"对话框中输入所需的值。若要清除筛选器，可以在"开始"选项卡的"排序和筛选"组中单击"切换筛选"命令。

图 2.102 按选定值筛选记录

图 2.103 选择所需的筛选命令

任务 2.10 在表之间建立关系

任务描述

在 Access 数据库中针对每个主题创建不同的表之后，还必须告诉 Access 如何将这些表中的信息合并在一起。为了实现这个目的，首先需要通过公共字段在表之间建立关系，然后创建查询、窗体及报表，以便从多个表中检索并显示信息。在前面任务中，通过创建查阅字段间接地在一些表之间创建了关系。

通过本任务将学习在表之间建立关系的方法，并在教务管理数据库中的相关表之间创建关系，包括通过"系部编号"字段在系部表与班级表之间建立一对多关系，以及通过"班级编号"字段在班级表与学生表之间建立一对多关系等。

实现步骤

在本任务中，将通过公共字段在教务管理数据库的各个相关表之间创建关系，具体操作步骤如下。

（1）打开教务管理数据库。

（2）在"数据库工具"选项卡的"关系"组中选择"关系"命令，如图 2.104 所示。

图 2.104　创建表关系

（3）当出现"关系"窗口时，在"设计"选项卡的"关系"组中单击"显示表"命令，如图 2.105 所示。

（4）在"显示表"对话框中选择要建立关系的所有表，可按住 Ctrl 键并依次单击要添加的各个表，然后单击"添加"按钮，再单击"关闭"按钮，如图 2.106 所示。

图 2.105　显示要添加的表

图 2.106　"显示表"对话框

（5）若要在两个表之间建立关系，可以在"关系"窗口中从一个表中将所要关联的字段拖到另一个表的对应字段上。例如，将系部表的"系部编号"字段拖到班级表的对应字段上。

提示：若要拖动多个字段，可按住 Ctrl 键并依次单击各个字段，然后把这些字段拖到另一个表的对应字段上。表中的主键字段旁边有一个钥匙图标，可将主键字段拖到另一个相关表的外键字段上。相关字段的名称不一定相同，但它们必须具有相同的数据类型，并且包含相同的内容。除了在"关系"窗口中创建表关系之外，基于表/查询来设置查阅字段列时也可能会在表之间创建关系。

（6）此时，出现如图 2.107 所示的"编辑关系"对话框，显示出两个表（系部表为主表）中的对应字段，可对以下选项进行设置。

- 若要设置联接类型，可单击"联接类型"按钮，然后在"联接属性"对话框中选择所需的选项（1 表示内联接，2 表示左联接，3 表示右联接），如图 2.108 所示。
- 要对关系实施参照完整性（若主表中无相关记录，则不能在子表中添加记录；若子表中有相关记录，则不能从主表中删除记录），可选中"实施参照完整性"复选框。
- 若要在主表的主键字段更改时自动更新相关表中的对应数据，可以选中"级联更新相关字段"复选框。
- 若要在删除主表中的记录时自动删除相关表中的有关记录，可以选中"级联删除相关字段"复选框。

（7）单击"创建"按钮，在系部表与班级表之间建立关系，可看到两个表之间出现了一条关系线，"1"方表中的字段为主键，"∞"方表中的字段为外键，如图2.109所示。

图2.107 "编辑关系"对话框　　图2.108 "联接属性"对话框　　图2.109 在表间建立关系

（8）使用同样的方法，在其他相关表之间分别建立一对多关系。"关系"窗口布局效果如图2.110所示。

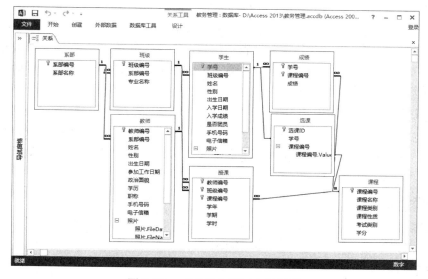

图2.110 "关系"窗口布局效果

（9）在快速访问工具栏上单击"保存"按钮，保存表之间的关系。

知识与技能

Access数据库通常包含多个表，在不同表之间可以通过公共字段建立关系。

1．关系的类型

关系是在两表的公用字段之间创建的关联性。两个表之间的关系分为"一对一"、"一对多"和"多对多"三种类型。

（1）一对多关系。一对多关系是关系中最常用的类型。在一对多关系中，A表中的一条记录能与B表中的许多记录匹配，但是在B表中的一个记录仅能与A表中的一条记录匹配。例如，由于一个系有多个班级，系部表中的一条记录可以对应班级表中的多条记录，而班级表中的一条记录只能对应系部表中的一条记录。因此，在学生成绩数据库中，可以通过系部编号在系部表与班级表之间建立起一对多的关系。"系部编号"字段是系部表的主键字段，在班级表中可以通过系部字段引用系部表中的"系部编号"字段，班级表中的系部字段称为外键，外键用于表明表之间的关系。

（2）多对多关系。在多对多关系中，A 表中的记录能与 B 表中的许多记录匹配，并且在 B 表中的记录也能与 A 表中的许多记录匹配。此关系的类型仅能通过定义第三个表（称作联结表）来达成，它的主键包含两个字段，即来源于 A 和 B 两个表的外键。多对多关系实际上是使用第三个表的两个一对多关系。

（3）一对一关系。在一对一关系中，在 A 表中的每一记录仅能在 B 表中有一条匹配的记录，并且在 B 表中的每条记录仅能在 A 表中有一条匹配记录。一对一关系类型并不常用，因为两个表中重复字段浪费了磁盘空间。在实际应用中，可以使用一对一关系将一个表分成许多字段，或因安全原因隔离表中部分的数据，或保存仅应用在主表中子集的信息。

2．在表之间建立关系

若要在表之间建立关系，可在"数据库工具"选项卡的"显示/隐藏"组中选择"关系"命令，并将要建立关系的表添加到"关系"窗口中，然后从一个表中将所要关联的字段拖到另一个表的对应字段上。此外，定义表结构时，通过建立从表/查询中获取数据的查阅字段，也可以在表之间建立关系。在表之间建立关系后，当基于多个表创建查询时，将会自动使用连接运算符来连接相关的表。

3．编辑表之间的关系

若要编辑表之间的关系，可在"关系"窗口中单击要编辑的关系线，然后从"关系"菜单中选择"编辑关系"命令，或者双击要编辑的关系线。当出现"编辑关系"对话框时，重新设置两个表之间的关系。

4．删除表之间的关系

若要删除两个表之间的已有关系，可在"关系"窗口中单击要编辑的关系线，然后从弹出菜单中选择"删除"命令，或者按 Delete 键。

5．参照完整性

参照完整性是一个规则的系统，Access 使用这些规则是用来保证相关表之间的记录关系是有效的，并且保证用户不会删除或更改相关的数据。通过选中"实施参照完整性"复选框，可以为关系实施参照完整性，但前提是应具备以下条件：主表的相关字段必须为主键或具有唯一索引，同时相关字段必须具有相同的数据类型，并且两个表都必须保存在同一个 Access 数据库中。如果清除"实施参照完整性"复选框，则允许更改可能会破坏参照完整性规则的相关表。

项目小结

　　本项目中讨论了如何设计和实现数据库。创建数据库之前，首先要对数据库进行设计，然后创建数据库并向其中添加表和其他对象。表是数据库的基本存储结构。在 Access 数据库中，表是一个以记录（行）和字段（列）存储数据的对象。在 Access 2013 中，创建表的方法主要有以下几种：使用数据表视图创建表；使用设计视图创建表；通过导入数据创建表。

　　表包含结构和数据两个方面，创建表时，首先定义表结构，然后向表中输入记录。字段是表中的基本元素之一。在数据表中，字段用列或单元格代表。在窗体或报表上，可以使用一个控件显示字段中的数据，例如文本框、组合框。在定义表结构时，可以向表中添加字段、指定字段名称，也可以设置字段的数据类型及其他属性。

　　每个字段都有一组属性，用于控制如何使用该字段来保存、处理和显示数据。字段的数据类型不同，可用的属性也不一样。设置字段属性时，在设计视图上部选择字段，并在下部"字段属性"节对各个属性进行设置：设置文本或数字字段的大小；指定字段中显示的小数位数；指定字段的数据显示格式；指定字段的标题；定义字段的输入掩码；定义字段的默认值；定义验证规则；指定字段中是否必须输入数据等。选择"查阅"选项卡，可以设置字段的显示控件、行来源类型及行来源属性，通过创建查阅字段，可以在输入字段值时从列表中选择一些静态值或来自其他表/查询的数据。通过本章的学习，应熟悉掌握定义表结构的方法。

　　每个表应该包含一个或一组字段，这些字段是表中保存的每一条记录的唯一标识，此信息称作表的主键。指定了表的主键后，为确保唯一性，Access 2013 将防止在主键字段中输入重复值或 Null 值。使用索引能够根据键值加速在表中查找和排序的功能，并且能对表中的行实施唯一性。一个表的主键值自动创建索引。学习时应了解主键的类型，掌握设置、更改和删除主键的方法。

　　在数据库中为每个主题都设置了不同的表后，还需要定义表之间的关系，以便将各个表中的信息合并在一起。学习时应了解关系的类型，理解参照完整性的含义和条件，掌握定义表之间的关系及编辑和删除关系的方法。

　　记录是关于人员、地点、事件或其他相关事项的数据集合。在表、查询或窗体的"数据表"视图中，记录显示为一个数据行。在使用数据库的过程中，应当熟练掌握记录的基本操作，包括添加、编辑、删除、保存记录、查找和替换数据、排序及筛选等。

　　表有两种视图状态："设计"视图和"数据表"视图。创建和修改表时，主要使用"设计"视图。使用表中的数据时，主要使用"数据表"视图。"数据表"视图以行列格式显示表中的数据，在视图中可以编辑字段值、添加和删除数据，还可以搜索、替换、排序及筛选数据。

项目思考

一、选择题

1. 在下列各项中，（　　）不能在表的名称中使用。
   - A．字母
   - B．句点
   - C．空格（不含先导空格）
   - D．数字

2. 在下列各项中，（　　）不是 Access 表中可用的数据类型。
   - A．短文本
   - B．数字
   - C．自动编号
   - D．动画

3. 通过设置（　　）属性可以指定在字段中输入数据时使用的模式。
   - A．输入掩码
   - B．默认值

    C. 验证规则   D. 验证文本

4. 为了限制添加或修改记录时该字段只能从列表框中选择值，可设置（   ）属性。

    A. 显示控件   B. 行来源类型

    C. 行来源   D. 限于列表

5. 手机号码的输入掩码应该设置为（   ）。

    A. 00000000000   B. 99999999999

    C. 00000000000;;#   D. 99999999999;;_

6. 若要指定必须在字段中输入一个大写字母时，则应在输入掩码中使用（   ）。

    A. 0   B. 9

    C. ?   D. L

二、判断题

1. 主键是一个用于唯一标识每个行的一个或多个字段。   （   ）

2. 规范化规则可使数据冗余减到最小，并在数据库中方便地强制数据完整性。

    （   ）

3. 在 Access 2013 中创建的空白桌面数据库默认使用 Access 2013 文件格式。

    （   ）

4. 在"数据表"视图中只能向表中输入数据，不能添加或修改字段。   （   ）

5. 如果希望未在字段中输入数据时由系统自动提供数据，可对该字段设置默认值。

    （   ）

6. 表中的字段在每行中只能存储相同数据的单个值。   （   ）

7. 如果只设置了"验证规则"属性，但没有设置"验证文本"属性，则当违反了验证规则时，Access 将不显示任何错误消息。   （   ）

8. 在附件类型字段中添加附件文件后将无法删除。   （   ）

9. 在相关的表之间创建关系时，主键字段与外键字段的名称必须相同。   （   ）

三、简答题

1. 数据库设计有哪些主要步骤？

2. 如何在 Access 数据库中重复执行数据导入操作？

3. 在 Access 2013 中创建表主要有哪些方法？

4. 设置查阅字段列有哪些方法？

5. 输入掩码的三个节的作用分别是什么？

6. 对关系实施参照完整性的条件是什么？

项目实训

    1. 与从事教务管理的人员交流，确定学生成绩数据库包含哪些表，每个表包含哪些字段，并将结果填写在一个表格。

    2. 在 Access 2013 中创建一个空白数据库，将文件名指定为"教务管理.accdb"加以保存。

    3. 在教务管理数据库中创建系部表、班级表、教师表、学生表、课程表、授课表、选课表及成绩表。

4．在教务管理数据库中，针对下列字段设置查阅字段列。

（1）学生表的"性别"字段，行来源为"值列表"，列表框中的值为"男""女"。

（2）学生表中的"班级编号"字段，行来源为"表/查询"，列表框的值来自班级表的"班级编号"字段。

（3）教师表中的"学历"字段，行来源为"值列表"，列表框中的值为"研究生""大学"。

（4）教师表中的"系别编号"字段，标题为"系部"，行来源为"表/查询"，列表框的值来自系部表中的"系别编号"和"系别名称"字段，存储的是"系别编号"字段的值，显示的是"系别名称"字段的值。

5．在教务管理数据库中，针对下列字段设置输入掩码。

（1）学生表中的"学号"字段只能输入6位数字。

（2）教师表中的"出生日期"字段只能输入短日期格式的数据。

（3）教师表中的手机号码字段只能输入11位数字。

6．在教务管理数据库中，针对下列字段设置验证规则和验证文本。

（1）学生表中的"出生日期"字段，其值不能在未来。

（2）成绩表中的"成绩"字段，其值只能是0～100之间的数字。

7．根据你们学校的实际情况，向教务管理数据库的各个表中输入测试性数据。此操作请务必完成，因为在后续学习中将用到这些数据。

8．在教务管理数据库的相关表之间建立一对多关系。

项目 3

查询的创建和应用

项目描述

　　通过在数据库中创建一些表，可以组织和存储与不同实体或主题相关的数据，从而为信息管理打下必要的基础。在实际应用中，从一个或多个表中获取符合特定条件的数据是经常性的任务，为了达到这个目的就需要创建和运行查询。与表一样，查询也是 Access 数据库中的一种常用对象。通过查询不仅可以按不同方式来查看和分析数据，还可以完成数据的批量更新或批量删除等操作。通过本项目将学习和掌握创建和应用查询的方法，并在教务管理数据库中创建各种类型的查询，通过创建选择查询、交叉表查询和参数查询来实现数据的检索，并通过创建操作查询来实现记录的添加、修改和删除。

项目目标

- ◆ 掌握使用查询向导和设计器创建选择查询的方法
- ◆ 掌握创建交叉表查询的方法
- ◆ 掌握创建参数查询的方法
- ◆ 掌握通过操作查询添加记录的方法
- ◆ 掌握通过操作查询更新记录的方法
- ◆ 掌握通过操作查询删除记录的方法

任务 3.1　创建选择查询

任务描述

　　学生表中存储着大量的学生记录。在教务管理中，通常需要获取符合某种条件的学生信息。在本任务中，将通过创建选择查询从教务管理数据库中检索学生信息。通过本任务将学习和掌握创建选择查询的操作步骤，并初步掌握 SELECT 语句的使用方法。

实现步骤

　　在 Access 2013 中，可以使用查询向导或查询设计器来创建选择查询。选择查询以 SELECT 语句形式存储在数据库中，其功能是从数据表中获取数据并按所需顺序来显示。

1. 从学生表中检索部分字段信息

学生表中一共包含11个字段，但只需要查看其中的部分字段。下面使用查询向导创建一个选择查询，以便从学生表中获取班级编号、学号、姓名、性别和出生日期等字段的内容。

（1）打开教务管理数据库。

（2）在"创建"选项卡的"查询"组中，单击"查询向导"命令，如图3.1所示。

图3.1 单击"查询向导"命令

（3）在图 3.2 所示的"新建查询"对话框中，选择"简单查询向导"选项，然后单击"确定"按钮。

（4）此时，会出现如图3.3所示的"简单查询向导"对话框，从"表/查询"列表框中选择"表：学生"选项，然后在"可用字段"列表框中依次双击"班级编号"、"学号"、"姓名"、"性别"和"出生日期"字段，将这些字段添加到"选定字段"列表框中，然后单击"下一步"按钮。

图3.2 选择"简单查询向导"

图3.3 指定在查询中使用的表和字段

（5）当出现如图 3.4 所示的"简单查询向导"对话框时，将查询的标题设置为"学生基本信息"，并选中"修改查询设计"选项，然后单击"完成"按钮。

此时，进入查询的"设计"视图，这个视图的上部列出了在查询中要访问的表及字段列表，下部的设计网格则列出在查询中要用到的各个字段，同时在导航窗格中出现新建的查询对象，如图3.5所示。

（6）在"设计"选项卡的"结果"组中单击"视图"按钮下方的箭头，并从下拉菜单中选择"数据表视图"命令，如图3.6所示，或者单击窗口右下角的"数据表视图"按钮，切换到"数据表"视图，查看查询的运行结果。

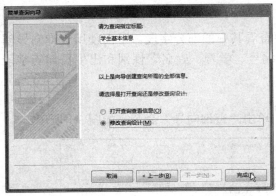

图 3.4　指定查询的标题

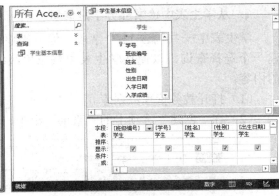

图 3.5　在“设计”视图中查看查询

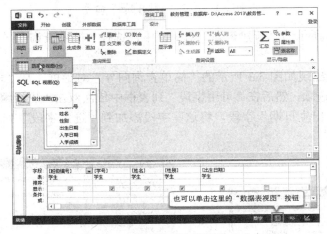

图 3.6　选择“数据表视图”命令

（7）在图 3.7 所示的“数据表”视图中查看查询结果包含的记录，可以使用窗口右侧的滚动条来查看更多的记录，也可以使用窗口下方的导航按钮在不同记录之间移动：单击 按钮移到第一条记录；单击按钮 移到上一条记录；单击 按钮移到下一条记录；单击 按钮移到最后一条记录；单击按钮 则新增一条空白记录。此外，还可以通过在位于导航条的文本框中直接输入一个记录编号以跳转到相关记录，或者在“搜索”框中输入关键字来查找记录。

班级	学号	姓名	性别	出生日期
计1601	160001	李春明	男	2000-03-06
计1601	160002	王琰琰	女	2001-06-19
计1601	160003	赵丽娟	女	2000-09-21
计1601	160004	李国杰	男	2001-10-22
计1601	160005	钱伟强	男	2000-03-10
计1601	160006	孙振杰	男	2001-07-16
计1601	160007	张一迪	女	2001-11-28
计1601	160008	吕王琳	女	2000-06-20
计1601	160009	杨国平	男	2000-10-17
计1601	160010	许小曼	女	2001-09-15
计1601	160011	周天顺	男	2000-01-27
计1601	160012	马丽莎	女	2001-12-25
计1602	160051	王建华	男	2001-08-20
计1602	160052	张国强	男	2001-11-09
计1602	160053	钱曼莉	女	2001-12-13
计1602	160054	程雅青	女	2001-05-17
计1602	160055	赵利强	男	2002-09-06
计1602	160056	刘爱梅	女	2002-12-28

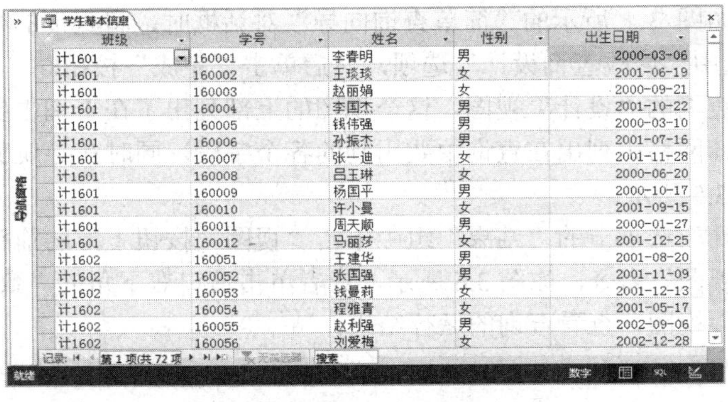

图 3.7　在“数据表”视图中查看查询运行结果

（8）通过单击窗口右下角的"SQL 视图"切换按钮，切换到"SQL"视图，查看所生成的 SQL 语句，如图 3.8 所示。

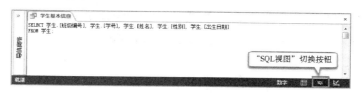

图 3.8 在"SQL"视图中查看 SQL 语句

从图 3.8 中可以看到，当使用简单查询向导创建选择查询时生成了以下 SQL 语句：

SELECT 学生.[班级编号]，学生.[学号]，学生.[姓名]，学生.[性别]，学生.[出生日期]
FROM 学生；

上述 SQL 语句的功能是命令 Microsoft Access 数据库引擎从 Access 数据库中以一组记录形式返回信息。这个 SQL 语句由以下两个子句组成。

- SELECT 子句：用于选取表中的字段，每个字段以"表名.[字段名]"形式表示，不同字段之间用逗号"，"分隔。也可以使用星号"*"来选取表中的所有字段。如果所有字段都来自同一个表，也可以省略表名。
- FROM 子句：指定从中获取数据的表或查询的名称。

2. 从学生表中检索入学成绩在 300 分以上的男同学

使用向导创建的查询可以从数据表中返回全部记录，但有时候只需要从数据表中获取满足指定条件的一部分记录。下面使用查询设计器创建一个选择查询，其功能是从学生表检索入学成绩在 300 分以上的男同学。

（1）在"创建"选项卡的"查询"组中单击"查询设计"命令，如图 3.9 所示。

图 3.9 选择"查询设计"命令

（2）向查询中添加表。当出现查询的"设计"视图窗口和"显示表"对话框时，单击"学生"表，单击"添加"按钮，将该表添加到"设计"视图窗口上部窗格中，然后单击"关闭"按钮，如图 3.10 所示。

提示：当出现"显示表"对话框时，也可以通过双击来添加表或查询。如果要在"显示表"对话框中选择多个表，可以按住 Ctrl 键并依次单击所需要的表。若要选择查询作为查询的数据来源，可以单击"查询"或"两者都有"选项卡。如果看不到"显示表"对话框，可以在"设计"选项卡的"查询设计"组中单击"显示表"命令，以打开该对话框。

（3）向查询中添加字段。在"设计"视图上部的表字段列表中，依次双击"学号"、"姓名"、"性别"和"入学成绩"字段，将这些字段添加到设计网格中，如图 3.11 所示。

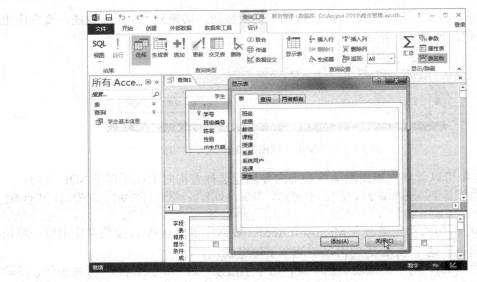

图 3.10　向查询中添加表

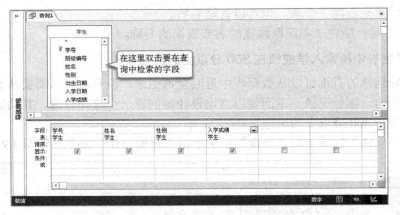

图 3.11　向查询中添加字段

（4）在查询中设置搜索条件。在"性别"字段列的"条件"单元格中输入"="男""，在"入学成绩"字段列的"条件"单元格中输入">300"，如图 3.12 所示。

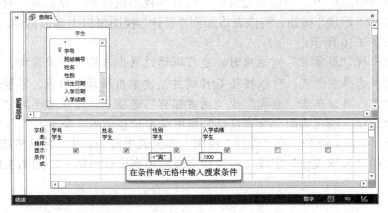

图 3.12　在查询中设置搜索条件

（5）保存查询。单击快速访问工具栏上的"保存"按钮，或单击"文件"选项卡并选择"保存"命令，或按 Ctrl+S 组合键，在"另存为"对话框中将查询命名为"入学成绩高于300 的男同学"加以保存，如图 3.13 所示。

（6）运行查询。单击窗口右下角的"数据表视图"按钮，切换到"数据表"视图，查看查询的运行结果，如图 3.14 所示。

图 3.13　命名并保存查询

（7）查看 SQL 语句。通过单击窗口右下角的"SQL 视图"按钮，切换到"SQL"视图，此时，可以看到这个选择查询是通过以下 SELECT 语句实现的，如图 3.15 所示。

图 3.14　查看查询运行结果　　　　　　图 3.15　查看 SQL 语句

查询的创建和应用

```
SELECT 学生.学号，学生.姓名，学生.性别，学生.入学成绩
FROM 学生
WHERE （（（学生.性别）="男"） AND （（学生.入学成绩）>300））；
```

包含以下三个子句。

- SELECT 子句：选取要查询的字段；
- FROM 子句：指定要查询字段所属的表；
- WHERE 子句：指定要查询记录应满足的搜索条件，只有满足该条件的记录才会包含在查询结果中。

在上述 WHERE 子句中，搜索条件由两个部分组成，第一部分为"（（学生.性别）="男"）"，第二部分为"（（学生.入学成绩）>300）"，其中"="和">"是比较运算符，分别表示等于和大于，这两个部分分别指定两个条件，它们通过逻辑运算符 AND 连接起来，表明搜索记录时必须同时满足以上两个条件。当在查询的两个不同字段上设置搜索条件时，Access 会自动使用 AND 运算符来组合搜索条件。

如果只需要满足两个条件中的一个，可以在"或"单元格中输入条件之一，此时将使用逻辑运算符 OR 连接两个条件。如果要否定一个条件，可以在该条件之前使用逻辑运算符 NOT。

3．按入学成绩从高到低顺序排列学生记录

默认情况下，运行查询时的记录按照主键字段的升序值依次显示（若未设置主键，则按录入顺序依次显示）。但也可以根据需要改变这个顺序，按照指定的顺序来显示记录。下面使用查询设计器创建一个选择查询，要求按照入学成绩从高到低的顺序排列学生记录。

（1）在"创建"选项卡的"查询"组中单击"查询设计"命令，创建新的查询。
（2）向查询中添加表。在"显示表"对话框中，将学生表添加到查询中。
（3）向查询中添加字段。在"设计"视图中，将学生表中的"学号""姓名""性别"

和"入学成绩"字段添加到设计网格中。

（4）在查询中设置记录的排序方式。在设计网格中，从"入学成绩"字段列的"排序"列表框中选择"降序"方式，如图 3.16 所示。

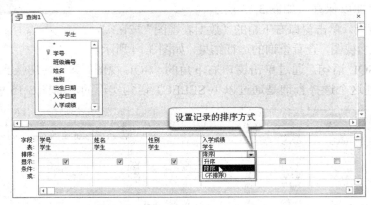

图 3.16　在查询中设置记录的排序方式

（5）保存查询。单击"文件"选项卡，执行"保存"命令，或者按 Ctrl+S 组合键，将该查询保存为"按入学成绩降序排列学生记录"。

（6）运行查询。在"设计"选项卡的"结果"组中单击"运行"命令，切换到"数据表"视图查看查询的运行结果，如图 3.17 所示。

（7）查看 SQL 语句。通过单击窗口右下角的"SQL 视图"按钮，切换到"SQL"视图，此时，在查询中对记录进行排序是通过在 SELECT 语句中添加 ORDER BY 子句来实现的，如图 3.18 所示。

图 3.17　查看查询运行结果　　　　　　　图 3.18　查看 SQL 语句

生成的 SQL 语句如下。

```
SELECT 学生.学号, 学生.姓名, 学生.性别, 学生.入学成绩
FROM 学生
ORDER BY 学生.入学成绩 DESC;
```

包含以下三个子句。

- SELECT 子句：选取要检索的字段；
- FROM 子句：选取要检索字段所属的表；
- ORDER BY 子句：是可选项，该子句通常是 SQL 语句中的最后一项。如果按排序后的顺序显示数据，则必须使用 ORDER BY 子句。默认的排序顺序是升序，即从 A 到 Z，从 0 到 9。若要按降序排序记录，即从 Z 到 A，从 9 到 0，可以在以降序排序的每个字段后面添加 DESC 保留字。

根据需要，也可以在 ORDER BY 子句中包含多个字段，此时按 ORDER BY 后面列出的第一个字段对记录进行排序，然后在该字段中具有相同值的记录按照所列出的第二个字段的值进行排序，以此类推。

注意： 如果在 ORDER BY 子句中指定包含长文本、OLE 对象或附件数据类型的字段，将会出现错误，因为 Microsoft Access 数据库引擎不能按这些类型的字段排序。

4．只显示入学成绩排在前五名的学生记录

在不使用搜索条件的情况下，按某种顺序对记录进行排序时会显示所有记录，但实际可能只需要显示排在前面的若干条记录。下面通过使用查询设计器创建一个选择查询，按入学成绩对学生记录进行降序排列，并且只显示排在前五名的学生记录。

（1）在"创建"选项卡的"查询"组中单击"查询设计"命令，创建新的查询。

（2）向查询中添加表。在"显示表"对话框中选择"查询"选项卡，然后选择"按入学成绩降序排列学生记录"选择查询添加到新建查询中，如图 3.19 所示。

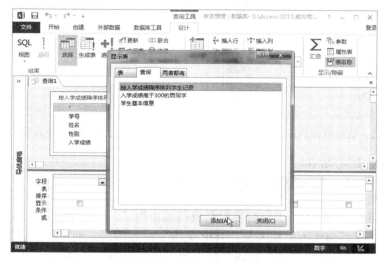

图 3.19　将选择查询作为新建查询的数据来源

（3）向查询中添加字段。在"设计"视图中，双击来源查询中的星号"*"，将全部字段添加到设计网格中，如图 3.20 所示。

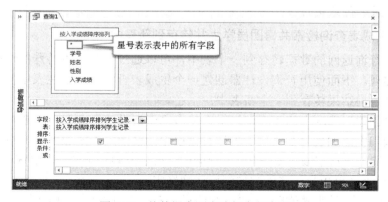

图 3.20　从数据来源中选择全部字段

（4）在"设计"选项卡的"查询设置"组中，将"返回"框中的值设置为 5（默认值为 All），如图 3.21 所示。

图 3.21　设置查询返回的记录数

（5）单击"文件"选项卡，执行"保存"命令，或按 Ctrl+S 组合键，将新建查询保存为"入学成绩前五名学生记录"。

（6）在"设计"选项卡的"结果"组中单击"运行"命令，切换到"数据表"视图，查看查询的运行结果，如图 3.22 所示。

（7）通过单击窗口右下角的"SQL 视图"按钮切换到"SQL"视图，此时，在 SELECT 语句中添加了一个 TOP 关键字，如图 3.23 所示。

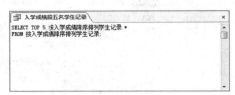

图 3.22　查看查询的运行结果　　　　　图 3.23　查看查询语句

生成的 SQL 语句如下。

```
SELECT TOP 5 按入学成绩降序排列学生记录.*
FROM 按入学成绩降序排列学生记录;
```

在上面语句中，SELECT 子句的字段列表前面出现了一个 TOP 关键字。在 FROM 子句中指定了一个选择查询作为数据来源。TOP 关键字称为谓词，通过它可以指定返回出现在由 ORDER BY 子句指定的起始和结束范围内的一定数量的记录。TOP 关键字之后的值必须是一个无符号整数。根据需要，也可以在这个整数后面使用 PERCENT 关键字，以指定返回出现在 ORDER BY 子句指定的起始和结束范围内的某个百分比数量的记录。如果在 SELECT 语句中没有使用 ORDER BY 子句，则选择查询将会从来源表或查询中返回一个包含指定数量记录的任意集合。

5. 通过生成表查询检索共青团员学生并转存到新表中

如果要将查询返回的数据转存到一个表中，可以通过创建一种特殊的选择查询——生成表查询来实现。下面使用查询设计器创建一个生成表查询，从学生表中检索共青团员学生信息，并将查询结果转存到一个新表中。

（1）在"创建"选项卡的"查询"组中单击"查询设计"命令，创建新的查询。

（2）向查询中添加表。在"显示表"对话框中，将学生表添加到查询中。

（3）向查询中添加字段。在"设计"视图中，将字段列表中的"班级编号""学号""姓名""性别"及"是否团员"字段添加到设计网格中。

（4）在查询中设置搜索条件。在"是否团员"字段列的"条件"单元格中输入"=True"，如图 3.24 所示。

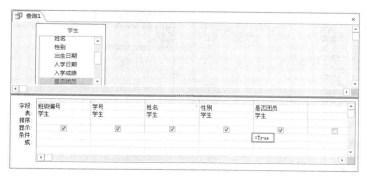

图 3.24 在查询中设置搜索条件

（5）更改查询类型。在"设计"选项卡的"查询类型"组中选择"生成表"命令，将选择查询更改为生成表查询，如图 3.25 所示。

图 3.25 将选择查询更改为生成表查询

（6）当出现如图 3.26 所示的"生成表"对话框时，将要生成的新表名称指定为"共青团员学生"，然后单击"确定"按钮。

（7）保存查询。单击快速访问工具栏上的"保存"按钮或者按【Ctrl+S】组合键，将该查询保存为"转存共青团员学生（生成表查询）"。

（8）运行查询。在"设计"选项卡的"结果"组中单击"运行"命令，当出现如图 3.27 所示的对话框时，单击"是"按钮，这将向新表中粘贴符合搜索条件的所有记录。

图 3.26 指定生成表的名称

图 3.27 确认向新表粘贴记录

（9）查看生成的新表。在导航窗格中展开"表"类别，然后双击新生成的共青团员学生表，在"数据表"视图中查看该表包含的数据记录，如图 3.28 所示。

（10）查看 SQL 语句。返回"转存共青团员学生（生成表查询）"所在"设计"视图窗口，通过单击窗口右下角的"SQL 视图"按钮切换到"SQL"视图，此时，在 SELECT 语句中新增加了一个 INTO 子句，如图 3.29 所示。

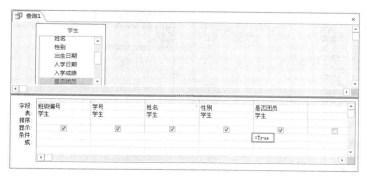

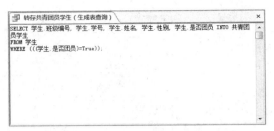

图 3.28 查看由生成表查询创建的表　　　　图 3.29 查看生成表查询语句

生成的 SQL 语句如下。

```
SELECT 学生.班级编号, 学生.学号, 学生.姓名, 学生.性别, 学生.是否团员 INTO 共青
团员学生
FROM 学生
WHERE (((学生.是否团员)=True));
```

上述 SELECT 语句中的 SELECT、FROM 和 WHERE 子句在前面都已经介绍过，这里新增加了一个 INTO 子句，从而构成 SELECT…INTO 语句，用于创建生成表查询。

SELECT…INTO 语句的语法格式如下：

```
SELECT 字段1[, 字段2[, …]] INTO 新表
FROM 来源表或查询
```

其中，"字段 1" "字段 2" 指定要复制到新表中的字段名称。"新表" 指定要创建的新表名称，应符合标准命名规则。如果新表与现有表名称相同，则会发生错误。"来源表或查询" 指定选择记录的现有表的名称，可以是单个或多个表或查询。生成表时，新表中的字段会继承查询基表中每个字段的数据类型和字段大小，但不会传输其他字段或表的属性。如果定义新表的主键，则应在 "设计" 视图中进行设置。

知识与技能

选择查询是最常见的查询类型，它从表中检索数据，并且在可以更新记录的数据表中显示结果。也可以用选择查询作为窗体、报表和数据访问页的记录源。

在 Access 2013 中，可以使用查询向导或查询设计器来创建选择查询。对于已有查询，可以在 "设计" 视图中对其定义进行修改，也可以在 "数据表" 视图中查看查询的运行结果，还可以在 "SQL" 视图中编写、查看和编辑相应的 SQL 语句。

在 SQL 语言中，选择查询通过 SELECT 语句来实现，该语句指示 Microsoft Access 数据库引擎从数据库返回一组记录信息。SELECT 语句的完整语法格式如下：

```
SELECT [谓词] { * | 表.* | [表.]字段1 [AS 别名1] [, [表.]字段2 [AS 别名2]
[, …]]}
    [INTO 新表]
    FROM 表 [, …] [IN 外部数据库]
    [WHERE 准则]
    [GROUP BY 分组字段列表]
    [HAVING 分组准则]
    [ORDER BY 字段1 [ASC | DESC][, 字段2 [ASC | DESC]][, …]]]
    [WITH OWNER ACCESS OPTION]
```

其中，"谓词" 可以是 ALL、DISTINCT、DISTINCTROW 或 TOP 之一。使用谓词可以限定返回记录的数量。若要使用这些谓词，可以设置查询的属性，或直接在 "SQL" 视

图中添加所需的关键字。

- ALL：如果未包括任何谓词，则默认采用该谓词。Microsoft Access 数据库引擎将选择符合 SQL 语句中条件的所有记录。
- DISTINCT：忽略所选字段中包含重复数据的记录。只有当 SELECT 语句中列出的每个字段的值是唯一的，记录才会包括在查询结果中。
- DISTINCTROW：根据整个重复记录而不是某些重复字段来忽略数据。
- TOP n [PERCENT]：返回位于 ORDER BY 子句所指定范围内靠前或靠后的某些记录。使用 PERCENT 关键字时将返回指定百分比的记录。

星号（*）指定选择所指定的表的所有字段。

"表"指定来源表的名称，该表包含了其记录被选择的字段。

"字段 1""字段 2"等表示字段名，这些字段包含要检索的数据。如果包括多个字段，将按它们的排列顺序对其进行检索。在查询的"设计"视图中，可以通过在字段列表双击字段将其添加到设计网格中。如果一个字段名包括在 FROM 子句内的多个表中，则应在该字段名称前面加上表名和句点"."。如果字段列表中的所有字段都来自同一个表，则可以省略表名和句点。

AS 子句用于指定字段的别名，"别名 1""别名 2"等用作列标题的名称，不是表中的原始列名。

INTO 子句指定将检索的记录转存到新表中，可以用于创建生成表查询。"新表"指定要创建的表的名称。若要在"设计"视图中创建生成表查询，可在"设计"选项卡的"查询类型"组中选择"生成表"命令。

FROM 子句指定包含 SELECT 语句中所列字段的表或查询，以此作为选择查询的数据来源。"表"指定包含要检索数据的表的名称。在查询的"设计"视图中，可以使用"显示表"对话框来添加所需要的表。

IN 子句指定外部数据库，"外部数据库"指定外部数据库的名称。如果"表"指定的表不在当前数据库中，则使用该参数指定该数据库的名称。

在 WHERE 子句指定 FROM 子句所列出的表中，哪些记录会包含在由 SELECT 语句获取的结果集内。"准则"是一个表达式，记录必须满足该表达式才能包括在查询结果中。在查询的"设计"视图中，当在某个字段列的"条件"单元格中输入搜索条件时，将会自动生成 WHERE 子句。WHERE 子句也可以用在其他 SQL 语句中，例如 UPDATE 或 DELETE 语句，前者用于更新现有记录，后者用于从表中删除记录。

GROUP BY 子句将特定字段列表中相同的记录组合成单个记录。"分组字段列表"指定用于分组记录字段的名称，最多可以包含 10 个字段名称。关于记录分组，详见任务 3.4。

HAVING 子句在使用 GROUP BY 子句的 SELECT 语句中指定显示哪些分组记录。参数"分组准则"是一个表达式，用于确定要显示哪些分组记录。

ORDER BY 子句是可选的。如果希望按排序后的顺序显示数据，则必须使用 ORDER BY 子句。ASC 表示升序，DESC 表示降序。在 ORDER BY 子句中可以包含其他字段，此时将首先按 ORDER BY 后面列出的第一个字段对记录进行排序，对于该字段中具有相同值的记录，则会按照所列出的第二个字段的值进行排序，依此类推。在查询的设计视图中，若要按照一个字段进行排序，可在该字段列的"排序"列表中选择所需的选项。

WITH OWNER ACCESS OPTION 声明用于启用安全机制工作组的多用户环境，在查询中使用这个声明可以向执行该查询的用户授予与查询所有者同等的权限。

执行 SELECT 选择查询时，Microsoft Access 数据库引擎会搜索指定的表，并提取出选定的列，再选择出符合条件的行，然后按照指定的顺序对行进行排序或分组。

任务 3.2　通过搜索条件筛选记录

任务描述

通过创建选择查询，可以在数据库中检索所需要的各种信息。选择查询通过 SELECT 语句来实现。SELECT 语句由各种各样的子句组成。例如，使用 FROM 子句指定查询的数据来源，使用 WHERE 子句指定搜索条件，使用 ORDER BY 子句设置记录的排序方式等。通过本任务将进一步学习和掌握使用各种比较运算符和逻辑运算符构建搜索条件的方法，以筛选在查询结果中包含的记录。

实现步骤

WHERE 子句用于指定由 FROM 子句列出的表，或用于指定查询中哪些记录包含在 SELECT 查询语句获取的结果集内。使用 WHERE 子句时需要指定一个搜索条件，只有满足这个条件的记录才会包含在查询结果中。

1. 查询入学成绩在 300 到 360 分之间的学生记录并按入学成绩降序排列

"入学成绩在 300 到 360 分之间"包含两个条件：一个条件是入学成绩大于等于 300 分，另一个条件是入学成绩小于等于 360 分，只有同时满足这两个条件的记录才会包含在查询结果中。

（1）打开教务管理数据库。

（2）在"创建"选项卡的"查询"组中单击"查询设计"命令，创建新的查询。

（3）向查询中添加表。在"显示表"对话框中，将学生表添加到新建查询中。

（4）向查询中添加字段。在"设计"视图中，将字段列表中的"班级编号""学号""姓名""性别"和"入学成绩"字段添加到设计网格中。

（5）设置搜索条件。在"入学成绩"字段列的"条件"单元格中输入">=300 And <=360"，其中">="和"<="为比较运算符，分别表示大于等于和小于等于运算符，AND 为逻辑运算符，用于组合两个条件表达式，只有同时满足两个条件的记录才会包含在查询结果中。

提示：在这个查询中，条件表达式">=300 AND <=360"也可以写成"BETWEEN 300 AND 360"。其中 BETWEEN…AND 为比较运算符，用于测试一个值是否位于指定的范围内，使用时起始值写在 AND 之前，结束值写在 AND 之后。

（6）设置排序方式。在"入学成绩"字段列的"排序"列表框中选择"降序"方式，如图 3.30 所示。

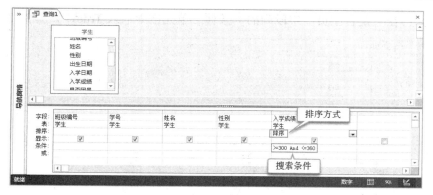

图 3.30　在搜索条件中使用比较运算符和逻辑运算符

（7）保存查询。单击"文件"选项卡，选择"对象另存为"命令，将查询保存为"入学成绩在 300 到 360 之间的学生记录"。

（8）运行查询。在"设计"选项卡的"结果"组中单击"运行"命令，进入"数据表"视图，查看通过查询检索到的学生记录，如图 3.31 所示。

（9）查看 SQL 语句。单击窗口右下角的"SQL 视图"按钮，在"SQL"视图中可以看到，所生成的 SELECT 查询语句同时包含 SELECT、FROM、WHERE 和 ORDER BY 子句，如图 3.32 所示。

图 3.31　查看查询运行结果　　　　图 3.32　查看 SQL 语句

生成的 SQL 语句如下。

```
SELECT 学生.班级编号，学生．学号，学生.姓名，学生.性别，学生.入学成绩
FROM 学生
WHERE  (((学生.入学成绩)>=300 AND  (学生.入学成绩)<=360))
ORDER BY 学生.入学成绩 DESC；
```

2. 查询女团员学生的记录并按出生日期对记录进行升序排序

"女团员学生"包含两个条件："性别"字段的值为"女"，"是否团员"字段的值为 True，这两个条件需要使用 And 运算符组合起来。

（1）在"创建"选项卡的"查询"组中单击"查询设计"命令，创建新的查询。

（2）向查询中添加表。在"显示表"对话框中，将学生表添加到新建查询中。

（3）向查询中添加字段。在"设计"视图中，将字段列表中的"班级编号""学号""姓名""性别""出生日期"及"是否团员"字段添加到设计网格中。

（4）设置排序方式。在"出生日期"字段列的"排序"列表中选择"升序"方式。

（5）设置搜索条件。在"性别"字段列的"条件"单元格中输入"女"（Access 会自动添加双引号）；在"是否团员"字段列的"条件"单元格中输入 True，如图 3.33 所示。

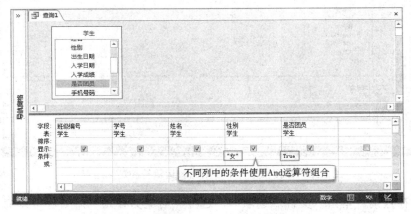

图 3.33　对表中的两个字段设置搜索条件

提示：当对不同字段列的"条件"单元格中设置条件表达式时，Access 将自动使用逻辑运算符 And 来组合这两个条件表达式。

（6）保存查询。单击"文件"选项卡，选择"保存"命令，将新建查询保存为"女团员学生记录"。

（7）运行查询。在"设计"选项卡的"结果"组中单击"运行"命令，进入"数据表"视图，以查看通过查询检索到的学生记录，如图 3.34 所示。

（8）查看 SQL 语句。从"视图"菜单中选择"SQL 视图"命令，切换到"SQL"视图，此时，SELECT 查询语句同时包含 SELECT、FROM、WHERE 和 ORDER BY 子句，而且 WHERE 子句中的两个条件通过 AND 运算符组合起来，如图 3.35 所示。

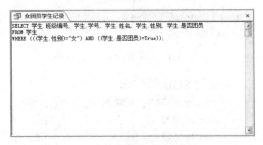

图 3.34　查看查询运行结果　　　　　图 3.35　查看 SQL 语句

完整的 SQL 语句如下。

```
SELECT 学生.班级编号，学生.学号,学生.姓名，学生.性别，学生.是否团员
FROM 学生
WHERE (((学生.性别)="女") AND ((学生.是否团员)=True));
```

3. 查询党、团员或研究生学历教师记录

"查询党、团员或研究生学历"这样一个条件是由两部分组成的：一部分是政治面貌字段值为"共产党员"或"共青团员"，另一部分是学历字段值为"研究生"，这两个部分只要满足其一即可。

（1）在"创建"选项卡的"查询"组中单击"查询设计"命令，创建新的查询。

（2）向查询中添加表。在"显示表"对话框中，将教师表添加到新建查询中。

（3）向查询中添加字段。在设计视图中，将字段列表中的"教师编号"、"姓名"、"性别""政治面貌"及"学历"字段添加到设计网格中。

（4）设置搜索条件。在"政治面貌"字段列的"条件"单元格中输入"In ("共产党员","共青团员")"，在"学历"字段列的"或"单元格中输入""研究生""，如图 3.36 所示。

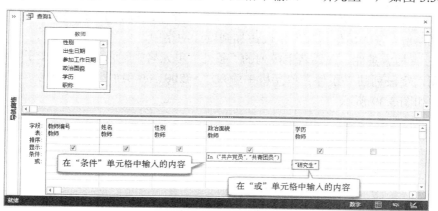

图 3.36　在搜索条件中使用 In 运算符

提示： In 是一个逻辑运算符，用于测试字段值是否在一个项目列表中，各个项目之间使用逗号","加以分隔。当选择查询设置搜索条件时，在"条件"单元格中输入的表达式与在"或"单元格中输入的表达式将通过 OR 运算符组合起来，在这种情况下只要满足两个条件中的一个即可。

（5）保存查询。单击"文件"选项卡，选择"保存"命令，将该查询保存为"党团员或研究生学历教师记录"。

（6）运行查询。在"设计"选项卡的"结果"组中单击"运行"命令，进入"数据表"视图，以查看搜索到的教师记录，如图 3.37 所示。

（7）查看 SQL 语句。单击窗口右下角的"SQL 视图"按钮，在"SQL"视图中生成以下 SELECT 语句，如图 3.38 所示。

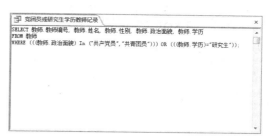

图 3.37　查看查询运行结果　　　　　图 3.38　查询 SQL 语句

完整的 SQL 语句如下。

```
SELECT 教师.教师编号, 教师.姓名, 教师.性别, 教师.政治面貌, 教师.学历
FROM 教师
WHERE (((教师.政治面貌) In ("共产党员","共青团员"))) OR (((教师.学历)="研究生"));
```

4.查询姓氏为张、王、李、赵和 2001 年 6 月 1 日以后出生的学生记录

这个搜索条件涉及"姓名"和"出生日期"两个字段，需要同时对这两个字段进行检查，并使用 AND 运算符组合来查询条件。

（1）在"创建"选项卡的"查询"组中单击"查询设计"命令，创建新的查询。

（2）向查询中添加表。在"显示表"对话框中，将学生表添加到查询中。

（3）向查询中添加字段。在"设计"视图中，将字段列表中的"班级编号"、"学号"、"姓名"、"性别"及"出生日期"字段添加到设计网格中。

（4）设置搜索条件。在姓名字段列的"条件"单元格中输入"Like "[张王李赵]*""；在"出生日期"字段列的"条件"单元格中输入">#2001-06-01#"（其中符号"#"为日期的定界符），如图 3.39 所示。

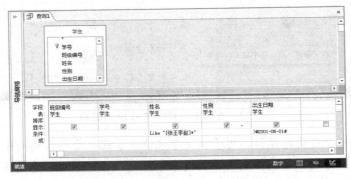

图 3.39　使用 Like 运算符和通配符筛选查询结果中的记录

提示： Like 运算符用于测试一个字段串是否与给定的模式相匹配；方括号"[ ]"是通配符，表示位于方括号内的任意一个字符；星号"*"也是通配符，表示由 0 个或任意多个字符组成的字符串。

（5）保存查询。单击"文件"选项卡，选择"对象另存为"命令，将查询保存为"张王李赵姓学生记录（2001 年 6 月 1 日以后出生）"。

（6）运行查询。在"设计"选项卡的"结果"组中单击"运行"命令，进入"数据表"视图，查看检索到的学生记录，如图 3.40 所示。

（7）查看 SQL 语句。单击窗口右下角的"SQL 视图"按钮 ，在"SQL"视图中生成以下 SELECT 语句，如图 3.41 所示。

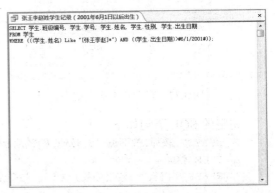

图 3.40　查看查询运行结果　　　　　图 3.41　查看 SQL 语句

完整的 SQL 语句如下。

```
SELECT 学生.班级编号，学生.学号，学生.姓名，学生.性别，学生.出生日期
FROM 学生
WHERE (((学生.姓名) Like "[张王李赵]*") AND ((学生.出生日期)>#6/1/2001#));
```

知识与技能

在选择查询中，可以使用 WHERE 子句来指定哪些记录包含在查询返回的结果中。使用 WHERE 子句时，如何使用各种比较运算符和逻辑运算符来构建搜索条件是设计选择查询的关键所在。

1. 使用比较运算符进行比较

查询指定条件时，可以在查询设计网格的"条件"单元格中输入条件表达式，也可以借助表达式生成器来构建条件表达式。打开表达式生成器的方法是：用鼠标右键单击"条件"单元格，然后从弹出式菜单中选择"生成器"命令。

如果表达式中没有包含任何运算符，Access 将使用"="运算符（即等于）。例如，在"课程名称"字段的"条件"单元格中输入的内容是"数据库应用基础"，则 Access 会自动显示为""数据库应用基础""，并将这个条件表达式解释为"课程名称="数据库应用基础""。

除了"="运算符外，也可以在条件表达式中使用其他比较运算符，包括">"（大于）"<"（小于）、">="（大于或等于）、"<="（小于或等于）、"<>"（不等于）及 BETWEEN…AND（介于指定范围内）。此外，使用 Is Null 或 Is Not Null 确定值是为 Null 还是不为 Null。

比较运算符 BETWEEN…AND 用于测试一个值是否位于指定的范围内。在"条件"单元格中使用这个运算符，按如下语法格式来输入。

```
[测试表达式] BETWEEN 起始值 AND 终止值
```

如果以当前字段作为测试表达式，则不必输入测试表达式；如果不是以当前字段作为测试表达式，则必须输入该测试表达式，而且可以将该测试表达式放在任一字段的"条件"单元格中。起始值和终止值必须与测试表达式的数据类型相同，并由起始值和终止值指定一个范围。如果字段值介于起始值与终止值之间，即大于或等于起始值而且小于或等于终止值，则相应的记录将包含在查询结果中。

例如，要从学生表中检索出生日期为 2001 年 3 月 1 日～2001 年 6 月 30 日之间的学生记录，可以使用如下查询语句来实现。

```
SELECT * FROM 学生
WHERE 出生日期 BETWEEN #3/1/2001# AND #6/1/2001#
```

2. 使用 AND 和 OR 组合查询条件

在"设计"视图中打开一个查询对象，可以在多个"条件"和"或"单元格中输入条件表达式，此时 Access 将使用逻辑运算符来组合这些表达式。

如果这些表达式位于同一行的不同"条件"单元格中，则 Access 使用 AND 运算符来组合它们，表示通过查询返回的记录应符合所有单元格中的条件。

如果有表达式位于"或"单元格中，则 Access 使用 OR 运算符来组合这个表达式，表示将返回匹配任何一个单元格中条件的记录。如果要否定某个条件表达式的值，可以使用 NOT 运算符。

3．使用 In 和 Not In 筛选记录

In 是一个逻辑运算符，用于测试某个值是否在一组值内。如果要在"条件"单元格中使用 In 运算符，则应按照下面的语法格式来输入。

测试表达式 In(值1，值2，…)

若以当前字段作为测试表达式，则不必输入测试表达式；若不是以当前字段作为测试表达式，则必须输入该测试表达式，而且可以将该测试表达式放在任一字段的"条件"单元格中。表达式列表由若干个表达式组成，所有表达式必须与设置条件中字段的数据类型相同，各表达式之间用逗号分隔。如果字段值等于表达式列表中某个表达式的值，则相应的记录将包含在查询结果中。若在 In 运算符前面加上 NOT，则对 In 的运算结果取一次反。

4．使用 Like 和通配符筛选记录

Like 运算符用于测试一个字符串是否与给定的模式相匹配，模式则是由普通字符和通配符组成的一种特殊字符串。在查询中使用 Like 运算符和通配符，可以搜索部分匹配或完全匹配的内容。在"条件"单元格中使用 Like 运算符时，应按照下面的语法格式输入。

[测试表达式] Like "模式"

在上述语法格式中，模式由普通字符和通配符组成，通配符用于表示任意的字符串，主要适用于文本数据类型。在 Access 2013 中，有一些通配符可以与 Like 运算符一起使用，它们的使用方法在表 3.1 中列出。

表 3.1　通配符的使用方法

通配符	使用方法	应用示例
*	表示由 0 个或任意多个字符组成的字符串，在字符串中可以用作第一个字符或最后一个字符	使用 wh*可以找到 what、when、where 和 why 等
?	表示任意一个字符	使用 b?ll 可以找到 ball、bell 或 bill 等
[ ]	表示位于方括号内的任意一个字符	使用 b[ae]ll 可以找到 ball 和 bell，但找不到 bill
[!]	表示不在方括号内的任意一个字符	使用 b[!ae]ll 可以找到 bill 和 bull，但找不到 ball 和 bell
[-]	表示指定范围内的任意一个字母（必须以升序排列字母范围）	使用 b[a-c]d 可以找到 bad、bbd 和 bcd
#	表示任意一个数字字符	使用 1#3 可以找到 103、113 和 123 等

任务 3.3　创建多表查询

任务描述

在前面任务中创建了一些选择查询，用来从教务管理数据库中检索需要的信息。这些选择查询有一个共同的特点，即都是从一个表（例如学生表或教师表）中获取数据。在实际应用中，需要通过查询从多个表中获取数据，这种查询称为多表查询。本任务中，首先通过创建多表查询从班级表和学生表中获取学生的专业名称、学号、姓名和性别信息，然后通过创建多表查询从学生表、课程表和成绩表中获取学生的学号、姓名、课程名称和成绩信息。

实现步骤

为了避免数据冗余，通常将相关数据分别存储在不同的表中。若要将相关数据组合起来使用，则可将多个表作为查询的数据来源，并通过某种条件来实现表的连接。

1. 从班级表和学生表中查询计算机网络专业学生的信息

专业信息和学生信息分别存储在班级表和学生表中，若要检索计算机网络专业的学生信息，则需要选择这两个表作为选择查询的数据来源。

（1）打开教务管理数据库。

（2）在"创建"选项卡的"查询"组中单击"查询设计"命令，以创建新的查询。

（3）向查询中添加表。在"显示表"对话框中，按住 Ctrl 键依次单击班级表和学生表，单击"添加"按钮，将选定的这些表添加到新建查询中，然后单击"关闭"按钮，如图 3.42 所示。

图 3.42　将班级表和学生表添加到新建的选择查询中

（4）向查询中添加字段。在"设计"视图中，将班级表字段列表中的"专业名称"字段添加到设计网格中，然后将学生表字段列表中的"班级编号"、"学号"、"姓名"和"性别"字段也添加到设计网格中。

（5）设置搜索条件。在"专业名称"字段列的"条件"单元格中输入""计算机网络""，如图 3.43 所示。

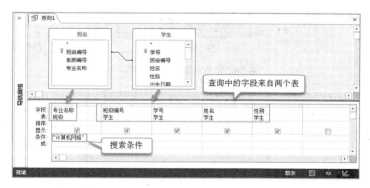

图 3.43　基于多个表创建选择查询

（6）保存查询。单击"文件"选项卡，选择"保存"命令，然后将新建查询保存为"计算机网络专业学生"。

（7）运行查询。在"设计"选项卡的"结果"组中单击"运行"命令，进入"数据表"视图，以查看计算机网络专业的学生记录，如图 3.44 所示。

（8）查看 SQL 语句。单击窗口右下角的"SQL 视图"按钮，切换到"SQL"视图，此时生成以下 SELECT 语句，如图 3.45 所示。

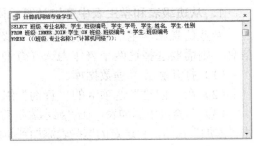

图 3.44　查看查询运行结果　　　　　　　图 3.45　查看 SQL 语句

完整的 SQL 语句如下。

```
SELECT 班级.专业名称，学生.班级编号，学生.学号，学生.姓名，学生.性别
FROM 班级 INNER JOIN 学生 ON 班级.班级编号 = 学生.班级编号
WHERE (((班级.专业名称)="计算机网络"));
```

在上述 FROM 子句中，通过 INNER JOIN 运算符组合班级表和学生表中的数据。只要公共字段（班级编号）中有相等的值，内部连接将来自两个表中的字段组合以构成新的记录。由于事件已经在班级表和学生表之间建立了关系，因此创建选择查询时 Access 自动使用 INNER JOIN 运算符来连接两个表。

2. 从成绩表、学生表和课程表中查询学生成绩并按学号排序

将学生姓名、课程名称和成绩分别存储在学生表、课程表和成绩表中。要检索学生课程成绩，可以将这三个表作为选择查询的数据来源。

（1）在"创建"选项卡的"查询"组中单击"查询设计"命令，以创建新的查询。

（2）向查询中添加表。在"显示表"对话框中，将学生表、课程表和成绩表添加到新建的选择查询中，如图 3.46 所示。

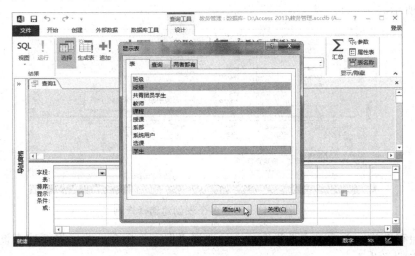

图 3.46　将三个表添加到选择查询中

（3）向查询中添加字段。在"设计"视图中，将学生表中的学号和姓名字段、课程表中的课程名称字段及成绩表中的成绩字段添加到设计网格中，并按学号字段升序排序，如图3.47所示。

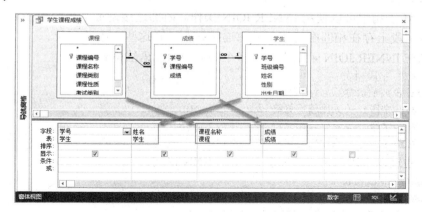

图3.47　基于三个表创建选择查询

（4）保存查询。单击"文件"选项卡，选择"保存"命令，或者按Ctrl+S组合键，将新建查询保存为"学生课程成绩"。

（5）运行查询。在"设计"选项卡的"结果"组中单击"运行"命令，进入"数据表"视图，查看学生各门课程的成绩，如图3.48所示。

（6）查看SQL语句。单击窗口右下角的"SQL视图"按钮，切换到"SQL"视图，此时可以生成以下SQL语句（其中INNER JOIN运算符用了两次），如图3.49所示。

图3.48　查看查询运行结果　　　　图3.49　查看SQL语句

生成的SQL语句如下。

```
SELECT 学生.学号, 学生.姓名, 课程.课程名称, 成绩.成绩
FROM 学生 INNER JOIN (课程 INNER JOIN 成绩 ON 课程.课程编号 = 成绩.课程编号) ON
学生.学号 = 成绩.学号
```

知识与技能

在本任务中，通过INNER JOIN（内部连接）运算实现了基于多表的查询操作。只要两个表的公共字段有匹配值，内部连接就将这两个表中的记录组合起来。INNER JOIN运算用在FROM子句中，其语法格式如下。

```
FROM 表1 INNER JOIN 表2 ON 表1.字段1 关系比较运算符 表2.字段2
```

其中，"表1"和"表2"表示要查询的表的名称，这些表中的记录将被组合起来。

"字段1"和"字段2"指定要连接字段的名称。如果这些字段不是数字类型，则它们的数据类型必须相同，并且包含同类数据，但它们不必具有相同的名称。

"关系比较运算符"可以是"="、"<"、">"、"<="、">="或者"<>"。

在 FROM 子句中可以使用 INNER JOIN 操作。内部连接是最常用的连接类型，只要两个表的公共字段上存在相匹配的值，内部连接就会组合这些表中的记录。

也可以在 INNER JOIN 子句中使用多个 ON 子句，语法格式如下。

```
SELECT 字段列表
FROM 表1 INNER JOIN 表2
ON 表1.字段1 关系比较运算符 表2.字段1 AND
ON 表1.字段2 关系比较运算符 表2.字段2 OR
ON 表1.字段3 关系比较运算符 表2.字段3;
```

也可以通过以下语法格式来嵌套 INNER JOIN 语句。

```
SELECT 字段列表
FROM 表1 INNER JOIN (表2 INNER JOIN [(] 表3
[INNER JOIN [(] 表x [INNER JOIN …)]
ON 表3.字段3 关系比较运算符 表x.字段x)]
ON 表2.字段2 关系比较运算符 表3.字段3)
ON 表1.字段1 关系比较运算符 表2.字段2;
```

如果试图连接包含备注或 OLE 对象数据的字段，将发生错误。

通过 INNER JOIN 运算符可以连接任何两个相似类型的数字字段。例如，可以连接自动编号和长整型字段，因为它们均是相似类型。然而，不能使用 INNER JOIN 运算符来连接单精度型和双精度型类型字段。

本任务的第一部分是将 INNER JOIN 运算符用于班级表和学生表，从这两个表中获取学生所在专业、学号、姓名和性别等信息；第二部分则是将 INNER JOIN 用于学生表、课程表及成绩表，目的是从这三个表中获取每个学生所有课程的成绩。

如果要选取所有部分（即使某些学生还没有任何成绩），则可以通过 LEFT JOIN 或 RIGHT JOIN 操作来创建外部连接。

任务 3.4　在查询中进行计算

任务描述

选择查询主要用于从一个或多个表或查询中检索所需要的数据，也可以在选择查询中进行各种各样的计算。本任务将学习和掌握在查询中进行计算的方法，并通过选择查询计算教务管理数据库中每个学生的总成绩和平均成绩，以及所有学生某门课程的最高分、最低分和平均分等，也将根据学生的出生日期来计算学生的年龄。

实现步骤

在查询中可以进行预定义计算和自定义计算。预定义计算是针对查询结果中的全部或部分记录的，包括求累加和、平均值，计数，求最大值和最小值等；自定义计算用于对查询结果中的一个或多个字段进行数值、日期或文本计算，执行此类计算时需要在查询设计网格中创建计算字段。这两类计算的结果都会在运行查询时显示出来，它们之间的区别在于：在查询中进行预定义计算时需要在设计网格中添加"总计"行，进行自定义计算时则不需要添加"总计"行。

1．计算每个学生的总成绩并按总成绩降序排列

每个学生都有多科成绩。如果要计算每个学生的总成绩，则应将每个学生的各科成绩记录为一组，并通过 SQL 统计函数将各科成绩累加起来。

（1）打开教务管理数据库。

（2）在"创建"选项卡的"查询"组中单击"查询设计"命令，以创建新的查询。

（3）向查询中添加表。在"显示表"对话框中，将学生表和成绩表添加到新建查询中。

（4）向查询中添加字段。在"设计"视图中，将学生表中的"学号"和"姓名"字段及成绩表中的"成绩"字段添加到设计网格中。

（5）在设计网格中添加"总计"行。在"设计"选项卡的"显示/隐藏"组中单击"汇总"命令，如图 3.50 所示；此时在查询设计网格中将会显示一个"总计"行，默认情况下每个字段所在列的"总计"单元格中均显示"Group By"选项（通过这个选项可以设置选择查询的分组依据），如图 3.51 所示。

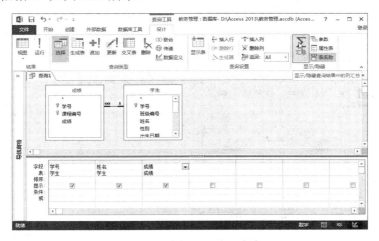

图 3.50　选择"汇总"命令

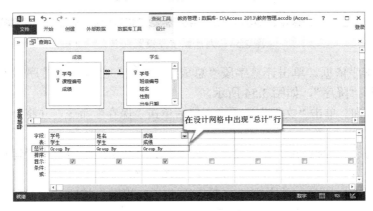

图 3.51　在设计网格中出现"总计"行

（6）设置计算方式。单击"成绩"字段列的"总计"单元格，从下拉式列表中选择"合计"选项，如图 3.52 所示。

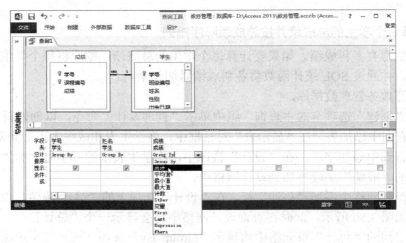

图 3.52　设置计算方式

（7）为计算字段设置别名。单击"成绩"字段名称所在单元格，将字段名由原来的"成绩"更改为"总成绩: 成绩"（半角冒号之前的部分为字段别名，如果不指定别名，则使用默认值"成绩之总计"），如图 3.53 所示。

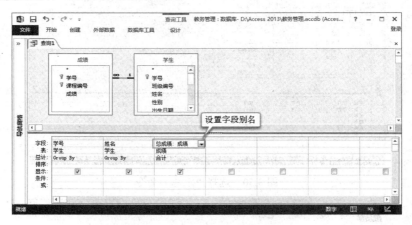

图 3.53　为计算字段设置别名

（8）设置排序依据。单击计算字段"总成绩: 成绩"字段的"排序"单元格，从下拉式列表框中选择"降序"，如图 3.54 所示。

（9）保存查询。单击"文件"选项卡，然后单击"保存"命令，并将此查询保存为"学生总成绩"。

（10）查看查询运行结果。在"设计"选项卡的"结果"组中单击"运行"命令，进入"数据表"视图，以查看每个学生的总成绩，如图 3.55 所示。

（11）查看 SQL 语句。单击窗口右下角的"SQL 视图"按钮，切换到"SQL"视图，此时生成以下 SQL 语句，如图 3.56 所示。

```
SELECT 学生.学号, 学生.姓名, Sum(成绩.成绩) AS 总成绩
```

```
FROM 学生 INNER JOIN 成绩 ON 学生.学号 = 成绩.学号
GROUP BY 学生.学号, 学生.姓名
ORDER BY Sum(成绩.成绩) DESC;
```

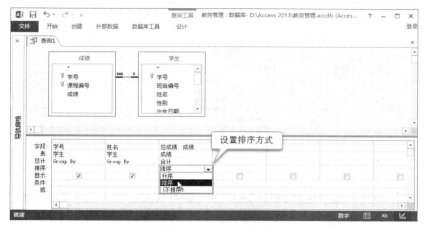

图 3.54　设置查询的排序依据

图 3.55　查看查询运行结果

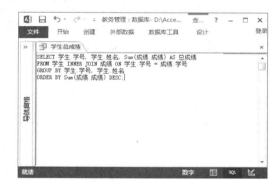

图 3.56　查看 SQL 语句

在上述 SELECT 语句中，Sum 函数为 SQL 合计函数，用于返回包含在指定成绩字段中一组值的总计；AS 子句为字段指定别名；GROUP BY 子句将与"学号"、"姓名"字段具有相等值的记录组合成单一记录。如果在 SELECT 语句中使用 SQL 合计函数（例如 Sum），则会针对每个分组创建一个总计值。

2．计算每个学生的平均成绩并按平均成绩降序排序

计算每个学生的平均成绩与计算其总成绩的方法类似，也是将每个学生各科成绩记录为一组来处理，所不同的是需要使用另一个 SQL 统计函数来进行计算。

（1）在"创建"选项卡的"查询"组中单击"查询设计"命令，以创建新的查询。

（2）向查询中添加表和字段。在"显示表"对话框中，将学生表和成绩表两个表添加到查询中；在"设计"视图中，将学生表的"学号""姓名"字段和成绩表的"成绩"字段添加到设计网格中。

（3）在设计网格中添加"总计"行。在"设计"选项卡的"显示/隐藏"组中单击"汇总"命令，使查询设计网格中显示"总计"行。

（4）设置"计算"字段和排序方式。单击"成绩"字段列的"总计"单元格，从下拉

式列表中选择"平均值";单击"成绩"字段所在单元格并输入"平均成绩: 成绩"以设置字段别名,然后单击下方的"排序"单元格并选择"降序",如图 3.57 所示。

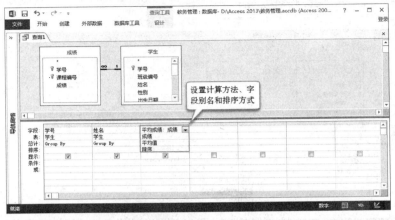

图 3.57　在查询中设置计算方法、字段别名和排序方式

（5）设置计算字段的属性。在"设计"选项卡的"显示/隐藏"组中单击"属性表"命令,如图 3.58 所示;在设计网格中单击计算字段"平均成绩: 成绩"所在列,然后在"属性表"窗格中将"格式"属性设置为"标准","小数位数"属性设置为 1,如图 3.59 所示。

图 3.58　选择"属性表"命令　　　　　　　图 3.59　设置字段属性

（6）保存查询并查看查询运行结果。单击"文件"选项卡,单击"保存"命令,将该查询保存为"学生平均成绩";在"设计"选项卡的"结果"组中单击"运行"命令,进入"数据表"视图,以查看学生的平均成绩,如图 3.60 所示。

（7）查看 SQL 语句。单击窗口右下角的"SQL 视图"按钮,切换到"SQL"视图,生成以下 SQL 语句,如图 3.61 所示。

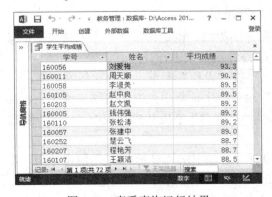
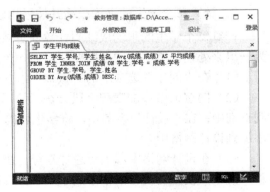

图 3.60　查看查询运行结果　　　　　　　图 3.61　查看 SQL 语句

```
SELECT 学生.学号, 学生.姓名, Avg(成绩.成绩) AS 平均成绩
FROM 学生 INNER JOIN 成绩 ON 学生.学号 = 成绩.学号
GROUP BY 学生.学号, 学生.姓名
ORDER BY Avg(成绩.成绩) DESC;
```

在上述 SQL 语句中，SELECT 子句的字段列表和 ORDER BY 子句中均用到一个名为 Avg 的 SQL 函数，其功能是计算包含在特定查询字段中的一组数值的算术平均值。AS 子句为字段指定别名；GROUP BY 子句将与"学号""姓名"字段具有相等值的记录组合成单一记录。

3. 计算数学课的最高分、最低分和平均分

计算每科成绩的最高分、最低分和平均分时，需要将同一课程的所有成绩记录作为一组来处理，分别计算"成绩"字段的最大值、最小值和平均值。若要针对某科成绩进行计算，可在分组查询的基础上对分组字段设置搜索条件。

（1）在"创建"选项卡的"查询"组中单击"查询设计"命令，以创建新的查询。

（2）向查询中添加表和字段。在"显示表"对话框中，将课程表和成绩表添加到查询中；在"设计"视图中，将课程表中的"课程名称"字段添加到设计网格中，然后连续三次将成绩表的"成绩"字段添加到设计网格中。

（3）在设计网格中添加"总计"行。在"设计"选项卡的"显示/隐藏"组中单击"汇总"命令，使查询设计网格中显示"总计"行。

（4）设置计算字段及其别名。

- 最高分：单击左边"成绩"字段列的"总计"单元格，从下拉式列表中选择"最大值"；单击该字段所在单元格，然后输入"最高分:成绩"。
- 最低分：单击中间"成绩"字段列的"总计"单元格，从下拉式列表中选择"最小值"；单击该字段所在单元格，然后输入"最低分:成绩"。
- 平均分：单击右边"成绩"字段段列的"总计"单元格，从下拉式列表中选择"平均值"；单击该字段所在单元格，然后输入"平均分:成绩"，如图 3.62 所示。

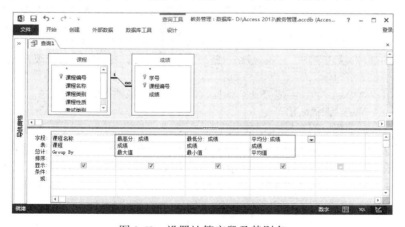

图 3.62　设置计算字段及其别名

（5）设置计算字段属性。单击计算字段"平均分:成绩"所在列，在"设计"选项卡的"显示/隐藏"组中单击"属性表"命令，以显示"属性表"窗格；然后将"格式"设置为"标准"，将"小数位数"设置为 1。

（6）设置搜索条件。在"课程名称"字段所在列的"条件"单元格中输入""数学""，如图 3.63 所示。

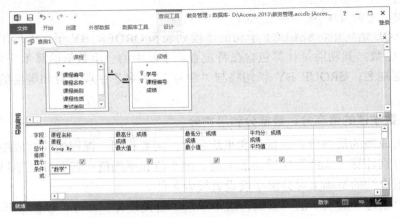

图 3.63　在查询的分组字段中设置搜索条件

（7）保存查询并查看查询运行结果。按 Ctrl+S 组合键，然后将该查询保存为"数学课成绩分析"；在"设计"选项卡的"结果"组中单击"运行"命令，进入"数据表"视图，以查看数学课的最高分、最低分和平均分，如图 3.64 所示。

（8）查看 SQL 语句。单击窗口右下角的"SQL 视图"按钮，切换到"SQL"视图，生成以下 SQL 语句，如图 3.65 所示。

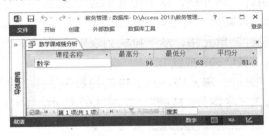

图 3.64　查看查询运行结果

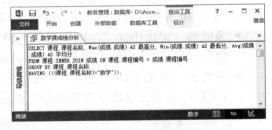

图 3.65　查看 SQL 语句

```
    SELECT 课程.课程名称, Max(成绩.成绩) AS 最高分, Min(成绩.成绩) AS 最低分,
Avg(成绩.成绩) AS 平均分
    FROM 课程 INNER JOIN 成绩 ON 课程.课程编号 = 成绩.课程编号
    GROUP BY 课程.课程名称
    HAVING (((课程.课程名称)="数学"));
```

在上述 SQL 语句中，Min 和 Max 函数分别从一组指定字段的值中返回最小或最大值；HAVING 子句在 SELECT 语句中指定显示哪些已用 GROUP BY 子句分组的记录。在 GROUP BY 组合了记录后，HAVING 会显示 GROUP BY 子句分组的任何符合 HAVING 子句的记录。

4．统计"学生"表中每班的学生人数

要统计每个班中的学生人数，可以按照"班级编号"字段对学生表的学生记录进行分组，并针对每个组进行计数。

（1）在"创建"选项卡的"查询"组中单击"查询设计"命令，以创建新的查询。

（2）向查询中添加表和字段。在"显示表"对话框中，将学生表和班级表两个表添加到查询中；在"设计"视图中，将班级表中的系部编号、专业名称、班级编号字段及学生表中的学号字段添加到设计网格中。

（3）在设计网格中添加"总计"行。在"设计"选项卡的"显示/隐藏"组中单击"汇总"命令，使查询设计网格中显示"总计"行；设置按班级编号字段升序排序。

（4）设置计算字段及其别名。单击"学号"字段列的"总计"单元格，从下拉列表框中选择"计数"，然后单击"学号"字段所在单元格中并输入"人数: 学号"，如图 3.66 所示。

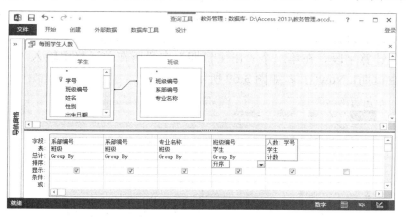

图 3.66　设置计算字段及其别名

（5）保存查询并查看查询运行结果。单击"文件"选项卡，单击"保存"命令，将该查询保存为"每班学生人数"；在"设计"选项卡的"结果"组中单击"运行"命令，进入"数据表"视图，以查看每班学生人数，如图 3.67 所示。

（6）查看 SQL 语句。单击窗口右下角的"SQL 视图"按钮，切换到"SQL"视图，生成以下 SQL 语句，如图 3.68 所示。

图 3.67　查看查询运行结果

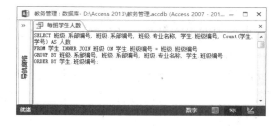

图 3.68　查看 SQL 语句

> SELECT 班级.系部编号, 班级.系部编号, 班级.专业名称, 学生.班级编号, Count(学生.学号) AS 人数
> FROM 学生 INNER JOIN 班级 ON 学生.班级编号 = 班级.班级编号
> GROUP BY 班级.系部编号, 班级.系部编号, 班级.专业名称, 学生.班级编号
> ORDER BY 学生.班级编号;

在上述 SQL 语句中，Count 函数用于计算从查询返回的记录数。Count 函数的参数是一个字符串表达式，它标识一个字段，或者标识一个表达式。Count 函数只是简单计算记录的数量，并不管记录中保存的是什么值。

5. 计算每个学生的年龄

前面在选择查询中所进行的计算都属于预定义计算，即针对查询结果中的部分或全部记录进行计算。下面通过自定义计算对查询结果中的字段进行日期运算，即根据学生表中的出生日期字段值计算出学生的年龄。

（1）在"创建"选项卡的"查询"组中单击"查询设计"命令，以创建新的查询。

（2）向查询中添加表和字段。在"显示表"对话框中，将学生表添加到查询中；在"设计"视图中，将学生表中的学号、姓名、性别及出生日期字段添加到设计网格中，然后对出生日期字段重复添加一次。

（3）设置计算字段。在第二个"出生日期"字段所在单元格中输入"年龄: DateDiff ("yyyy", [出生日期], Now())"，如图 3.69 所示。

图 3.69　在查询中执行自定义计算

（4）保存查询。单击"文件"选项卡，执行"保存"命令，然后将这个查询保存为"计算学生年龄"。

（5）查看查询运行结果。在"设计"选项卡的"结果"组中单击"运行"命令，在"数据表"视图中查看学生的年龄信息，如图 3.70 所示。

（6）查看 SQL 语句。单击窗口右下角的"SQL 视图"按钮 ，切换到"SQL"视图，此时可以生成以下 SQL 语句，如图 3.71 所示。

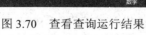

图 3.70　查看查询运行结果

图 3.71　查看 SQL 语句

```
SELECT 学生.学号, 学生.姓名, 学生.性别, 学生. 出生日期 DateDiff("yyyy", [出生日期], Now()) AS 年龄
FROM 学生;
```

在上述 SQL 语句中，DateDiff 函数用于计算两个指定日期间的时间间隔；Now()函数

返回计算机系统的当前日期和时间。

DateDiff 函数的语法格式如下。

```
DateDiff(间隔，日期1，日期2)
```

其中，"间隔"参数是一个字符串表达式，表示用来计算"日期 1"和"日期 2"的时间差的时间间隔，若将该参数值设为"yyyy"，则表示年，此时 DateDiff 函数计算两个日期之间相关的年数；参数"日期 1"和"日期 2"指定计算中要用到的两个日期。

知识与技能

在查询的过程中，可以进行预定义计算和自定义计算。通常对分组进行预定义计算，对查询结果中的字段进行自定义计算。

1. GROUP BY 和 HAVING 子句

GROUP BY 子句将记录与指定字段中的相等值组合成一条记录。如果在 SELECT 语句中使用 SQL 合计函数，例如 Sum 或 Count，则会创建一条记录的总计值。在 GROUP BY 组合记录后，HAVING 子句指定显示哪些分组记录。当使用 GROUP BY 和 HAVING 子句时，SELECT 语句的语法格式如下。

```
SELECT 字段列表
FROM 表
WHERE 选择准则
GROUP BY 分组字段列表
HAVING分组准则
```

其中，"字段列表"表示查询语句中的字段名称列表，可以与字段别名、SQL 统计函数、选择谓词（ALL、DISTINCT、DISTINCTROW 或 TOP）一起使用。

"表"指定获取记录的表的名称。

"选择准则"指定搜索条件。如果 SELECT 语句包含一个 WHERE 子句，则 Microsoft Jet 数据库引擎会在记录上应用 WHERE 条件，然后把值分组。

"分组字段列表"给出用来对记录分组的字段列表，最多可包含 10 个字段。字段列表中字段名的顺序将决定组层次，由最高至最低的层次来分组。在"设计"视图中，通过在设计网格中显示"总计"行，可将查询中的字段添加到 GROUP BY 子句中。

"分组准则"是一个表达式，用来确定显示哪些分组记录。

GROUP BY 子句是可选的。如果在 SELECT 语句中没有 SQL 合计函数，则可省略总计值。Null 值在 GROUP BY 字段中，则会被分组而不被省略。但是在任何 SQL 合计函数中不计算 Null 值。

除了备注型或 OLE 型字段，在 GROUP BY 字段列表中可以引用 FROM 子句中任何表中的任何字段，即使 SELECT 语句不包含此字段，只要它至少包含一个 SQL 合计函数即可。Microsoft Jet 数据库引擎无法在备注对象或 OLE 对象型字段上进行分组。

字段列表中的全部字段必须包含在 GROUP BY 子句中，或在 SQL 合计函数中作为参数。

HAVING 子句是可选的。HAVING 与 WHERE 相似，WHERE 确定哪些记录会被选中。通过 GROUP BY 对记录分组后，HAVING 确定将显示哪些记录。使用 WHERE 子句可以排除不想分组的行，将记录分组后，可用 HAVING 子句来过滤这些记录。

2．SQL 统计函数

查询中可以使用以下 SQL 统计函数来对数据组进行如下计算。

- Avg：用于计算包含在特定查询字段中一组数值的算术平均值。
- Count：计算从查询返回的记录数。
- First 和 Last：在查询所返回的结果中首记录或末记录所返回的字段值。
- Min 和 Max：在执行查询时从一组指定字段的值中返回最小值或最大值。
- StDev 和 StDevP：返回总体或总体样本的标准偏差的估计值，此估计值用包含在一个查询的指定字段中的一组值来表示。
- Sum：返回包含在指定查询字段中一组值的总计。
- Var 和 VarP：返回一个总体或总体样本的方差的估计值，此估计值用包含在指定查询字段中的一组值来表示。

任务 3.5　创建参数查询

任务描述

创建选择查询时，通过 WHERE 子句指定搜索条件可以对要查询的记录进行筛选，只有那些符合条件的记录才会包含在查询结果中。在前面任务中所使用的条件表达式都是固定不变的，这是因为在条件表达式中指定了固定的字段值。如果想在条件表达式中动态设置字段值，则需要使用参数来完成，由此创建的查询称为参数查询。本任务将学习创建和应用参数查询的方法，首先根据专业名称来检索不同专业学生的记录，然后根据姓名来实现学生信息的模糊查询，最后根据输入的姓名和课程名称来查询某个学生的某门课程成绩信息。

实现步骤

使用参数查询可以显示一个或显示多个提示查询参数值的预定义对话框，也可以创建提示输入查询参数的自定义对话框。当运行参数查询时，可以在该对话框中输入参数值以设置查询条件，从而能够动态地生成查询结果集。参数查询并不是一种真实独立的查询，可以将参数添加到选择查询、交叉表查询及各种操作查询中。

1．根据专业名称检索学生信息

学生表中包含"班级编号"字段，但专业名称包含在班级表中。如果要根据专业名称检索学生信息，则需要将班级表和学生表作为查询的数据来源，并在搜索条件中设置一个查询参数。

（1）打开教务管理数据库。

（2）在"创建"选项卡的"查询"组中单击"查询设计"命令，以创建新的查询。

（3）向查询中添加表和字段。在"显示表"对话框中，将班级表和学生表两个表添加到查询中；在"设计"视图中，将班级表中的"专业名称"字段和学生表中的"学号"、"姓名"以及"性别"字段添加到设计网格中。

（4）设置搜索条件。在"专业名称"字段所在列的"条件"单元格中输入"[请输入专业名称：]"，如图3.72所示。

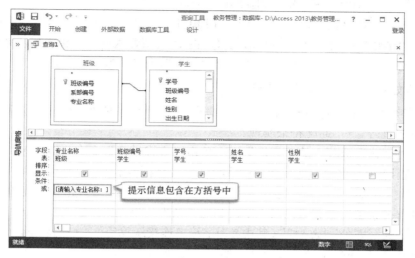

图3.72　为参数查询设置搜索条件

注意： 创建参数查询的关键在于如何设置动态参数值。为此，在"条件"单元格中输入搜索条件时必须将提示信息包含在一对半角方括号内。这样，当运行参数查询时就会弹出一个"输入参数值"对话框，显示所设置的提示信息，用于提示用户输入参数值，此时可以在文本框中输入参数值，单击"确定"按钮后即动态生成搜索条件并显示查询结果。

（5）保存查询。单击"文件"选项卡，单击"保存"命令，然后将该查询保存为"按专业查询学生"。

（6）运行查询。在"设计"选项卡的"结果"组中单击"运行"命令，当出现如图3.73所示的"输入参数值"对话框时，输入所需的参数值（例如"电子商务"），然后单击"确定"按钮，此时将在"数据表"视图中显示查询返回的记录集，如图3.74所示。

图3.73　输入参数值

图3.74　电子商务专业学生记录

（7）查看SQL语句。单击窗口右下角的"SQL视图"按钮，切换到"SQL"视图，生成以下SQL语句。

```
SELECT 班级.专业名称, 学生.班级编号, 学生.学号, 学生.姓名, 学生.性别
FROM 班级 INNER JOIN 学生 ON 班级.班级编号 = 学生.班级编号
WHERE (((班级.专业名称)=[请输入专业名称: ]));
```

由此可知，上述参数查询仍然是通过 SELECT 语句来实现的。在参数查询中，定义参数的方法使用半角方括号将提示信息括起来，例如"[请输入专业名称：]"。每当运行参数查询时都会出现提示信息，从而可以动态地输入数据来构成搜索条件。

2．根据姓名实现学生信息模糊查询

"模糊查询"是指通过输入姓名的一部分或全部来查询学生信息，这可以通过使用 Like 运算符和星号"*"通配符来实现。

（1）在"创建"选项卡的"查询"组中单击"查询设计"命令，以创建新的查询。

（2）向查询中添加表和字段。使用"显示表"对话框将学生表添加到查询中；在"设计"视图中，将学生表中的"学号""姓名""性别"及"出生日期"字段添加到设计网格中。

（3）设置搜索条件。在"姓名"字段列的"条件"单元格中输入"Like "*" & [请输入姓名或姓名中的一部分：] & "*""（其中&为字符串连接运算符），这样将创建一个使用 Like 运算符和星号"*"通配符的参数查询，如图 3.75 所示。

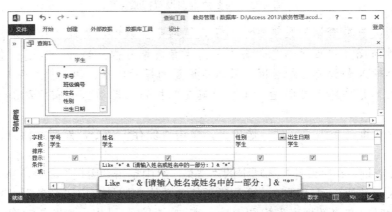

图 3.75　在参数查询中使用带有通配符的参数

（4）保存查询。单击"文件"选项卡，执行"保存"命令，然后将该查询保存为"按姓名查询学生"。

（5）运行查询。在"设计"选项卡的"结果"组中单击"运行"命令，当出现"输入参数值"对话框时，输入学生姓名或姓名中的一部分（例如只输入一个"国"字），然后单击"确定"按钮，在"数据表"视图中查看查询结果，如图 3.76 所示。

图 3.76　从学生表中查询姓名中包含"国"字的学生

（6）查看 SQL 语句。单击窗口右下角的"SQL 视图"按钮，切换到"SQL"视图，生

成以下 SQL 语句。

```
SELECT 学生.学号，学生.姓名，学生.性别，学生.出生日期
FROM 学生
WHERE (((学生.姓名) Like "*" & [请输入姓名或姓名中的一部分：] & "*"));
```

在上述 SQL 语句中，Like 运算符的功能是测试"姓名"字段的值是否与给定模式相匹配，该模式由两个星号通配符"*"与参数值使用字符串连接运算符"&"组合而成，每个星号通配符都表示零个或任意一个字符。因此，无论输入姓名中的一个或多个字都能实现查询。

3．根据输入的姓名和课程名称查询学生成绩

如果要根据输入的姓名和课程名称来查询学生成绩，则需要在查询中设置两个参数，并且使用 AND 运算符来连接两个条件。

（1）在"创建"选项卡的"查询"组中单击"查询设计"命令，以创建新的查询。

（2）向查询中添加查询和字段。在"显示表"对话框中选择"查询"选项卡，将学生课程成绩查询添加到新建查询中；在"设计"视图中，将字段列表中的"学号""姓名""课程名称"及"成绩"字段添加到设计网格中。

（3）设置搜索条件。在姓名字段列的"条件"单元格中输入"[请输入学生姓名：]"，在"课程名称"字段列的"条件"单元格中输入"[请输入课程名称：]"，如图 3.77 所示。

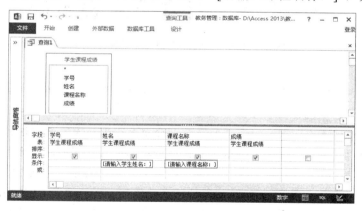

图 3.77　创建包含两个参数的参数查询

（4）保存查询。单击"文件"选项卡，选择"保存"命令，然后将该查询保存为"按姓名和课程名称查询成绩"。

（5）运行查询。在"设计"选项卡的"结果"组中单击"运行"命令，当相继出现"输入参数值"对话框时依次输入学生姓名和课程名称，此时将在"数据表"视图中显示指定的学生在指定的课程中取得的成绩，如图 3.78 所示。

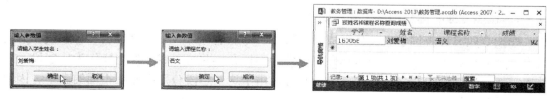

图 3.78　根据所输入的学生姓名和课程名称查询成绩

（6）查看 SQL 语句。单击窗口右下角的"SQL 视图"按钮，切换到"SQL"视图，生成以下 SQL 语句。

```
SELECT 学生课程成绩.学号, 学生课程成绩.姓名, 学生课程成绩.课程名称, 学生课程成绩.成绩
FROM 学生课程成绩
WHERE (((学生课程成绩.姓名)=[请输入姓名：]) AND ((学生课程成绩.课程名称)=[请输入课程名称：]));
```

知识与技能

参数查询在执行查询时通过对话框来提示用户输入信息，这些信息可用于构建搜索条件，或者作为要求插入到字段中。通过参数查询可交互地指定一个或多个值，从而给选择查询或操作查询带来更大的灵活性。

参数查询并不是一种单独种类的查询，它可以与选择查询及其他种类的查询结合使用。创建参数查询的方法与创建普通查询类似，所不同的是可以在查询中使用参数，定义参数的方法是将提示信息放在方括号内。通过设计参数查询可以提示更多的内容。例如，可以设计参数查询来提示输入两个日期，运行查询时检索在这两个日期之间的所有记录。

任务 3.6　创建交叉表查询

任务描述

在前面任务中，通过学生课程成绩查询可以获取每个学生所有的课程成绩，查看查询结果时看到，每条记录都包含"学号"、"姓名"、"课程名称"和"成绩"字段，同一个学生的学号和姓名重复出现多次，同一门课程的名称也会重复出现多次，使用这种方式显示学生成绩显然不是很理想。如果希望学号和姓名只出现一次，并且使不同课程名称出现在标题行，则需要创建一种特殊的查询，即交叉表查询。使用交叉表查询可以对数据进行分组：一组显示在数据表的左部（行标题），一组显示在数据表的顶部（列标题），具体的数据则显示在数据表的中间，从而增强了数据的可视性。通过交叉表查询还可以对数据进行求和、求平均、计数及其他计算。在本任务中，通过创建交叉表查询从教务管理数据库中查询学生的课程成绩信息，首先按照专业名称查询学生各科成绩，然后按照班级编号查询各科平均成绩。

实现步骤

要创建交叉表查询，可以首先创建一个普通的选择查询，然后将其查询类型更改为交叉表查询，并对交叉表查询的行标题、列标题及值字段进行设置。

1. 按照专业名称查询学生各科成绩

要按专业名称查询学生的各科成绩，可将"专业名称""学号""姓名"等字段作为交叉表查询的行标题，将"课程名称"字段作为列标题，并将"成绩"字段作为值字段，此外还需要设置查询参数，以便输入专业名称。由于这些字段分别存储在不同的表中，因此需要选择多个表作为交叉表查询的数据来源。

（1）打开教务管理数据库。

（2）在"创建"选项卡的"查询"组中单击"查询设计"命令，以创建新的查询。

（3）向查询中添加表和字段。在"显示表"对话框中，将班级表、学生表、课程表及成绩表添加到查询中，然后将班级表中的专业名称和班级编号字段、学生表中的学号、姓名字段、课程表中的课程名称字段及成绩表中的成绩字段添加到设计网格中。

（4）将查询类型更改为交叉表查询。在"设计"选项卡的"查询类型"组中单击"交叉表"查询命令，此时设计网格中显示出"总计"和"交叉表"行，如图 3.79 所示。

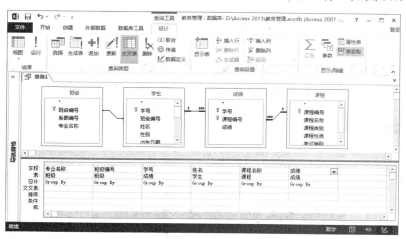

图 3.79　将查询类型更改为交叉表查询

（5）设置交叉表的行标题。分别单击"专业名称""班级编号""学号"和"姓名"字段列的"交叉表"单元格并从下拉式列表框中选择"行标题"，这些字段的"总计"选项均保留 Group By 默认值。在交叉表查询中，可以设置一个或多个"行标题"选项。

（6）设置交叉表的列标题。单击"课程名称"字段列的"交叉表"单元格并从列表中选择"列标题"，列标题的"总计"选项保留 Group By 默认值。在交叉表查询中，只能设置一个"列标题"。

（7）设置交叉表的值字段。单击"成绩"字段列的"总计"单元格并从下拉式列表框中选择 First 选项，单击该字段所在列的"交叉表"单元格并从下拉式列表框中选择"值"选项，如图 3.80 所示。

提示：在交叉表查询中，只能有一个"值"选项。对于选择"值"选项的字段，可以从"总计"单元格的下拉式列表框中选择"合计"、"平均值"、"最小值"或"最大值"选项，也可以选择 First、Last 等选项。

（8）设置查询参数。在"设计"选项卡的"显示/隐藏"组中单击"参数"命令，如图 3.81 所示；然后在"查询参数"对话框中定义一个参数，将其命名为"专业名称"，数据类型设置为"短文本"，如图 3.82 所示。

（9）设置搜索条件。在"专业名称"字段列的"条件"单元格中输入"[专业名称]"（方括号内为参数名称，必须与所定义的查询参数名称相同，由此生成参数查询），如图 3.83 所示。

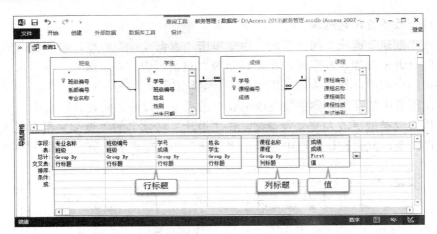

图 3.80　设置交叉表查询的行标题、列标题和值选项

图 3.81　选择"参数"命令

图 3.82　定义查询参数

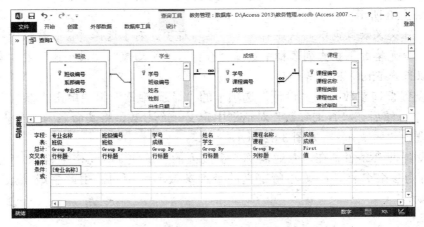

图 3.83　在交叉表查询中设置搜索条件

（10）保存并运行查询。按【Ctrl+S】组合键，然后将该查询保存为"按专业查询成绩"；在"设计"选项卡的"结果"组中单击"运行"命令，当出现"输入参数值"对话框时输入要查询的专业名称（例如"计算机应用"）并单击"确定"按钮，即可在"数据表"视图中查看指定专业的学生成绩，如图3.84所示。

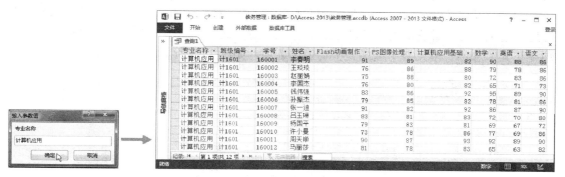

图3.84　查询计算机应用专业学生的成绩

（11）查看SQL语句。单击窗口右下角的"SQL视图"按钮，在SQL视图中可以看到生成以下SQL语句。

```
PARAMETERS 专业名称 Text ( 255 );
TRANSFORM First(成绩.成绩) AS 成绩之First
SELECT 班级.专业名称, 班级.班级编号, 学生.学号, 学生.姓名
FROM (班级 INNER JOIN 学生 ON 班级.班级编号 = 学生.班级编号) INNER JOIN (课程
INNER JOIN 成绩 ON 课程.课程编号 = 成绩.课程编号) ON 学生.学号 = 成绩.学号
WHERE (((班级.专业名称)=[专业名称]))
GROUP BY 班级.专业名称, 班级.班级编号, 学生.学号, 学生.姓名
PIVOT 课程.课程名称;
```

第一行是一个PARAMETERS语句，其功能是声明在参数查询中用到的参数名称和数据类型。在"查询参数"对话框中创建参数后，将自动生成PARAMETERS语句。

从第二行开始是一个TRANSFORM…PIVOT语句，该语句的功能是创建交叉表查询，它由以下3个部分组成。

- TRANSFORM聚合函数：指定对所选数据进行计算的SQL聚合函数。
- SELECT语句：从指定的表中获取数据。与普通SELECT语句一样，它可以包含各种各样的子句，例如SELECT、FROM、WHERE、GROUP BY等。在SELECT和GROUP BY子句中的字段将用作交叉表查询的行标题。
- PIVOT子句：指定哪个字段作为交叉表查询的列标题。此外，还可以在列标题字段后添加一个"In（值1，值2，…）"表达式，以指定创建列标题的一些固定值。

2. 按照班级编号查询各科平均成绩

如果要按照班级查询各科的平均成绩，则应将班级编号字段作为交叉表查询的行标题，将课程名称字段作为交叉表查询的列标题，将成绩字段作为交叉表查询的值字段。此外，还需要定义一个查询参数，便于动态输入班级编号。

（1）在"创建"选项卡的"查询"组中单击"查询设计"命令，创建新的查询。

（2）向查询中添加表和字段。使用"显示表"对话框将课程表、成绩表和学生表添加

到查询中，将学生表中的班级编号、课程表中的课程名称及成绩表中的成绩字段添加到设计网格中，然后再次将学生表中的班级编号字段添加到设计网格中。

（3）将查询类型更改为交叉表查询。在"设计"选项卡的"查询类型"组中单击"交叉表查询"命令，此时将在设计网格中显示"总计"和"交叉表"行。

（4）设置交叉表查询的行标题、列标题及值字段。将左边的"班级编号"字段设置"行标题"选项，将"课程名称"字段设置为"列标题"选项，将"成绩"字段设置"值"选项并在其"总计"单元格中选择"平均值"选项，如图3.85所示。

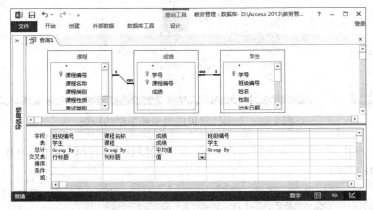

图3.85　设置交叉表查询的行标题、列标题和值字段

（5）定义查询参数。在"设计"选项卡的"显示/隐藏"组中单击"参数"命令，以显示"查询参数"对话框；然后定义一个参数并命名为"班级编号"，数据类型为"短文本"。

（6）设置交叉表查询的搜索条件。在右边的"班级编号"字段的"总计"单元格中选择 Where 选项，将其"交叉表"单元格留空，在该字段所在列的"条件"单元格中输入"[班级编号]"（方括号内的参数名称与所定义的查询参数名称相同），如图3.86所示。

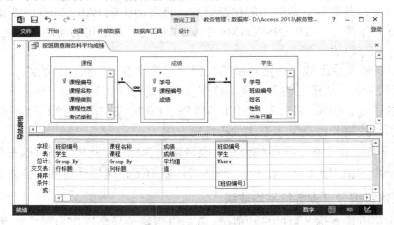

图3.86　设置交叉表查询的搜索条件

（7）设置值字段的属性。单击"成绩"字段列，在"属性表"窗格中将其"格式"和"小数位数"分别设置为"标准"和2。

（8）保存查询。单击"文件"选项卡，执行"保存"命令，然后将该查询保存为"按班级查询各科平均成绩"。

（9）运行查询。在"设计"选项卡的"结果"组中单击"运行"命令，当出现"输入参数值"对话框时输入一个班级编号（例如"电1602"），然后单击"确定"按钮，即可在"数据表"视图中查看指定班级的各科平均成绩，如图3.87所示。

图3.87　查询电1602班各科平均成绩

（10）查看SQL语句。单击窗口右下角的"SQL视图"按钮，切换到"SQL"视图，此时生成以下SQL语句。

```
PARAMETERS 班级编号 Text ( 255 );
TRANSFORM First(成绩.成绩) AS 成绩之First
SELECT 学生.班级编号
FROM 课程 INNER JOIN (学生 INNER JOIN 成绩 ON 学生.学号 = 成绩.学号) ON 课程.课程编号 = 成绩.课程编号
WHERE (((学生.班级编号)=[班级编号]))
GROUP BY 学生.班级编号
PIVOT 课程.课程名称;
```

知识与技能

交叉表查询通过TRANSFORM、SELECT和PIVOT语句实现。使用交叉表查询可以计算并重新组织数据的结构，这样可以更加方便地分析数据。交叉表查询计算数据的总计、平均值、计数或其他类型的总和，这种数据可分为两类信息：一类在数据表左侧排列，另一类在数据表的顶端。使用交叉表查询来摘要数据时，从指定的字段或表达式中选定值作为列标题，这样，可以用比选定查询更紧凑的格式来观察数据。

1．TRANSFORM…SELECT…PIVOT 语句

交叉表查询是通过TRANSFORM、SELECT和PIVOT语句一起实现的，语法格式如下：

```
TRANSFORM 聚合函数
SELECT语句
PIVOT 列标题字段 [IN (值1[, 值2[, …]])]
```

其中，TRANSFORM语句用于设置交叉表查询的值选项，"聚合函数"表示计算所选数据的SQL合计函数。SELECT语句的字段列表包含作为交叉表查询行标题的字段，这些字段同时也包含在GROUP BY子句中。PIVOT语句指定交叉表查询的列字段，"列标题字段"表示查询结果集中用来创建列标题的字段或表达式。IN子句是可选的，其功能是对列标题字段进行筛选；"值1""值2"等指定用来创建列标题的固定值。

TRANSFORM语句是可选的。如果使用该语句，它应该是SQL字符串的第一句，它出现在SELECT语句（用于指定行标题字段）之前，也出现在GROUP BY子句（用于指定列标题字段）之前。也可以有选择地包含其他子句，例如WHERE子句，它指定

附加的选择或排序条件。

在"设计"视图中，要指定用于值字段的 SQL 合计函数，可从"总计"单元格的列表框中选择；要设置行标题，可从"交叉表"单元格的列表中选择"行标题"选项；要设置列标题，可从"交叉表"单元格的列表中选择"列标题"选项。

2. PARAMETERS 声明

创建交叉表查询时，也可通过设置查询参数来提示用户在预定义对话框中输入字段值。若要设置查询参数，需要在参数查询中说明参数的名称和数据类型，可以通过 PARAMETERS 声明来实现，语法格式如下。

> PARAMETERS 名称 数据类型 [, 名称 数据类型 [, …]]

其中，"名称"指定参数的名称。当应用程序运行查询时，可用"名称"作为字符串显示在对话框中。包含空格或标点符号的文本应用方括号（[ ]）括起来，例如[Low price]。"数据类型"指定基本 Microsoft Access 的数据类型或其同义字之一。

对于有规则运行的查询，可用 PARAMETERS 声明创建一个参数查询。PARAMETERS 声明是可选的，但是当使用该声明时，必须将其置于任何其他语句（包括 SELECT 语句）之前。在 WHERE 或 HAVING 子句中都可以使用查询参数。

在"设计"视图中，要设置查询参数，首先需要使用"查询参数"对话框指定参数的名称和数据类型，然后在设计网格的"条件"单元格中输入"[参数名称]"。

任务 3.7　创建子查询

任务描述

SELECT 语句通常用来从一个或多个表中获取数据，并可以对数据进行筛选、分组、排序及计算。在实际应用中，还可以将一个 SELECT 语句嵌套于另一个 SELECT 语句或其他 SQL 语句中，由此创建的选择查询称为子查询，包含子查询的查询语句则称为主查询。本任务将学习创建和应用子查询的方法，首先检索英语课成绩高于该课程平均成绩的学生记录，然后查询平均成绩高于 85 分的学生记录，最后查询未包含在授课表中的课程。

实现步骤

子查询嵌套于主查询中。为了区别于主查询，应将子查询放在圆括号中。创建选择查询时，常常通过某种形式的谓词引入子查询。

1. 查询英语课成绩高于该课程平均成绩的学生记录

要检索英语课成绩高于该课程平均成绩的学生记录，可以使用子查询来计算该课程的平均成绩，并将这个子查询用在主查询的 WHERE 子句中。在这种情况下，主查询的 FROM 子句中包含的来源表也可以用在子查询中。

（1）打开教务管理数据库。

（2）在"创建"选项卡的"查询"组中单击"查询设计"命令创建新的查询。

（3）向查询中添加字段。使用"显示表"对话框将学生表、成绩表和课程表添加到查询中，然后将学生表中的学号、姓名字段，课程表中的课程名称及成绩表中的成绩字段添加到设计网格中。

（4）设置搜索条件。在"成绩"字段列的"条件"单元格中输入">(SELECT Avg(成绩.成绩) FROM 成绩 WHERE 课程.课程名称="英语")"，如图 3.88 所示。

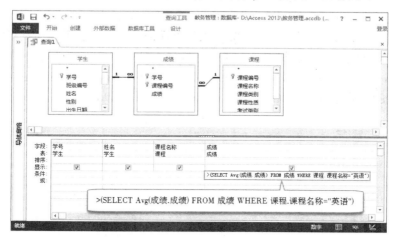

图 3.88　在选择查询中使用子查询（将子查询置于圆括号中）

（5）保存查询。单击"文件"选项卡，单击"保存"命令，然后将该查询保存为"英语课成绩高于平均成绩的学生（子查询）"。

（6）运行查询。在"设计"选项卡的"结果"组中单击"运行"命令，进入"数据表"视图，在此查看英语课成绩高于该课程平均成绩的学生记录，如图 3.89 所示。

学号	姓名	课程名称	成绩
160001	李春明	英语	88
160003	赵丽娟	英语	83
160005	钱伟强	英语	89
160007	张一迪	英语	87
160011	周天顺	英语	89
160110	张松涛	英语	87
160111	于得水	英语	90

图 3.89　查看查询运行结果

（7）查看 SQL 语句。从"视图"菜单中选择"SQL 视图"命令，切换到"SQL"视图，此时生成以下 SQL 语句。

```
SELECT 学生.学号, 学生.姓名, 课程.课程名称, 成绩.成绩
FROM 课程 INNER JOIN (学生 INNER JOIN 成绩 ON 学生.学号 = 成绩.学号) ON 课程.课程编号 = 成绩.课程编号
WHERE (((成绩.成绩)>(SELECT Avg(成绩.成绩) FROM 成绩 WHERE 课程.课程名称="英语")));
```

在上述 SQL 语句中，位于外层的 SELECT 语句为主查询，位于主查询的 WHERE 子句中的 SELECT 语句为子查询。在子查询的 WHERE 子句中使用主查询字段列表中的"课程.课程名称"对课程名称字段进行了限制，并且该子查询返回了一个单值，即英语课的平均成绩。

2．查询平均成绩高于 85 分的学生记录

学生和成绩信息分别存储在学生表和成绩表中。要查询平均成绩高于 85 分的学生记录，可以选择学生表作为主查询的数据来源，并在 WHERE 子句中通过谓词 In 引入子查询，以获取平均成绩高于 85 分的学生记录。

（1）在"创建"选项卡的"查询"组中单击"查询设计"命令，创建新的查询。

（2）向查询中添加表和字段。在"显示表"对话框中，将学生表添加到查询中；在"设计"视图中，将学生表中的班级编号、学号、姓名及性别字段添加到设计网格中。

（3）设置查询条件。在学号字段列的"条件"单元格中输入"In (SELECT 学号 FROM 成绩 GROUP BY 学号 HAVING AVG(成绩) >85)"，如图 3.90 所示。

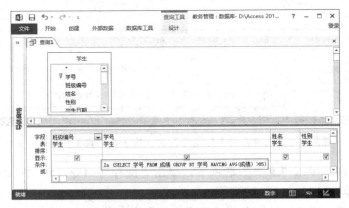

图 3.90　通过谓词 In 引入子查询

（4）保存并运行查询。单击"文件"选项卡，执行"保存"命令，将该查询保存为"平均成绩高于 85 分的学生（子查询）"；单击窗口右下角的"数据表视图"按钮，切换到"数据表"视图，以查看查询运行结果，如图 3.91 所示。

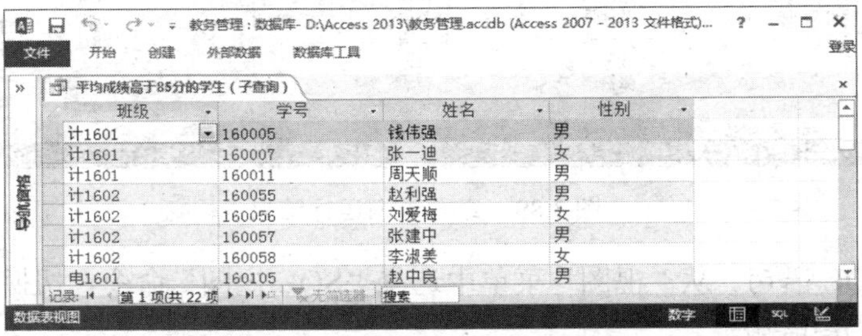

图 3.91　查看查询运行结果

（5）查看 SQL 语句。单击窗口右下角的"SQL 视图"按钮，切换到"SQL"视图，此时生成以下 SQL 语句。

```
SELECT 学生.班级编号，学生.学号，学生.姓名，学生.性别
FROM 学生
WHERE (((学生.学号) In (SELECT 学号 FROM 成绩 GROUP BY 学号 HAVING AVG(成绩) >85)));
```

在上述 SQL 语句中，子查询通过谓词 In 引入。该子查询的结果集是一些值的列表。通过 In 运算符可使用子查询进行集成员测试，将一个字段的值与子查询返回的一列值进

行比较，若该字段值与此列中任何一个值相等，则集成员测试结果返回 True 值；若该字段值与此列中的所有值都不相等，则集成员测试返回 False。使用 Not In 时对集成员测试结果取反。

3. 查询未包含在授课表中的课程

如果要查询未包含在授课表中的课程，可以在主查询的 WHERE 子句中使用 Exists 谓词引入子查询，以进行存在性测试。

（1）在"创建"选项卡的"查询"组中单击"查询设计"命令，创建新的查询。

（2）向查询中添加表和字段。在"显示表"对话框中，将课程表添加到查询中；在"设计"视图中，将课程表中的课程编号和课程名称字段添加到设计网格中。

（3）设置查询条件。在设计网格第三列的"字段"单元格中输入"表达式 1: Exists (SELECT * FROM 授课 WHERE 课程.课程编号=授课.课程编号)"，在同一列的"显示"单元格中取消对复选框的选择，在该列的"条件"条件单元格中输入"False"，如图 3.92 所示。

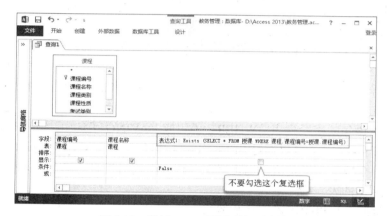

图 3.92　通过 Exists 谓词引入子查询

（4）保存并运行查询。单击"文件"选项卡，执行"对象另存为"命令，将该查询保存为"未包含在授课表中的课程（子查询）"；单击窗口右下角的"数据表视图"按钮，切换到"数据表"视图查看查询运行结果，如图 3.93 所示。

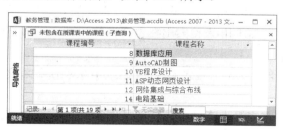

图 3.93　查看查询运行结果

（5）查看 SQL 语句。单击窗口右下角的"SQL 视图"按钮，切换到"SQL"视图，此时生成以下 SQL 语句。

```
SELECT 课程.课程编号, 课程.课程名称
FROM 课程
```

```
      WHERE (((Exists (SELECT * FROM 授课 WHERE 课程.课程编号=授课.课程编
号))=False));
```

在上述 SQL 语句中，通过 Exists 谓词引入子查询，相当于进行一次存在性测试。外部的 WHERE 子句用于测试子查询返回的记录行是否存在。按照惯例，由 Exists 谓词引入的子查询的字段选择列表是一个星号 "*"，而不是单个字段名。

通过在 Exists 谓词前面添加 Not，可将上述 SQL 语句的 WHERE 子句改写成以下形式：

```
      WHERE ((Not Exists (SELECT * FROM 授课 WHERE 课程.课程编号=授课.课程编号)));
```

其中，Not Exists 用于引入圆括号内的子查询。当这个子查询未返回任何记录时，整个搜索条件的计算结果为 True。

知识与技能

子查询是一种比较特殊的 SELECT 语句，它可以嵌套于其他查询语句（称为主查询）中。主查询可以是 SELECT、SELECT…INTO、INSERT…INTO、DELETE、UPDATE 语句或其他子查询。子查询可以通过以下 3 种语法形式来创建。

```
      表达式 比较运算符 [ANY | ALL | SOME] (SQL语句)
      表达式 [NOT] IN (SQL语句)
      [NOT] EXISTS (SQL语句)
```

其中，"表达式 比较运算符" 用于对表达式与子查询的结果进行比较；"表达式" 是用来搜索子查询结果集的表达式；"SQL 语句" 表示生成子查询的 SELECT 语句，遵循与其他 SELECT 语句一样的格式和规则，但必须用圆括号括起来。

在 SELECT 语句的字段列表、WHERE 子句或 HAVING 子句中，都可以使用子查询来代替表达式。在子查询中，可以通过 SELECT 语句提供一组在 WHERE 或 HAVING 子句表达式中计算的一个或多个指定值。也可以在子查询中使用表名的别名，来引用子查询外部 FROM 子句中列出的表。

创建子查询时，可以使用以下几个谓词。

- 同义的 Any 或 Some 谓词：检索在主查询的记录中满足与子查询所检索出的任何记录进行比较的比较条件的记录。
- All 谓词：只检索在主查询记录中满足子查询所检索出的所有记录的比较条件的记录。
- In 谓词：只检索出在主查询的记录中作为子查询的一部分记录而包含相同值的记录。相反地，可以使用 NOT IN 来检索出在主查询的记录中作为子查询的记录而不包含相同值的记录。
- Exists 谓词（带有可选的 Not 保留字）：通过 True/False 比较来确定子查询是否返回了任何记录。

允许一些子查询用在交叉表查询中，特别是作为谓词用在 WHERE 子句。但不允许将作为输出的子查询（在 SELECT 列表中）用在交叉表查询中。

任务 3.8 通过追加查询添加记录

任务描述

在实际应用（特别是数据库编程）中，通常需要通过操作查询来添加新记录，这类操作查询称为追加查询。通过本任务将学习和掌握通过追加查询添加记录的方法，首先使用带有参数的追加查询向学生表中添加一些学生记录，然后根据这些学生所在班级向成绩表中添加学号和课程编号信息。

实现步骤

在"数据表"视图中，可以通过表格形式向表中添加新记录。在数据库编程中，则是通过 INSERT INTO 语句来添加新记录的。该语句对应的操作查询即追加查询。

1. 通过追加查询添加学生记录

下面将通过追加查询向学生表中添加记录，而且新记录中的各个字段值是在"输入参数值"对话框中提供的。为此，可以直接在"SQL"视图中编写 INSERT INTO 语句。

（1）打开教务管理数据库。

（2）创建一个新的查询，不添加任何表；然后切换到 SQL 视图中并输入以下 SQL 语句：

```
INSERT INTO 学生 (学号，班级编号，姓名，性别，出生日期)
VALUES ([学号]，[班级编号]，[姓名]，[性别]，[出生日期]);
```

其中，第一个圆括号内包含一个字段列表，这些字段用于接收通过参数提供的值，不同字段用逗号分隔；第二个圆括号内包含一个参数列表，每个参数为对应的字段提供一个值，这些参数用方括号括起来，不同参数之间用逗号分隔。各个参数值需要在对话框中输入。

（3）保存追加查询。单击"文件"选项卡，单击"保存"命令，将该查询保存为"添加学生记录（追加查询）"，然后关闭该查询。

（4）在导航窗格中双击"添加学生记录（追加查询）"，如图 3.94 所示；在弹出的对话框中单击"是"按钮，如图 3.95 所示。

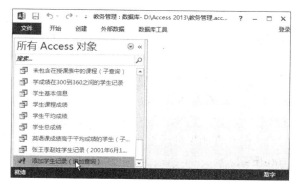

图 3.94 在导航窗格中双击"添加学生记录（追加查询）"

图 3.95 确认执行追加查询

（5）在随后出现的"输入参数值"对话框中依次输入各个字段值，此时 Access 会将输入的值作为字段值的新记录追加到学生表中，如图 3.96 所示。

图 3.96　通过带有参数的追加查询添加学生记录

提示：这里通过一系列对话框添加新记录，操作起来颇为麻烦。要解决这个问题，可以通过窗体创建自定义对话框，一次输入所有字段值，并在单击命令按钮时执行带参数的追加查询，从而将数据保存到表中。

（6）参照上一步操作，向学生表中添加另一条新记录，其学号值为"160163"，班级编号为"电1602"，姓名为"何丽娜"，性别为"女"，出生日期为"2002-06-20"。

（7）查看操作结果。在"数据表"视图中打开学生表，查看刚才添加的两条学生记录。

2．通过追加查询向成绩表中添加记录

前面通过创建和运行追加查询向学生表中添加了两条新记录。下面根据这两个学生所在的班级，从学生表和授课表中获取学号和课程编号，并将这些数据添加到成绩表中。例如，如果在授课表中为某个班安排了六门课程，则针对该班成绩尚未填写的每个学生向成绩表中添加六条记录。

（1）在"创建"选项卡的"查询"组中单击"查询设计"命令，以创建新的查询。

（2）向查询中添加表和字段。在"显示表"对话框中，向新建查询中添加授课表和学生表；将学生表中的学号、授课表中的课程编号和班级编号字段添加到设计网格中；在班级编号字段列的"显示"单元格取消对复选框的选择，以便将该字段从选择字段列表中移除。

（3）设置搜索条件。在"学号"字段所在列的"条件"单元格中输入"Not In (SELECT 学号 FROM 成绩)"，在"班级编号"字段所在列的"条件"单元格中输入"[学生].[班级编号]"，如图 3.97 所示。

（4）查看选择查询的运行结果。单击窗口右下角的"数据表视图"以查看成绩尚未填写到成绩表中的两个学生的学号及相关课程名称，如图 3.98 所示。

（5）将选择查询更改为追加查询。切换到"设计"视图，在"设计"选项卡的"查询类型"组中单击"追加"命令，如图 3.99 所示；在"追加"对话框中选择表名称为"成绩"，将该表作为接收新记录的目标表，如图 3.100 所示。

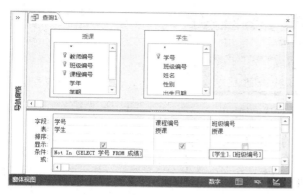

图 3.97　通过选择查询获取要复制的数据

图 3.98　测试查询结果

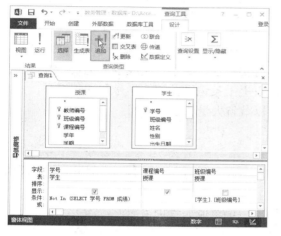

图 3.99　单击"追加"命令

图 3.100　指定追加查询的目标表

此时设计网格中将显示"追加"行，其中列出了接收数据的目标字段，如图 3.101 所示。

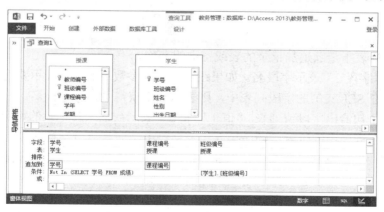

图 3.101　创建追加查询

（6）保存查询。单击"文件"选项卡，单击"保存"命令，然后将该查询保存为"添加学生成绩记录（追加查询）"。

（7）运行查询。在"设计"选项卡的"结果"组中单击"运行"命令，在随后出现的对话框中单击"是"按钮，这将会向目标表中追加 12 行新记录，如图 3.102 所示。

图 3.102　确认追加操作

（8）查看 SQL 语句。单击窗口右下角的"SQL 视图"按钮，切换到"SQL"视图，此时生成以下 SQL 语句。

```
INSERT INTO 成绩 (学号，课程编号)
SELECT 学生.学号, 授课.课程编号
FROM 授课，学生
WHERE (((学生.学号) Not IN (SELECT 学号 FROM 成绩))
   AND ((授课.班级编号)=[学生].[班级编号])));
```

上述 SQL 语句从学生表和授课表中检索尚未在成绩表中填写成绩的学号和课程编号，并将这些数据复制到成绩表。这个追加查询具有实用性，如果在完成学生记录和授课信息的录入后运行这个查询，则可以一次性追加成百上千条记录并填写学号和课程编号，然后通过更新查询逐条记录填写成绩字段，这样可以节省大量的录入时间。

知识与技能

使用追加查询可将一条或多条记录添加到一个表中。追加查询可通过 INSERT INTO 语句来实现。追加查询有以下两种语法格式。

若要向表中添加一条新记录，则可以使用单一记录追加查询语法：

```
INSERT INTO 目标表 [(字段1[，字段2[，…]])]
VALUES (值1[，值2[，…])
```

若要从另一个表向目标表中复制一组现存的记录，可以使用多重记录追加查询语法：

```
INSERT INTO 目标表 [(字段1[，字段2[，…]])][IN 外部数据库]
SELECT 字段1[，字段2[，…]]
FROM 来源表
```

其中，目标表指定欲追加记录的表或查询的名称。

"字段 1""字段 2"表示字段名。如果跟在目标表参数后面，则表示要追加数据的字段名；如果包含在 SELECT 的字段列表中，则表示从中获得数据的字段名。

VALUES 子句给出字段值列表。"值 1""值 2"表示欲插入新记录的特定字段的值。每个值将按照它在列表中的位置，顺序插入相关字段中，即"值 1"插入到追加记录的"字段 1"中，"值 2"插入到字段 2 中，以此类推。这些字段值使用逗点来分隔，对文本字段值要用单引号（' '）括起来。如果省略字段列表，则 VALUES 子句必须包含表中每个字段的值；否则 INSERT 语句将会失败。

使用 IN 子句可将记录追加到外部数据库的表中。外部数据库的路径由参数"外部数据库"指定。

"来源表"指定从其中得到要插入的记录的表名。这个变元可以是一个单一的表名，也可以是用逗号分隔的多个表，还可以是一个由 INNER JOIN、LEFT JOIN 或 RIGHT JOIN 运算组成的复合体，或是一个存储的查询。

使用单一记录追加查询语法，可以通过 INSERT INTO 语句将一条新记录添加到一个目标表中，此时必须指定追加数值记录的每个字段的名称和值。如果没有指定每个字段，则默认值或 Null 值将被插入到没有数据的字段中。如果目标表包含一个主键，则一定要把唯一的非 Null 值追加到主键字段中，否则 Microsoft Access 数据库引擎不会追加记录。这些记录将被添加到表的尾部。

通过使用多重记录追加查询语法，也可以使用 INSERT INTO 从另一表或查询来追加一组现存的记录，此时 SELECT 子句将指定追加字段到指定的目标表。

"目标表"可以指定一个表或查询。如果指定查询，则 Microsoft Access 数据库引擎会把记录追加到由该查询指定的所有表中。

若要把记录追加到带有自动编号字段的表中，还想重编追加的记录，则不要在查询中包含自动编号字段。如果要保持字段中的原始值，请将自动编号加在查询中。

若要在运行追加查询之前找出哪些记录是被追加的，可首先执行一个使用相同条件的选择查询并查阅所获得的结果。

在"设计"视图中创建追加查询可分为两个步骤：首先通过创建选择查询来获取要添加的记录，然后将选择查询更改为追加查询并指定接收数据的目标表。

若要将检索的数据添加到创建的新表中，可以使用 SELECT…INTO 语句。

任务 3.9　通过更新查询修改记录

任务描述

在前面任务中，通过追加查询向成绩表中添加了一些记录。在这些记录中，学号和课程编号字段分别从学生表和授课表中获得了数据，但成绩字段目前尚未填写数据。若要填写成绩，既可以在"数据表"视图中打开成绩表并在成绩字段中直接输入数值，也可以通过更新查询在空白字段中填写数值。在本任务中，将通过更新查询来填写学生成绩。

实现步骤

更新查询也是一种操作查询。更新查询通过 UPDATE 语句实现，可用于修改表中的记录。

（1）打开教务管理数据库。

（2）在"创建"选项卡的"其他"组中单击"查询设计"命令，以创建新的查询。

（3）向查询中添加表和字段。将成绩表和课程表添加到查询中，然后将成绩表中的学号和成绩字段及课程表中的课程名称字段添加到设计网格中。

（4）将查询类型更改为更新查询。在"设计"选项卡的"查询类型"组中选择"更新查询"命令，此时设计网格中将显示"更新到"行，如图 3.103 所示。

（5）设置搜索条件和字段值。在"成绩"字段列的"更新到"单元格中输入 89，在"学号"字段列的"条件"单元格中输入"160013"，在"课程名称"字段列的"条件"单元格中输入""语文""，如图 3.104 所示。

数据库应用基础 (Access2013)

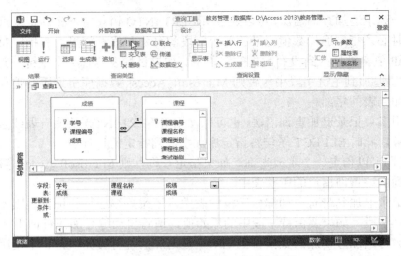

图 3.103　将查询类型更改为更新查询

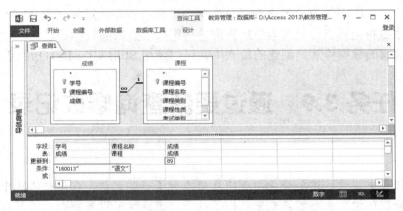

图 3.104　设置更新查询的搜索条件和字段值

（6）保存并运行查询。在快速访问工具栏中单击"保存"按钮，将该查询保存为"更新学生成绩（更新查询）"；在"设计"选项卡的"结果"组中单击"运行"命令，当出现如图 3.105 所示的提示消息框时单击"是"按钮，以执行更新查询。

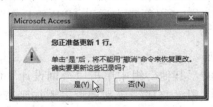

图 3.105　确认执行更新查询

（7）查看 SQL 语句。单击窗口右下角的"SQL 视图"按钮，切换到"SQL"视图，此时生成以下 SQL 语句。

```
      UPDATE 课程 INNER JOIN 成绩 ON 课程.课程编号 = 成绩.课程编号 SET 成绩.成绩 =
89
      WHERE (((成绩.学号)="160013") AND ((课程.课程名称)="语文"));
```

通过执行上述 SQL 语句，将对学生表执行更新操作，即在学号为 160013、课程名称为语文的记录中将成绩设置为89。

（8）在 UPDATE 语句中，修改学号、课程名称和成绩字段的值，然后执行更新查询，对其他成绩记录进行修改。

（9）在"数据表"视图中打开成绩表，查看更新查询的执行结果。

提示： 通过创建自定义窗体可以动态地设置 WHERE 子句和 SET 子句中的字段值，并在单击命令按钮时执行带有参数的更新查询，以完成数据修改。

知识与技能

通过创建更新查询可以改变基于特定准则的指定表中的字段值。更新查询通过 UPDATE 语句来实现，语法格式如下。

```
UPDATE 表
SET 字段1=值1，字段2=值2，…
WHERE 准则；
```

其中，"表"指定表的名称，且其中包含要更改的数据。为了在表的更新条件中使用其他表中的字段，也可以使用 INNER JOIN 运算符连接到所需的表。

SET 子句用来设置待更新记录中特定字段的值，"字段1""字段2"表示要更新的字段名称，"值1""值2"表示字段值。

"准则"是一个表达式，用来计算被更新的记录，只有符合此表达式的记录才会被更新。如果未用 WHERE 指定准则，则表中的所有记录均被更新。

使用 UPDATE 语句时，应注意以下两点。

（1）UPDATE 语句不生成结果集，而且当使用更新查询更新记录之后，不能取消这次操作。如果想知道哪些记录被更新，可首先看一下使用相同条件的选定查询的结果，然后运行更新查询。

（2）要随时注意维护数据的复制备份。如果错误地更新了记录，则可以从备份副本中恢复这些数据。

在 Access 2013 中创建更新查询时，首先创建一个选择查询，其中包含要更新的字段和用于设置更新条件的字段；然后将查询类型更改为"更新查询"，此时在设计网格中将出现"更新到"行，在该行的相应单元格中输入字段值；最后还要根据实际情况设置更新条件，即在相应字段列的"条件"单元格中输入所需的值。如果对 SQL 语句比较熟悉，也可以在 SQL 视图中直接编写 UPDATE 语句。

任务 3.10 通过删除查询删除记录

任务描述

从表中删除记录有两种方式：一是在"数据表"视图中删除记录，二是使用删除查询来删除记录。通过本任务将学习和掌握通过删除查询删除记录的方法，将通过创建删除查询并根据输入的学号从成绩表中删除该学生的所有成绩记录。

删除查询是一种操作查询，它通过 DELETE 语句来实现。通过 DELETE 语句可以从指定表中删除符合特定条件的一行或多行记录。通过在 DELETE 语句中使用查询参数，还可以动态地设置删除条件。

（1）打开教务管理数据库。

（2）在"创建"选项卡的"查询"组中单击"查询设计"命令，以创建新的查询。

（3）向查询中添加表和字段。将成绩表添加到该查询中，然后将字段列表中的学号字段添加到设计网格中。

（4）将查询类型更改为删除查询。从"设计"选项卡的"查询类型"组中选择"删除查询"命令，此时设计网格中将显示"删除"行，如图 3.106 所示。

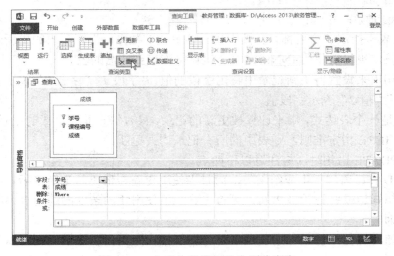

图 3.106　将查询类型更改为删除查询

（5）设置删除条件。在"学号"字段列的"条件"单元格中输入"[请指定一个学号：]"（即根据输入的学号从成绩表中删除一组记录），如图 3.107 所示。

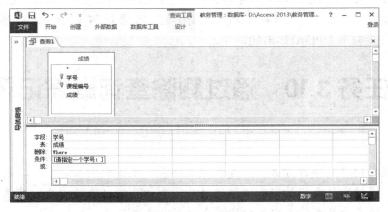

图 3.107　设置删除条件

（6）保存查询。在快速访问工具栏上单击"保存"按钮，然后将该查询保存为"删除成绩记录（删除查询）"。

（7）运行查询。在"设计"选项卡的"结果"组中单击"运行"命令，在如图 3.108 所示的"输入参数值"对话框中输入学号，在如图 3.109 所示的提示消息框中单击"是"按钮，从成绩表中删除选定的记录。

图 3.108　输入参数值

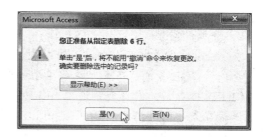

图 3.109　确认删除操作

（8）查看 SQL 语句。单击窗口右下角的"SQL 视图"按钮，切换到"SQL"视图，此时生成以下 SQL 语句。

```
DELETE 成绩.学号
FROM 成绩
WHERE (((成绩.学号)=[请指定一个学号：]));
```

知识与技能

使用 DELETE 语句可以创建一个删除查询，其作用是把记录从 FROM 子句列出且符合 WHERE 子句的一个或更多的表中清除。语法如下：

```
DELETE [表.*]
FROM 表
WHERE 准则
```

其中，"表"表示从其中删除记录的表的名称。"准则"是一个表达式，用于确定从表中删除哪些记录。如果不使用 WHERE 语句，则从表中删除所有记录。

用 DELETE 语句可以从与其他表有着一对多关系的表中清除记录。若在一个查询中删除了关系中"一"的一方的表的相应记录，级联删除操作将删除关系中"多"的一方的表的记录。例如，在学生表与成绩表之间的关系中，学生表是"一"方，而成绩表是"多"方。如果指定使用级联删除，则当从学生数据中删除一条记录时，相应的成绩记录也会被删除。

当使用删除查询删除记录之后，不能取消此操作。如果想要知道哪些记录已被删除，可首先验证使用相同条件的选择查询的结果，然后运行删除查询。

在 Access 2013 中创建删除查询时，首先创建一个选择查询，并添加包含待删除记录的表；然后将查询类型更改为"删除查询"，并根据实际需要设置删除条件。如果对 SQL 语句比较熟悉，也可以在 SQL 视图中直接编写 DELETE 语句。

项目小结

本项目讨论了如何在数据库中创建各种类型的查询，主要内容包括创建选择查询、交叉表查询和参数查询，以及通过查询来实现数据的增删改操作。

1. 查询的定义和作用

查询是对表中保存数据的询问，或对数据进行操作的请求。一个查询可以从多个表中获取数据，用作窗体、报表或数据访问页的数据源。在 Access 数据库中，所创建的查询可以保存为独立的对象，并且显示在数据库窗口中，或者包含在窗体、报表的"记录来源"属性中。

2. 查询的类型

在 Access 2013 中可以创建五种类型的查询：即选择查询、参数查询、交叉表查询、操作查询和 SQL 查询。下面对这些类型的查询分别做一个简单的归纳。

（1）选择查询。选择查询通过 SELECT 语句来实现。选择查询是一种常用的查询，它对保存在表中的数据进行询问，并且以数据表的方式返回一个结果集，但是不更改数据。一个选择查询可以包含要返回的特定字段（列）、要选择的记录（行）、放置记录的顺序及分组（汇总）方式等信息。在显示这个结果集以后，可以查看基本表中的数据，或者对其中的数据进行更改。

（2）参数查询。通过参数查询，用户可以在预定义或自定义对话框中交互地指定一个或多个条件值。严格地讲，参数查询不是一种单独种类的查询，它给选择查询带来了更大的灵活性。在实际应用中，经常将参数查询作为窗体、报表或数据访问页的数据源。创建参数查询时，应将查询参数放在方括号中。在交叉表查询中创建参数时，还需要指定查询参数的名称和数据类型。

（3）交叉表查询。交叉表查询对记录求和、求平均值、计数或进行其他类型的总体计算，然后将结果分成两组信息，分别放在数据表的左侧（行标题）和上面（列标题），数据本身（值字段）显示在数据表中。交叉表查询通过 TRANSFORM…SELECT…PIVOT 语句来实现。

（4）操作查询。操作查询是用于复制或更改数据的查询。Access 2013 支持以下 4 种类型的操作查询。

- 追加查询：通过 INSERT INTO 语句实现，将一个查询的结果集中的记录添加到一个现有表的尾部。
- 删除查询：通过 DELETE 语句实现，从一个或多个表中删除那些符合指定条件的记录。
- 生成表查询：通过 SELECT…INTO 语句实现，从一个现有表中复制记录并将这些记录添加在新表中。
- 更新查询：通过 UPDATE 语句实现，根据所指定的查找条件来更改记录集。

（5）SQL 查询。这种查询是直接通过 SQL 语句创建的查询。子查询是 SQL 查询的一个例子。子查询是包含在另一个查询中的一个 SQL SELECT 语句。子查询可在一个查询的设计表格的字段（列）单元格中用作表达式，或为一个字段（列）定义条件（查找条件）。嵌入的 SELECT 语句的结果集成为主查询的查找条件的一部分。除子查询外，直接用 SQL 语句创建的查询还有传递查询、联合查询和数据定义查询。

3. 查询的视图方式

Access 2013 为查询提供了以下 3 种视图。

- "设计"视图：给出了创建和修改查询的图形化方法。

- "SQL"视图：用于查看和修改查询的 SQL 代码。
- "数据表"视图：以行列格式显示来自查询的数据。

若要在查询的不同视图之间切换，可以单击窗口右下角的相应按钮，也可以在"设计"选项卡的"结果"组中单击"视图"菜单中的相应命令。

实施本项目时，建议在"设计"视图中完成查询的设计，然后通过"数据表"视图查看查询的运行结果。此外，还要特别注意一点，创建查询时请务必要切换到"SQL"视图，以查看和分析用于实现查询功能的 SQL 语句的组成和语法格式。掌握 SQL 语句的使用方法也是学习数据库的重要内容，应能够根据实际需要写出一些简单的 SELECT、INSERT、UPDATE 及 DELETE 语句。

项目思考

一、选择题

1. 在下列各项中，（　　）不属于查询的视图。

   A. 设计视图　　　　　　　　　　B. 页面视图

   C. 数据表视图　　　　　　　　　D. SQL 视图

2. 在下列各项中，（　　）用于选取表中的所有字段。

   A. @　　　　　　　　　　　　　B. #

   C. #　　　　　　　　　　　　　D. *

3. 在下列子句中，（　　）不是 SELECT 语句的组成部分。

   A. FROM　　　　　　　　　　　B. WHERE

   C. GROUP BY　　　　　　　　　D. SET

4. 在下列符号中，（　　）不是比较运算符。

   A. >　　　　　　　　　　　　　B. <

   C. ><　　　　　　　　　　　　D. <>

5. 在 GROUP BY 组合记录后，（　　）子句指定显示哪些分组记录。

   A. WHERE　　　　　　　　　　B. ORDER BY

   C. HAVING　　　　　　　　　　D. DESC

6. 若要根据整个重复记录而不是某些重复字段来忽略数据，则应使用（　　）谓词。

   A. ALL　　　　　　　　　　　　B. DISTINCT

   C. DISTINCTROW　　　　　　　D. TOP

7. 若要将特定字段列表中相同的记录组合成单个记录，则应使用（　　）子句。

   A. WHERE　　　　　　　　　　B. GROUP BY

   C. HAVING　　　　　　　　　　D. ORDER BY

8. 若要计算包含在特定查询字段中的一组数值的算术平均值，可使用 SQL 函数（　　）。

   A. Max　　　　　　　　　　　　B. Count

   C. Min　　　　　　　　　　　　D. Avg

9. 若要在参数查询中按照输入的参数值来检索记录，则应将提示信息置于（　　）内。

   A. ()　　　　　　　　　　　　　B. []

C. <>　　　　　　　　　　　D. {}

10. 子查询应置于（　　　）内。

　A. ()　　　　　　　　　　　B. [ ]

　C. <>　　　　　　　　　　　D. {}

二、判断题

1. 选择查询以 SELECT 语句形式存储在数据库中。（　　）

2. 在 SELECT 语句中，即使所有字段都来自不同的表，也可以省略表名。（　　）

3. 在 FROM 子句中只能指定表名称，不能指定查询名称。（　　）

4. WHERE 子句指定要记录满足的条件，只有满足该条件的记录才会包含在查询结果中。（　　）

5. 如果记录必须满足两个条件，则应使用 OR 运算符组合这两个条件。（　　）

6. ORDER BY 子句中可以包含多个字段。（　　）

7. 在 ORDER BY 子句中可以指定包含长文本、OLE 对象或附件数据类型的字段。（　　）

8. 创建生成表查询时将使用 INTO 子句指定要创建的新表的名称。（　　）

9. 使用 DISTINCTROW 谓词时将忽略所选字段中包含重复数据的记录。（　　）

10. 使用 ORDER BY 子句时，ASC 表示升序，DESC 表示降序。（　　）

11. 通配符"?"表示任意一个字符。（　　）

三、简答题

1. 查询有哪些视图？如何在这些视图之间切换？

2. 如何将选择查询检索的记录转存到一个新表中？

3. 如何创建交叉表查询？

4. 什么是子查询？

5. 在更新查询或删除查询中，如果不使用 WHERE 子句，会有什么后果？

项目实训

1. 按要求创建以下选择查询，并写出所用的 SQL 语句。

（1）检索学生表中的学号、姓名、班级编号、性别和出生日期信息。

（2）检索入学成绩在 280 分以上的女学生。

（3）检索学生信息并按入学成绩从高到低对记录排序。

（4）检索显示入学成绩在前 10 名的学生记录。

（5）检索共产党员教师并转存到新表中。

（6）检索入学成绩在 220 到 300 之间的学生记录。

（7）检索政治面貌为共产党员、学历为研究生的男教师记录。

（8）检索姓氏为赵钱孙李的团员学生记录。

（9）检索学生信息，要求在结果集中包含学号、姓名、班级编号、专业名称和系部。

（10）检索学生成绩，要求在结果集中包含学号、姓名、课程名称和成绩。

（11）计算每个学生的总成绩。

（12）计算每个学生的平均成绩，并按平均成绩降序排列记录。

（13）计算某门课程的最高分、最低分和平均分。

（14）计算每个学生的年龄。

2．按要求创建以下参数查询，并写出所用的 SQL 语句。

（1）根据专业名称检索学生信息。

（2）根据姓名或其一部分查询学生信息。

3．按要求创建以下交叉表查询，并写出所用的 SQL 语句。

（1）根据学号和课程名称查询学生成绩。

（2）按照班级查询平均成绩。

4．创建一个子查询，用来检索某门课程成绩低于此课程平均成绩的学生记录，并写出所用的 SQL 语句。

5．按要求创建以下追加查询，并写出所使用的 SQL 语句。

（1）向学生表中添加新的学生记录。

（2）根据这些学生所在班级向成绩表中添加学号和课程编号信息。

6．创建一个更新查询，用于修改学生成绩，并写出所用的 SQL 语句。

7．创建一个删除查询，根据输入的学号删除指定的学生记录，并写出所用的 SQL 语句。

项目4

窗体的创建和应用

项目描述

　　窗体为用户使用数据库提供了界面，通过窗体可以输入、编辑、删除、查询、排序、筛选和显示数据，并有助于避免输入错误的数据。此外，还可以向窗体添加按钮和其他功能，用来接收用户的输入，并根据输入自动执行常用操作及控制应用程序流程。通过窗体可以将各种类型的数据库对象组织起来，从而更好地管理和使用数据库。使用 Access 2013 开发数据库管理系统时，对数据库的操作通常都是在窗体界面中实现的。通过本项目将学习设计、创建和应用窗体的方法。

项目目标

◆ 理解窗体的类型、视图和组成
◆ 掌握使用窗体工具和多项目工具创建窗体的方法
◆ 掌握使用分割窗体工具创建窗体的方法
◆ 掌握使用窗体向导创建窗体的方法
◆ 掌握使用空白窗体工具创建窗体的方法
◆ 掌握使用窗体设计工具创建窗体的方法
◆ 掌握创建主/子窗体组合的方法
◆ 掌握创建选项卡式窗体和导航窗体的方法

任务 4.1　使用窗体工具创建窗体

任务描述

　　使用窗体工具是创建窗体的一种简单快捷的方法。使用窗体工具时，将来自基础数据源的所有字段都放置在窗体上，然后可以使用窗体工具来创建窗体，也可以在"布局"视图或"设计"视图中修改该窗体来创建窗体，以更好地满足实际需要。使用窗体工具创建窗体时，选择一个表或查询作为数据源，将快速生成一个窗体，在该窗体中一次只能输入一条记录信息，每个字段占一行。通过本任务将学习使用窗体工具创建窗体的方法，并在教务管理数据库中创建一个单项目窗体，用于输入和编辑学生信息。

实现步骤

使用窗体工具快速创建一个窗体时，该窗体每次显示一条记录学生的信息，通过窗体上的导航按钮可以在不同记录之间移动。

（1）打开教务管理数据库。

（2）在导航窗格中展开"表"类别，然后单击学生表，选择该表作为窗体的数据源，如图 4.1 所示。

（3）在"创建"选项卡的"窗体"组中单击"窗体"命令，如图 4.2 所示。

图 4.1　选择窗体的数据源

图 4.2　选择"窗体"命令

此时，Access 将创建窗体，并在"布局"视图中显示该窗体，如图 4.3 所示。

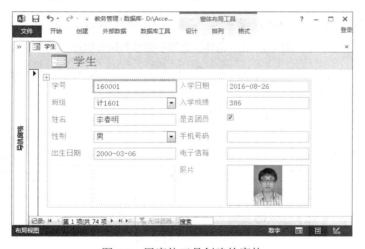

图 4.3　用窗体工具创建的窗体

提示： 在"布局"视图中，窗体实际上处在运行状态。因此，看到的数据与使用该窗体时显示的外观非常相似。不过，还可以在这个视图中对窗体设计进行更改。在"布局"视图中，可以调整控件的大小，或执行其他影响窗体外观和可用性的任务。

（4）在快速访问工具栏上单击"保存"按钮，出现"另存为"对话框时，将新建窗体命名为"学生"，然后单击"确定"按钮，如图 4.4 所示。

此时，导航窗格的"窗体"类别中将出现新建的"学生"窗体，如图 4.5 所示。

数据库应用基础 (Access2013)

图 4.4 命名并保存窗体

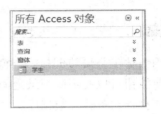

图 4.5 新建的"学生"窗体

（5）单击窗口右下角的"窗体布局"按钮，切换到"窗体"视图，在视图中查看和编辑数据，如图 4.6 所示。

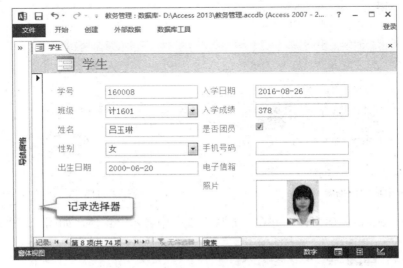

图 4.6 在"窗体"视图中查看和编辑数据

从外观上看，"窗体"视图与"布局"视图很相似，但在"窗体"视图中只显示和编辑数据，不能对窗体设计进行更改。

在"窗体"视图中，可以执行以下操作。

- 在记录之间移动：在记录导航栏上单击 ◄ 按钮移动到第一条记录，单击 ◄ 按钮移动到上一条记录，单击 ► 按钮移动到下一条记录，单击 ►| 按钮移动到最后一条记录。
- 修改记录：利用窗体上的文本框、列表框、组合框等控件可以对当前记录的字段值进行修改（双击图片框可更换照片），当移动到其他记录时所做的修改自动保存。
- 添加新记录：单击 ►* 按钮可以添加一条新的空白记录，并在各个字段中输入值，当移动到其他记录时，新记录自动保存到基础表中。
- 删除记录：单击窗体左侧的记录选择器并按 Delete 键，然后在弹出的对话框中单击"是"按钮，可从基础表中删除当前记录。
- 搜索记录：单击窗体上的某个字段，并在记录导航栏的"搜索"框中输入查找的字段值等，此时将自动定位到匹配的记录上。
- 其他操作：利用"开始"选项卡的"记录"组中的命令可添加、保存和删除记录或对记录进行汇总；利用同一选项卡的"排序和筛选"组中的命令可对记录进行排序和筛选操作，如图 4.7 所示。

图 4.7　"开始"选项卡上的"排序和筛选"和"记录"命令组

（6）在窗口右下角单击 按钮，可以切换到"设计"视图，如图 4.8 所示。进入"设计"视图后，可以向窗体上添加控件，或者删除窗体上的控件，还可以对现有控件的位置和大小进行调整，并对窗体或控件的属性进行设置。

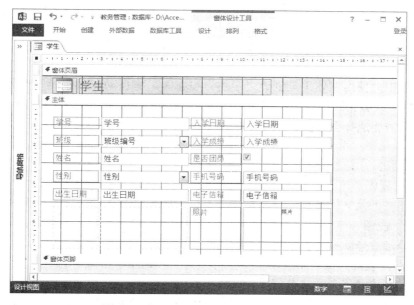

图 4.8　在"设计"视图中修改窗体设计

知识与技能

在本任务中，使用窗体工具创建一个简单的单项目窗体，一次可以输入一条记录学生的信息。下面介绍窗体的类型和视图。

1. 窗体的类型

窗体是 Access 数据库对象之一，可以在窗体上放置各种各样的控件，用于在字段中输入、显示、编辑数据，或者执行其他操作。

窗体按照功能分为数据输入窗体、导航窗体和自定义对话框，具体功能说明如下。

- 数据输入窗体：与数据库中的一个或多个表和查询绑定，窗体的记录源引用基础表和查询中的字段。在窗体上不必包含每个基础表或查询中的所有字段，可以通过绑定窗体存储或检索基础记录源中的数据。数据输入窗体主要用于显示、输入和编辑表或查询数据。在本任务中创建"学生"窗体就是一个数据输入窗体。
- 导航窗体：通常用作数据库的主控窗体，可以接受和执行用户的操作请求来打开其他窗体。

- 自定义对话框：用于显示各种提示信息，也可以用于输入参数查询所需的参数值。

按照布局和显示方式，窗体分为单页窗体、多页窗体、导航窗体、连续窗体、子窗体及弹出式窗体，其具体功能说明如下。

- 单页窗体：用于显示一条完整的记录。本任务中创建的"学生"窗体即单页窗体。
- 多页窗体：也称为选项卡式窗体，由若干个选项卡组成，每个选项卡显示记录的一部分字段。
- 导航窗体：包含一些导航按钮，单击导航按钮可打开指定的窗体或报表。
- 连续窗体：用于显示多条记录。
- 子窗体：包含在基本窗体中的窗体，基本窗体也称为主窗体。
- 弹出式窗体：用于显示信息或提示用户输入数据。即使其他窗体处在活动状态，弹出式窗体也会一直保持在所有窗口的最上面。

2. 窗体的视图

在本任务中，使用窗体工具创建"学生"窗体时，将自动在"布局"视图中打开该窗体，如果要输入或编辑数据则需要切换到"窗体"视图。Access 2013 提供了多种窗体视图，可以根据实际需要选择合适的视图。

- "设计"视图：用于创建或修改窗体，可以在窗体上添加或删除控件，也可以对控件的位置和大小进行调整。
- "窗体"视图：用于查看窗体的运行结果，通常每次只能查看一条记录，可以使用导航按钮在记录之间切换。使用窗体工具创建的窗体默认视图就是"窗体"视图。
- "布局"视图：在"布局"视图中，既可以显示来自数据源（表或查询）的数据，也可以添加或删除控件，或者对现有控件进行调整。
- "数据表"视图：像电子表格那样按行和列的形式显示窗体中的字段，可以同时查看以行和列格式显示的多条记录。
- "分割窗体"视图：可以同时在"窗体"视图和"数据表"视图中查看数据。这两种视图连接到同一个数据源，并且总是保持相互同步。如果在窗体的一个部分中选择一个字段，则会在窗体的另一部分中选择相同的字段。也可以在两种视图中添加、编辑或删除数据，只要记录源可更新且未将窗体配置为阻止操作。
- "连续窗体"视图：显示多条记录，尽可能被当前窗口所容纳。使用"多项目"工具创建的窗体默认的视图就是"连续窗体"视图。

任务 4.2　使用多项目工具创建窗体

任务描述

在前面任务中，使用窗体工具创建的窗体是单项目窗体，它一次只显示一条记录。如果需要一个能显示多条记录且可自定义性比数据表中可自定义性强的窗体，则可以选用多项目工具来创建窗体。本任务将学习和使用多项目工具创建窗体方法，并创建一个以数据表形式显示多条课程记录的窗体，其中每条课程记录占一行。

实现步骤

使用多项目工具快速创建一个窗体，该窗体一次显示多条记录，使用滚动条可以查看更多的记录。

（1）打开教务管理数据库。

（2）在导航窗格中单击课程表，选择该表作为新建窗体的数据源。

（3）在"创建"选项卡上的"窗体"组中单击"其他窗体"，然后从下拉式菜单中选择"多个项目"命令，如图 4.9 所示。

图 4.9　选择"多个项目"命令

此时，Access 将创建窗体，并在"布局"视图中显示该窗体，如图 4.10 所示。

图 4.10　多项目窗体

（4）在窗体上选择字段标题和字段框（"课程名称"字段框除外），在"格式"选项卡的"字体"组中单击"居中"命令，使字段标题和字段值居中对齐。

（5）单击快速访问工具栏上的"保存"按钮，将该窗体保存为"课程"。

（6）单击窗口右下角的"窗体视图"按钮，切换到"窗体"视图，如图 4.11 所示。在该视图中，可以对表中数据进行搜索、修改及删除操作，也可以在表中添加新记录。

窗体的创建和应用

数据库应用基础 (Access2013)

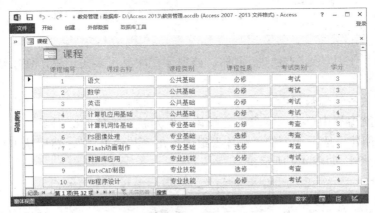

图 4.11　在"窗体"视图中打开窗体

知识与技能

在 Access 2013 中创建的窗体通常表现为选项卡窗口。要以弹出式窗口或独立的层叠窗口形式打开窗体，可以对窗体的"弹出方式"属性或 Access 文档窗口选项进行设置。

1. 设置窗体的"弹出方式"属性

默认情况下，使用窗体工具或多项目工具创建的窗体都以窗格形式与 Access 2013 应用程序中的其他部分连接在一起。

若要以弹出式窗口打开窗体，使其保持在其他窗口上面，可以在"设计"视图或"布局"视图中打开窗体，并在"排列"选项卡的"工具"组中单击"属性"命令，或者按 Alt+Enter 组合键，然后在"属性表"窗格中将"弹出方式"属性设置为"是"，如图 4.12 所示。

如此设置后，切换到"窗体"视图时，将以弹出式窗口打开窗体，如图 4.13 所示。

图 4.12　设置窗体的弹出方式

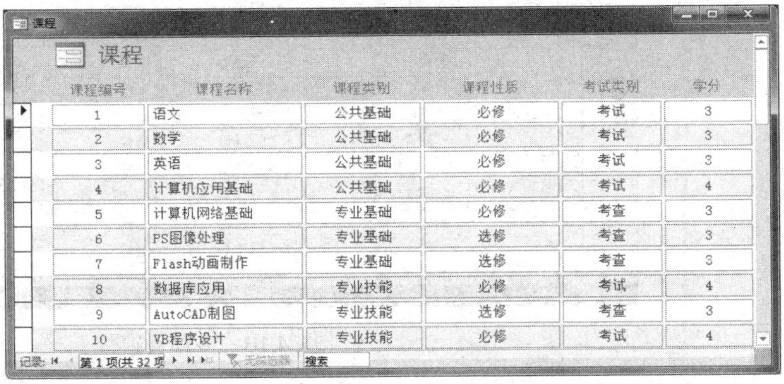

图 4.13　以弹出方式打开"课程"窗体

2. 设置 Access 文档窗口选项

默认情况下，在 Access 2013 中总是以选项卡式窗口打开各种数据库对象，例如表、查询及窗体等。如果希望以独立的层叠窗口形式打开数据库对象，则需要对当前数据库选项进行设置，具体设置步骤如下。

（1）单击"文件"选项卡，单击"选项"命令。

（2）在"Access 选项"对话框左侧窗格中选择"当前数据库"，在"文档窗口选项"下方选择"重叠窗口"选项，单击"确定"按钮，如图 4.14 所示。

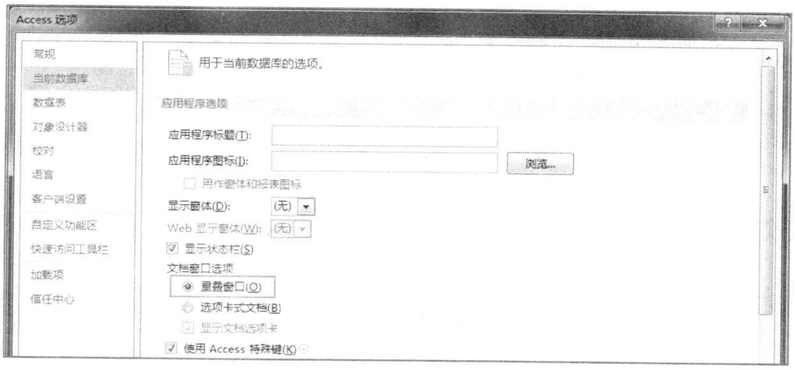

图 4.14　设置 Access 文档窗口选项

（3）在图 4.15 所示的对话框中单击"确定"按钮，然后关闭并重新打开数据库，以便使所做的设置生效。

图 4.15　完成 Access 选项设置

任务 4.3　使用分割窗体工具创建窗体

任务描述

　　使用窗体工具创建窗体的默认视图为"单个窗体"，该窗体用于显示单条记录，当数据源包含字段比较多时，使用这种类型的窗体比较方便；使用多项目工具创建窗体的默认视图为"连续窗体"，该窗体用于显示多条记录，当数据源包含字段比较少时，使用这种类型的窗体比较方便。这两种类型的窗体在布局方式上有所不同，在进行数据操作时各有优点。如果希望将这两种类型窗体结合起来使用，可以使用分割窗体工具来实现，即创建一个同时具有两种布局方式的分割窗体，该窗体下部的分区中呈现一个数据表，同时列出多条记录；上部的分区中显示一个窗体，只包含单条记录，用于输入数据表中所选记录的相关信息。本任务将学习使用分割窗体工具的使用方法，并创建一个分割窗体，用于输入和编辑教务管理数据库中的教师信息。

实现步骤

　　使用分割窗体工具创建一个窗体，该窗体包含的两个分区分别处在"数据表"和"窗体"视图，当在一个分区中修改数据时，另一个分区中的数据自动刷新。
　　（1）打开教务管理数据库。
　　（2）在导航窗格中单击教师表，选择该表作为新建窗体的数据源。

（3）在"创建"选项卡的"窗体"组中单击"分割窗体"命令，如图4.16所示。

图 4.16　选择"分割窗体"工具

此时，Access将创建分割窗体，并在"布局"视图中显示该窗体，如图4.17所示。在这个视图中，既可以查看数据，也可以对窗体设计进行修改。

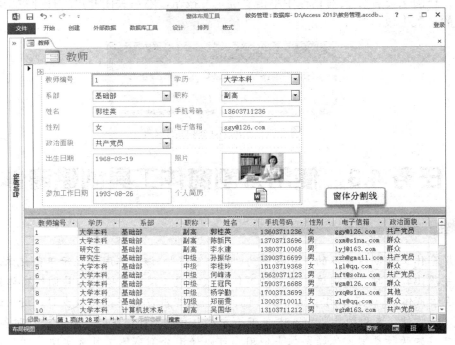

图 4.17　分割窗体

（4）单击快速访问工具栏上的"保存"按钮，将该窗体保存为"教师"。

（5）若要将窗体切换到其他视图，可以单击窗口右下角的视图按钮，或者在"设计"选项卡的"视图"组中单击"视图"命令下方的箭头，并从下拉式菜单中选择"窗体视图"或"设计视图"命令，如图4.18所示。

（6）在"窗体"视图中，可以在下部的"数据表"视图中选择一条记录，此时上方的"窗体"视图中自动显示所选教师的信息。当在上方"窗体"视图中修改字段值时，下方"数据表"视图中的教师信息将随之更新；反之，当在"数据表"视图中修改字段值时，上方"窗体"视图中字段也将随之更新。

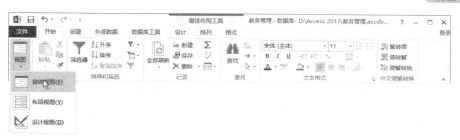

图 4.18　切换窗体的视图

知识与技能

分割窗体可以同时提供数据的 2 种视图，即"窗体"视图和"数据表"视图。这两种视图连接到同一数据源，并且总是保持相互同步。如果在窗体的一个部分中选择一条记录，则会在窗体的另一部分中选择相同的记录。创建分割窗体之后，可以在"设计"视图或"布局"视图中进行一些调整，以获得预期的布局结果。

1．设置分割窗体属性

分割窗体的属性包含在属性表的"格式"选项卡中。如果属性表未显示，可按 F4 键来显示。此外，应确保选择了属性表顶部的下拉列表中的"窗体"。表 4.1 列出了一些与分割窗体相关的属性，可以在属性表中设置这些属性来微调窗体。

表 4.1　设置分割窗体的属性

属　　性	可在其中设置属性的视图	说　　明
分割窗体方向	仅设计视图	定义数据表显示在窗体的上方、下方、左侧、右侧
分割窗体数据表	设计视图或布局视图	若设置为"允许编辑"（窗体的记录源可更新），则允许对数据表进行编辑。若该属性设置为"只读"，则禁止对数据表进行编辑
分割窗体分隔条	仅设计视图	若设置为"是"，则允许通过移动分割两部分的分隔条来调整窗体和数据表的大小。可拖动分隔条来扩大或缩小数据表的空间。若该属性设置为"否"，则分隔条隐藏，且窗体和数据表的大小无法调整
保存分隔条位置	仅设计视图	若设置为"是"，当窗体打开时分隔条将处于上次关闭窗体时所在位置。若此属性设置为"否"，将无法调整窗体和数据表的大小且分隔条隐藏
分割窗体大小	设计视图或布局视图	允许为分割窗体的窗体部分指定精确的高度或宽度（具体取决于窗体是垂直分割的，还是水平分割的）。例如，键入"1"可将窗体的高度或宽度设置为 1 英寸。键入"自动"可通过其他方式设置尺寸，如在"布局"视图中拖动分隔条
分割窗体打印	设计视图或布局视图	指定在打印窗体时打印窗体的哪部分。若此属性设置为"仅表单"，则仅打印窗体部分。若此属性设置为"仅数据表"，则仅打印数据表部分

2．设置固定窗体分割线

若要将窗体分割线固定在某个位置上，可执行下列操作。

（1）在导航窗格中用鼠标右键单击窗体并选择"设计视图"，在"设计视图"中打开窗体。

（2）若属性表未显示，可按 F4 键显示它；从属性表顶部的下拉列表中选择"窗体"。

（3）在属性表中选择"格式"选项卡，然后将"分割窗体分隔条"属性设置为"否"，如图 4.19 所示。

图 4.19　设置分割窗体分隔条的属性

（4）将"保存分隔条位置"属性设置为"是"。

（5）在"格式"选项卡的"视图"组中单击"视图"命令中的向下箭头并从菜单中选择"布局视图"，切换到布局视图。

（6）将分隔条拖动到所需位置，或在"分割窗体大小"属性框中键入精确的高度值。

（7）切换到"窗体"视图以查看结果。此时分割线固定在设置的位置，分隔条隐藏起来。

3．添加或删除字段

使用分割窗体工具创建窗体时，默认情况下将把数据源中的所有字段添加到窗体上。根据需要也可以在分割窗体上添加字段，或从该窗体上删除字段。操作方法如下。

（1）在"设计"选项卡的"工具"组中单击"添加现有字段"命令，显示"字段列表"窗格。

（2）在"字段列表"窗格中单击要添加的字段，然后将其拖动到数据表或窗体上。

（3）如果将字段拖动到数据表上，则字段还会添加到窗体上。同样，如果将字段拖动到窗体上，则字段还会添加到数据表上。

（4）若要删除字段，则必须在分割窗体的窗体部分单击要删除的字段，然后按 Delete 键，字段将同时从窗体和数据表中删除。

4．设置数据表方向

使用分割窗体工具创建窗体时，默认情况下"窗体"视图位于上方，"数据表"视图位于下方。如果希望"数据表"视图位于分割窗体的上方、左方或右方，可执行以下操作。

（1）在"设计"视图中打开窗体。

（2）按 F4 键以显示属性表，从属性表顶部的下拉列表中选择"窗体"。

（3）在属性表的"格式"选项卡的"分割窗体方向"下拉列表中选择所需的选项。数据表位于分割窗体上方的情形如图 4.20 所示。

5．将现有窗体转变为分割窗体

除了使用分割窗体工具创建分割窗体之外，也可以通过设置几个窗体属性将现有窗体转变为分割窗体，操作方法如下。

（1）在导航窗格中用鼠标右键单击窗体并选择"设计视图"，在"设计视图"中打开该窗体。

（2）如果属性表未显示，可按 F4 键以显示。

（3）从属性表顶部的下拉列表中选择"窗体"。

（4）在属性表的"格式"选项卡的"默认视图"下拉列表中选择"分割窗体"。

（5）在"窗体"视图中检查窗体。

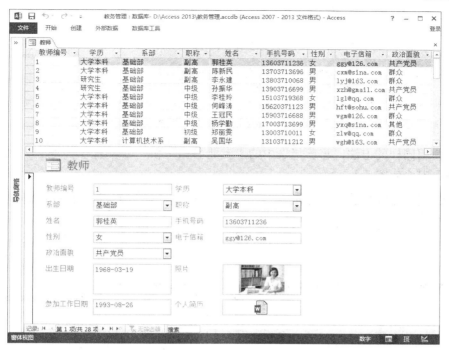

图 4.20　数据表位于分割窗体上方的情形

任务 4.4　使用窗体向导创建窗体

任务描述

　　在前面的任务中，分别使用不同窗体工具在教务管理数据库中创建"学生"窗体、"课程"窗体及"教师"窗体。使用这些工具时，只要选择一个表或查询作为数据源并单击相应的命令，即可创建一个窗体。默认情况下，新建窗体包含来自数据源的所有字段。为了更好地将选择字段显示在窗体上，可以改用窗体向导来替代上面提到的各种窗体工具，用它可以指定数据的组合和排序方式并使用来自多个表或查询的字段，还可以确定窗体使用的布局方式。本任务将学习使用窗体向导创建窗体的方法，并创建一个"学生信息"窗体，该窗体的数据来源于系部表、班级表和学生表。

实现步骤

　　使用窗体向导创建一个窗体。启动向导之前不需要选择来源表，在向导运行过程中将从系部表、班级表和学生表中选择所需要的字段。

　　（1）打开教务管理数据库。

　　（2）在"创建"选项卡的"窗体"组中执行"窗体向导"命令，如图 4.21 所示。

　　（3）在图 4.22 所示的"窗体向导"对话框中，从"表/查询"下拉列表中选择"表：系部"，然后将"可用字段"列表中的"系部名称"字段添加到"选定字段"列表中。

　　注意：添加"系部名称"字段后不要马上单击"下一步"或"完成"按钮，否则将无法继续从其他表中选择所需要的字段。

图 4.21　选择"窗体向导"命令

（4）使用同样的方法，将班级表中的"专业名称"和"班级编号"字段添加到"选定字段"列表中，如图 4.23 所示。

图 4.22　从系部表中选择字段

图 4.23　从班级表中选择字段

（5）将学生表中的"学号"、"姓名"、"性别"及"出生日期"字段添加到"选定字段"列表中，然后单击"下一步"按钮，如图 4.24 所示。

（6）在图 4.25 所示的"窗体向导"对话框中，从左边的列表中选择"通过 学生"来查看数据，然后单击"下一步"按钮。

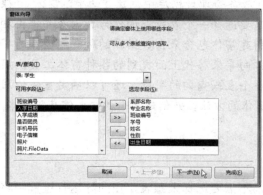

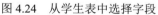

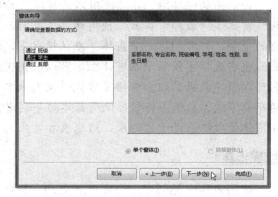

图 4.24　从学生表中选择字段

图 4.25　选择查看数据的方式

（7）在图 4.26 所示的"窗体向导"对话框中，选择"纵栏表"作为窗体使用的布局，然后单击"下一步"按钮。

（8）在图 4.27 所示的"窗体向导"对话框中，将窗体的标题指定为"学生信息"，并选择"打开窗体查看或输入信息"选项，然后单击"完成"按钮。

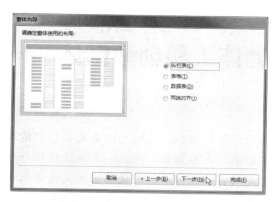

图 4.26　确定窗体使用的布局

图 4.27　指定窗体的标题

此时，将在"窗体"视图中打开"学生信息"窗体，如图 4.28 所示。

图 4.28　"学生信息"窗体

该窗体是一个单项目窗体，一次只显示一条学生记录。若要查看其他学生的记录，可以通过单击窗体下方的导航按钮在不同记录之间移动。

知识与技能

使用窗体向导创建窗体的主要步骤如下。

（1）确定在窗体上使用哪些字段，可以从多个表或查询中选取。

（2）如果从多个表中选取字段，还需要确定查看数据的方式。

（3）确定窗体使用的布局方式。可以选择的布局方式包括：纵栏表、表格、数据表及两端对齐。

（4）指定窗体的标题并选择以哪种方式打开窗体，可以在"窗体"视图中查看或输入信息，也可以在"设计"视图中修改窗体设计。

创建窗体后，还可以通过应用主题对其修饰或美化。

任务 4.5　使用空白窗体工具创建窗体

任务描述

当运行参数查询时，总会弹出一个"输入参数值"对话框，此时可以在文本框中输入所需的参数值。在这种对话框中，只能使用文本框来输入参数值，而且一次只能提供一个参数值。本任务将学习使用空白窗体工具创建自定义窗体的方法，并使用自定义窗体来代替"输入参数值"对话框，当运行这个自定义窗体时，可以从组合框中选择一个班级和一门课程作为查询的参数值，然后通过单击命令按钮来运行参数查询，从而在"数据表"视图中显示所选班级学生在所选课程中取得的成绩。

实现步骤

首先，创建一个参数查询，然后使用空白窗体工具创建一个窗体。此查询只能通过单击该窗体上的命令按钮来运行。

1．创建参数查询

默认情况下，参数查询都是从"输入参数值"对话框中获取参数值。下面创建的这个参数查询则是从指定窗体中获取参数值。

（1）打开教务管理数据库。

（2）向查询中添加表和字段。新建一个选择查询并保存为"按班级和课程查询成绩"；将班级表、学生表、课程表及成绩表添加到该查询中；然后将班级表中的"班级编号"字段，学生表中的"学号"、"姓名"字段，课程表中的"课程名称"字段及"成绩"表中的成绩字段添加到设计网格中。

（3）设置查询参数。在"班级编号"字段列的"条件"单元格中输入"[Forms]![按班级和课程查询成绩]![班级编号]"，在"课程名称"字段列的"条件"单元格中输入"[Forms]![按班级和课程查询成绩]![课程名称]"，如图 4.29 所示。

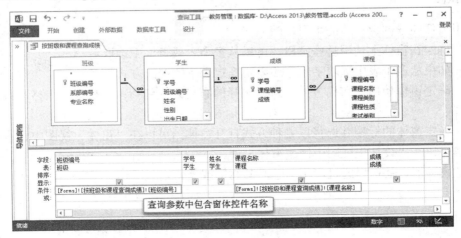

图 4.29　创建参数查询

提示： 在这里创建的两个查询参数都包含三个方括号，第一个方括号内的"Forms"表示窗体集合；第二个方括号内包含窗体的名称；第三个方括号内包含窗体控件的名称。由此可知，参数"[Forms]![按班级和课程查询成绩]![班级编号]"表示从"按班级和课程查询成绩"窗体上的"班级编号"控件中获取值，参数"[Forms]![按班级和课程查询成绩]![课程名称]"表示从同一窗体的"课程名称"控件中获取值。为此，在后续步骤中需要创建一个窗体并将其命名为"按班级和课程查询成绩"，在该窗体上应包含两个名称分别为"班级编号"和"课程名称"的控件。

2. 使用空白窗体工具创建窗体

使用空白窗体工具创建的窗体不包含任何字段和控件。至于要在这个窗体上添加哪些字段，以及这些字段通过何种控件来表示，都需要由设计者自己来决定。

（1）在"创建"选项卡上的"窗体"组中单击"空白窗体"命令，此时将在"布局"视图中打开一个空白窗体，并显示"字段列表"窗格，如图 4.30 所示。

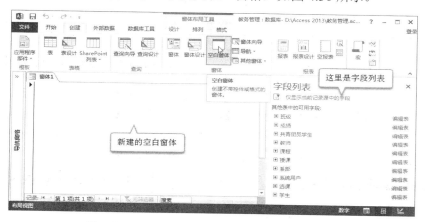

图 4.30　使用"空白窗体"命令创建的空白窗体

（2）关闭"字段列表"窗格，并切换到"设计"视图。此时窗体上显示网格线，可用于帮助定位放在窗体上的控件。

（3）在"设计"选项卡的"控件"组中单击"组合框"控件，如图 4.31 所示。

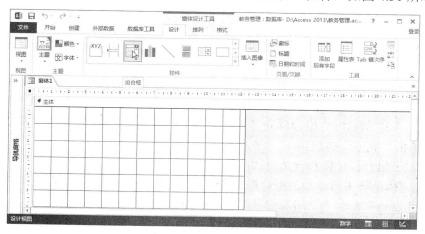

图 4.31　选择"组合框"控件

（4）单击窗体的"主体"节以添加组合框控件，然后在"组合框向导"对话框中选取"使用组合框获取其他表或查询中的值"，并单击"下一步"按钮，如图4.32所示。

提示：窗体中的信息可以分布在多个节中。主体节用于包含窗体的主要部分，所有窗体都有主体节。主体节通常包含绑定到记录源字段的控件，但也可以包含未绑定控件。

（5）在图4.33所示的"组合框向导"对话框中，选择班级表作为该组合框的数据源，并单击"下一步"按钮。

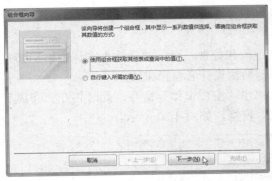

图4.32　确定组合框获取数据的方式　　　　图4.33　选择为组合框提供数据的表

（6）在图4.34所示的"组合框向导"对话框中，将"可用字段"列表框中的班级编号字段添加到"选定字段"列表框中，然后单击"下一步"按钮。

（7）在图4.35所示的"组合框向导"对话框中，设置列表框中的项使用的排序次序，在这里设置按"班级编号"字段升序排序，然后单击"下一步"按钮。

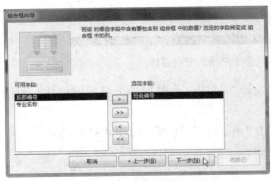

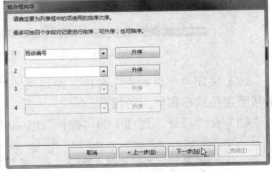

图4.34　选择为组合框提供数据的字段　　　　图4.35　设置列表项排序依据

（8）在图4.36所示的"组合框向导"对话框中，通过拖动列的右边缘或双击列标题来获取合适的宽度，然后单击"下一步"按钮。

（9）在图4.37所示的"组合框向导"对话框中，将这个组合框的标签指定为"班级编号:"，然后单击"完成"按钮。

此时，一个组合框控件和一个附加的标签被添加到窗体上。

（10）在窗体上单击所添加的组合框，按F4键以显示属性表，在属性表中选择"其他"选项卡，将此组合框命名为"班级编号"，如图4.38所示。

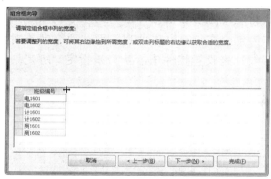

图 4.36　调整组合框的列宽

图 4.37　指定组合框的标签

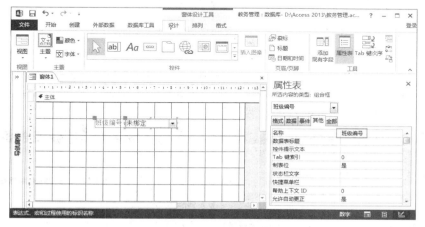

图 4.38　命名组合框

（11）在窗体上添加另一个组合框。设置要点为：选取"使用组合框获取其他表或查询中的值"；选择课程表作为该组合框的数据源；选择"课程编号"和"课程名称"字段作为包含在组合框中的列；设置组合框中的项按"课程编号"字段升序排序；将组合框的标签指定为"课程名称："；在"属性表"窗格中将组合框命名为"课程名称"，将其"绑定列"属性设置为2；如图 4.39 所示。

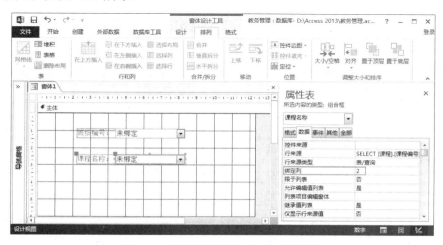

图 4.39　设置组合框的"绑定列"属性

窗体的创建和应用

提示： 组合框控件的"绑定列"属性用于指定设置组合框控件值的列序号。在这里，由于选择"课程编号"和"课程名称"字段作为包含在组合框中的列，而这两个字段对应的列序号分别为 1 和 2，要使用"课程名称字段"来设置控件值，就必须指定"绑定列"属性为 2。

（12）在"设计"选项卡的"控件"组中单击"按钮"控件，如图 4.40 所示。

图 4.40　选择"按钮"控件

（13）单击窗体主体节的适当位置来添加按钮控件，当出现图 4.41 所示的"命令按钮向导"对话框时，在"类别"列表框中单击"杂项"，在"操作"列表框中单击"运行查询"，然后单击"下一步"按钮。

（14）在图 4.42 所示的"命令按钮向导"对话框中，选择"按班级和课程查询成绩"作为单击命令按钮时要运行的查询，然后单击"下一步"按钮。

 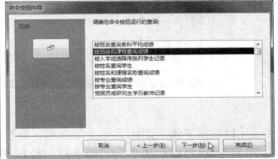

图 4.41　选择单击按钮时要执行的操作　　　　图 4.42　确定命令按钮运行的查询

（15）在图 4.43 所示的"命令按钮向导"对话框中，选择以文本方式显示按钮并指定所显示的文本为"查询成绩"，然后单击"下一步"按钮。

（16）在图 4.44 所示的"命令按钮向导"对话框中，将按钮命名为 RunQuery，然后单击"完成"按钮。此时，该命令按钮被添加到窗体上。

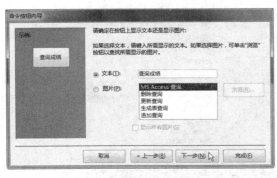 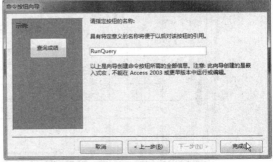

图 4.43　设置按钮上显示的文本　　　　　　图 4.44　命名按钮

（17）在窗体上单击命令按钮 RunQuery，在"属性表"窗格中单击"事件"选项卡，然后单击"单击"事件框右侧的对话按钮，如图 4.45 所示。

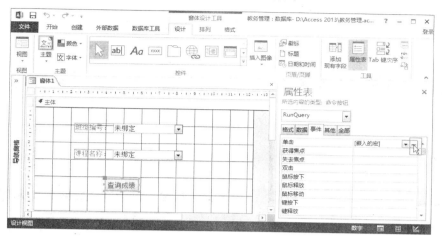

图 4.45　设置按钮的"单击"事件

（18）此时将打开宏生成器，可以看到其中包含一个名为 OpenQuery 的宏操作，其作用就是运行指定的查询；单击"添加新操作"列表框右侧的向下箭头，然后选择宏操作 Requery；单击"设计"选项卡中的"保存"按钮，再单击"关闭"按钮，如图 4.46 所示。

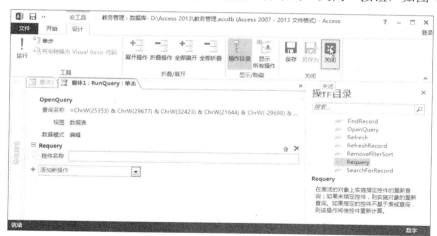

图 4.46　添加宏操作 Requery

提示：宏操作 Requery 的作用是在激活的对象上实施指定控件的重新查询；如果未指定控件名称，则实施对象要重新查询。添加宏操作 Requery，目的是在窗体上更换不同的班级或课程时能够更新查询结果。

（19）在"属性表"窗格中选择"窗体"，然后将窗体的"记录选择器"和"导航按钮"属性均设置为"否"，"弹出方式"属性设置为"是"。

（20）单击快速访问工具栏上的"保存"按钮，然后将此窗体命名为"按班级和课程查询成绩"并保存。

（21）切换到"窗体"视图，对"按班级和课程查询成绩"窗体进行测试。当这个窗体弹出时，从"班级编号"组合框中选择一个班级，从"课程名称"组合框中选择一门课程，然后单击"查询成绩"按钮，此时将显示所选班级所有学生在这门课程中取得的成绩，如图 4.47 和图 4.48 所示。

图 4.47　选择班级和课程　　　　　　图 4.48　查看成绩查询结果

知识与技能

如果向导或窗体构建工具不符合设计需要，则可以使用空白窗体工具构建窗体。这是一种非常快捷的窗体构建方式，尤其当计划只在窗体上放置很少几个字段时。使用空白窗体工具创建窗体主要包括以下步骤。

（1）在"创建"选项卡上的"窗体"组中单击"空白窗体"命令。此时 Access 在"布局"视图中打开一个空白窗体，并显示"字段列表"窗格。

（2）在"字段列表"窗格中，单击表名称旁边的加号以显示其字段。

（3）若要向窗体添加一个字段，可双击该字段，或者将其拖动到窗体上。若要一次添加多个字段，在按住 Ctrl 键的同时单击所需的多个字段，然后将它们同时拖动到窗体上。

（4）在"布局"视图中，可以使用"格式"选项卡上 "控件"组中的工具向窗体添加徽标、标题、页码或日期和时间。

（5）如果要向窗体中添加更多类型的控件，可切换到"设计"视图，然后使用"设计"选项卡上"控件"组中的工具。也可以使用控件向导来添加控件。本任务就是通过使用控件向导在窗体上添加了两个组合框和一个命令按钮。

（6）如果要在参数查询中引用窗体控件的值，则应当使用以下格式在"条件"单元格中输入参数。

        [Forms]![窗体名称]![控件名称]

其中，"窗体名称"可以在保存窗体时指定，"控件名称"可通过"属性表"窗格的"全部"选项卡中设置"名称"属性来指定。

任务 4.6　使用窗体设计工具创建窗体

任务描述

使用窗体构建工具或向导时创建的窗体上包含着记录导航按钮和记录选择器。通过记录导航按钮可以在不同记录之间移动，也可以添加新记录；单击记录选择器并按 Delete 键可以删除当前显示的记录。不过，这样的用户界面往往不理想。例如位于窗体底部的导航按钮太小。除非特别说明，否则一般情况下用户不知道通过单击记录选择器并按 Delete 键来删除记录等。为了使数据操作窗体的用户界面更加友好，通常需要切换到"设计"视图，以便对使用窗体构建工具或向导创建的窗体进行修改。此外，也可以使用窗体设计工具新建一个空白窗体，然后对窗体进行高级设计更改，例如添加自定义控件类型及编写代码。本任务将学习使用窗体设计工具创建窗体的方法，并创建一个"学生信息管理"窗体，用于对学生信息进行显示、添加、修改及删除等操作。

实现步骤

使用窗体设计工具创建窗体，首先要打开一个空白窗体，然后对该窗体各部分分别进行设计：在窗体页眉节中添加徽标和标题用来标识窗体；在主体节添加绑定文本框等控件以显示和编辑字段值；在窗体页脚节中添加命令按钮以实现记录导航和数据更新操作。

（1）打开教务管理数据库。

（2）在"创建"选项卡的"窗体"组中单击"窗体设计"命令，此时将新建一个空白窗体并在"设计"视图中打开它，如图 4.49 所示。

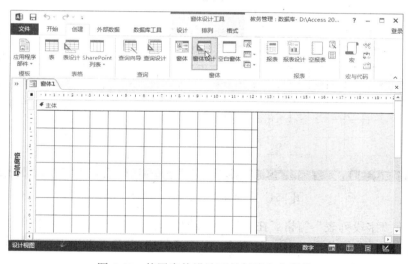

图 4.49　使用窗体设计工具创建空白窗体

（3）在窗体页眉节中添加徽标和标题。在"设计"选项卡的"页眉/页脚"组中单击"徽标"命令，如图 4.50 所示，然后选择一张图片添加到窗体页眉节中。

（4）在"设计"选项卡的"页眉/页脚"组中单击"标题"命令，然后输入标题文本"学生信息管理"，并利用"格式"选项卡中的命令对标题的字体、字号和对齐方式进行设置。具体效果如图 4.51 所示。

提示： 窗体页眉节是窗体的一个组成部分，它对每条记录都显示一样的信息，例如窗体的标题。在步骤（2）中打开空白窗体时未显示窗体页眉。当在窗体上添加徽标时，窗体页眉节和窗体页脚节会自动显示出来。若要显示窗体页眉节和窗体页脚节，也可以用鼠标

数据库应用基础 (Access2013)

右键单击窗体主体节的空白处并选择"窗体页眉/窗体页脚"命令。

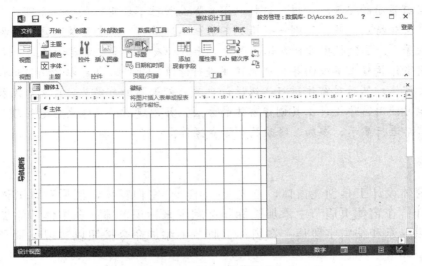

图 4.50　选择"徽标"命令

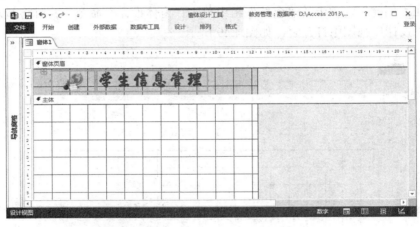

图 4.51　在窗体页眉中插入徽标和标题

（5）显示"字段列表"窗格。在"设计"选项卡的"工具"组中单击"添加现有字段"命令，以显示"字段列表"窗体；然后在"字段列表"中单击学生表左边的加号按钮，以显示表中的所有字段，如图 4.52 所示。

（6）向窗体主体节中添加"学号"和"姓名"字段。将学生表中的学号和姓名字段拖到窗体主体节中，此时对这两个字段分别创建一个绑定文本框，每个文本框还附带一个标签，标签的文本内容即是相应的字段名称，如图 4.53 所示。

（7）向窗体主体节中添加"班级编号"和"性别"字段。将学生表中的"班级编号"和"性别"字段拖到窗体主体节中，这两个字段分别创建一个绑定组合框，这些控件都附带一个标签，标签的文本内容为相应的字段名称（按中文习惯可加上冒号），如图 4.54 所示。

（8）将学生表中的剩余字段依次拖到窗体主体节中。此时，多数字段都会创建一个绑定文本框和附加标签。对"是否团员"字段创建了一个绑定复选框控件；对"照片"字段创建了一个附件字段；对控件的大小和对齐方式进行设置，布局效果如图 4.55 所示。

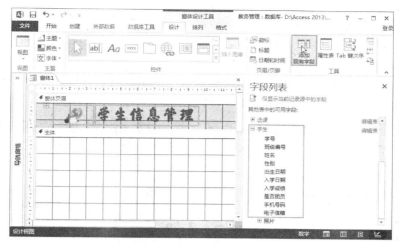

图 4.52　在"设计"视图中显示"字段列表"窗格

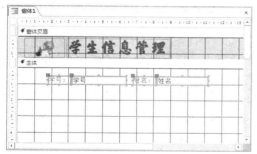

图 4.53　添加字段时创建的绑定文本框

图 4.54　添加字段时创建的绑定组合框

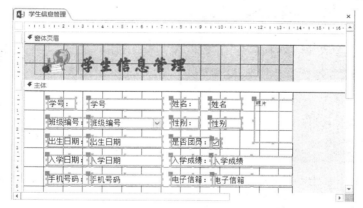

图 4.55　设置控件的大小和对齐方式后的窗体布局效果

（9）在"设计"选项卡的"控件"命令组中单击"按钮"控件，如图 4.56 所示。

图 4.56　选择"按钮"控件

（10）在窗体页脚节中单击"启动按钮向导"，当出现图 4.57 所示的"命令按钮向导"对话框时，从"类别"列表框中选择"记录导航"，并从"操作"列表框中选择"转至第一项记录"，然后单击"下一步"按钮。

（11）当出现图 4.58 所示的"命令按钮向导"对话框时，设置以图片方式显示按钮并选择所使用的图片，然后单击"下一步"按钮。

图 4.57　指定按钮执行的操作

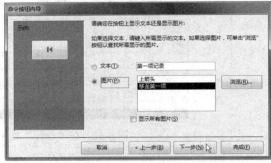

图 4.58　设置按钮上显示的图片

（12）在图 4.59 所示的"命令按钮向导"对话框中，指定按钮的名称为 cmdFirst，然后单击"完成"按钮。此时，命令按钮被添加到窗体上。

（13）重复步骤（9）～（12），在窗体页脚节中添加另外 3 个记录导航按钮，执行的操作分别是"转至前一项记录"、"转至下一项记录"和"转至最后一项记录"，将这些命令按钮分别命名为 cmdPrev、cmdNext 和 cmdLast；利用"排列"选项卡的"调整大小和排序"组中的相关命令对齐这些记录导航按钮，布局效果如图 4.60 所示。

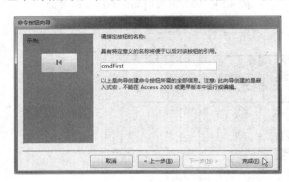

图 4.59　指定按钮的名称

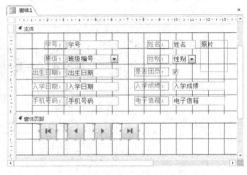

图 4.60　添加到窗体上的导航按钮

（14）在"设计"选项卡的"控件"组中单击"按钮"控件，然后单击窗体页脚节；当出现图 4.61 所示的"命令按钮向导"对话框时，从"类别"列表框中选择"记录操作"，并从"操作"列表框中选择"添加新记录"，然后单击"下一步"按钮。

（15）在图 4.62 所示的"命令按钮向导"对话框中，选择在按钮上显示图片并选择"转至新对象"作为要显示的图片，然后单击"下一步"按钮。

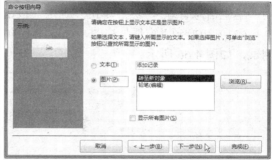

图 4.61 选择按钮执行的操作　　　　图 4.62 设置按钮显示方式

（16）在图 4.63 所示的"命令按钮向导"对话框中，将按钮的名称指定为 cmdNew，然后单击"完成"按钮。此时，用向导创建的命令按钮被添加到窗体上。

（17）重复步骤（14）～（16），在窗体页脚节中添加另外三个命令按钮，其中前两个按钮用于执行记录操作，分别为"保存记录"和"删除记录"，并将这两个按钮分别命名为 cmdSave 和 cmdDelete；指定第 3 个命令按钮用于执行窗体操作，即"关闭窗体"，并将该按钮命名为 cmdClose。

（18）利用"排列"选项卡的"调整大小和排序"组中的相关命令，对所添加的命令按钮进行排序对齐，最终的窗体布局效果如图 4.64 所示。

图 4.63 命名记录操作按钮　　　　图 4.64 最终的窗体布局效果

（19）按 F4 键以显示属性表，在属性表左上角的下拉式列表框中选择"窗体"，然后将"记录选择器"和"导航按钮"分别设置为"否"，如图 4.65 所示。

图 4.65 设置窗体属性

（20）单击快速访问工具栏上的"保存"按钮，在"另存为"对话框中将这个窗体命名为"学生信息管理",然后单击"确定"按钮。

（21）切换到"窗体"视图,对窗体上的各个记录导航按钮和记录操作按钮的功能进行测试,如图4.66所示。

图4.66　测试"学生信息管理"窗体

知识与技能

在本任务中,首先在"设计"视图中打开一个空白窗体,然后分别在窗体的窗体页眉节、主体节和窗体页脚节中添加控件,并对窗体的属性进行设置,最终生成一个"学生信息管理"窗体。运行该窗体时,可以在不同学生记录之间移动,也可以添加新的学生记录,对当前选定的学生记录进行修改及删除。下面介绍相关的知识与技能。

1.窗体的组成

窗体中的信息可以分在多个节中,这些节包括主体、窗体页眉、窗体页脚、页面页眉及页面页脚。在"设计"视图中,节表现为区段形式,并且窗体包含的每个节都出现一次,如图4.67所示。每个节都有特定的用途,并且按窗体中预见的顺序打印。

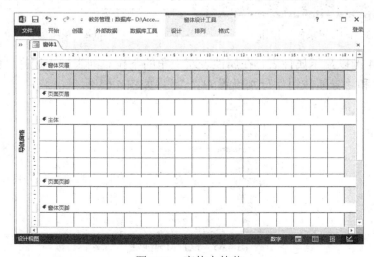

图4.67　窗体中的节

- 主体节：用于包含窗体的主要部分，所有窗体都包含主体节。该节通常包含绑定到记录源中字段的控件，但也可能包含未绑定控件，例如标识字段内容的标签。主体节用于显示来自记录源的数据，可以在屏幕或页面上显示一条或多条记录。
- 窗体页眉节：用于显示对每条记录都一样的信息，例如窗体的标题。窗体页眉出现在"窗体"视图中屏幕的顶部，以及打印时首页的顶部。
- 窗体页脚节：用于显示对每条记录都一样的内容，例如命令按钮或有关使用窗体的指导信息。打印时，窗体页脚出现在"窗体"视图中屏幕的底部，或者在最后一个打印页的最后一个主体节之后。
- 页面页眉节：用于在窗体中每页的顶部显示标题、列标题、日期或页码。在窗体中，页面页眉仅当打印该窗体时才显示。
- 页面页脚节：用于在窗体中每页的底部显示页汇总、日期或页码。在窗体中，页面页脚仅当打印窗体该页时才显示。

打印窗体时，页面页眉和页面页脚可以在每页上重复一次。通过放置控件确定每个节中信息的显示位置。可以隐藏节或是调整其大小、添加图片，或设置节的背景色。另外，还可以设置节的属性及对节内容的打印方式进行自定义。

默认情况下，使用"窗体设计"工具创建的窗体仅包含主体节。若要显示其他各节，可用鼠标右键单击主体节的标题栏，然后在弹出菜单中单击"窗体页眉/页脚"或"页面页眉/页脚"命令，如图4.68所示。

图4.68　在弹出菜单中选择显示窗体其他节的命令

2. 窗体控件

控件是允许用户控制程序的图形用户界面对象，例如文本框、复选框、滚动条或命令按钮等。通过在窗体上添加控件可以显示数据或选项，执行操作或使用户界面更易阅读。

在Access 2013中，控件分为绑定控件、未绑定控件和计算控件。

- 绑定控件：数据源是表或查询中字段的控件称为绑定控件。使用绑定控件可以显示数据库中字段的值。值可以是文本、日期、数字、是/否值、图片或图形。例如，显示学生姓名的文本框从学生表中的"姓名"字段获取此信息。
- 未绑定控件：不具有数据源（如字段或表达式）的控件称为未绑定控件。可以使用未绑定控件显示信息、图片、线条或矩形。例如，显示窗体徽标的图像和标题的标签都是未绑定控件。

- 计算控件：数据源是表达式（而非字段）的控件称为计算控件。通过定义表达式来指定要用作控件的数据源的值。表达式可以是运算符（如"="和"+"）、控件名称、字段名称、返回单个值的函数及常数值的组合。

在窗体的"设计"视图中，可以使用"设计"选项卡的"控件"组中的工具向窗体上添加所需要的控件，也可以使用"页眉/页脚"组的命令来添加徽标、标题及日期和时间，如图 4.69 所示。

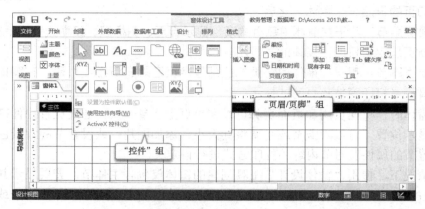

图 4.69　"设计"选项卡的"控件"组和"页眉/页脚"组

下面对"页眉/页脚"组和"控件"组中的常用控件加以说明。

- ██徽标（徽标）：单击它时显示"插入图片"对话框，通过浏览找到存储徽标文件的文件夹，然后双击该文件，徽标会添加到窗体页眉节中。
- 标题（标题）：单击它时会在窗体页眉上添加新标签，窗体名称显示为标题。创建标签时，标签中的文字处于选中状态，此时只需键入所需标题即可更改该文字。
- 日期和时间（日期和时间）：单击它时将显示"日期和时间"对话框，可选择要使用的日期和时间格式，然后单击"确定"按钮，此时日期和时间信息被添加到窗体上。在窗体上，日期和时间字段显示窗体被打开时的系统日期和时间。
- ▸（选择工具）：用于选取控件、节或窗体。单击它可释放以前选定的工具按钮。
- ab|（文本框）：用于添加未绑定文本框，此文本框不连接到表或查询中的字段。未绑定文本框可用于显示计算的结果，或接收不想直接存储在表中的输入。若要添加绑定文本框，可将"字段列表"窗格中的字段拖到窗体上。
- Aa（标签）：用于添加独立的标签，可以在窗体上显示说明性文本。Access 会自动为创建的控件附加标签。
- xxxx（按钮）：用于添加命令按钮，使用命令按钮可以启动一个或一系列操作。如果选取了"使用控件向导"按钮，则可以使用向导向窗体中添加命令按钮，从而快速创建用来执行多种任务（如关闭窗体、打开报表、查找记录或运行宏）的命令按钮。如果未选取"使用控件向导"按钮，则不使用向导创建命令按钮。
- ▭（选项卡控件）：用于创建一个多页的选项卡窗体或选项卡对话框。可以在选项卡控件上复制或添加其他控件。在设计网格中的"选项卡"控件上单击鼠标右键，可以更改页数、页次序、选定页的属性和选定选项卡控件的属性。

- 🌐（超链接）：创建指向网页、图片、电子邮件地址或程序的链接。
- 🔲（Web 浏览器控件）：通过指定网址可以在窗体上打开一个网页。
- ▭（导航控件）：在窗体上添加导航按钮，单击此按钮可打开指定窗体。
- XYZ（选项组）：与复选框、选项按钮或切换按钮搭配使用，可以显示一组可选值。选项组的值只能是数字，不能是文本。
- ╫（插入分页符）：打印窗体时，在当前位置开始下一个页面。
- 📋（组合框）：该控件组合了列表框和文本框的特性。既可以在文本框中输入文字或在列表中选择输入项，然后将值添加到基础字段中。
- 📊（图表）：在窗体上插入图表对象。
- ╲（直线）：用于窗体或报表。例如，突出相关或特别重要的信息，或将窗体或页面分割成不同的部分。
- ▪（切换按钮）：用于在自定义对话框或选项组的一部分中接收用户输入数据的未绑定控件。
- 📋（列表框）：显示可滚动的值列表。当在"窗体"视图中打开窗体时，可从列表中选择值并输入到新记录中，或者更改现有记录中的值。
- ▢（矩形）：用于显示图形效果，例如在窗体中将一组相关的控件组织在一起，或在窗体、报表上突出显示重要数据。
- ☑（复选框）：作为 Access 数据库的"是/否"字段的独立控件使用，可以从一组值中选择任意多个。
- 🖼（未绑定对象框）：用于在窗体中显示未绑定 OLE 对象，例如 Excel 电子表格。当在记录之间移动时，该对象将保持不变。
- 📎（附件）：在窗体中插入附件控件。
- ◉（选项按钮）：绑定到"是/否"字段，其行为与切换按钮类似。
- 📋（子窗体/子报表）：用于在窗体或报表上显示来自多个表的数据。
- 🖼（绑定对象框）：用于在窗体或报表上显示 OLE 对象，例如一系列图片。该控件针对的是保存在窗体或报表基础记录源字段中的对象。当在记录之间移动时，不同的对象将显示在窗体或报表上。
- 🖼（图像）：用于在窗体或报表上显示静态图片。由于静态图片并非 OLE 对象，因此只要将图片添加到窗体或报表中，便不能在 Access 中进行图片编辑。
- 🖊 使用控件向导(W)（使用控件向导）：用于启用或关闭控件向导。
- 🔧 ActiveX 控件(O)（ActiveX 控件）：打开一个 ActiveX 控件列表，可以在窗体上插入更多控件。例如，在窗体上添加 Shockwave Flash 对象可以直接在窗体上播放 Flash 动画。

3. 窗体设计工具

在"设计"视图中打开窗体时，"窗体设计工具"选项卡下面有三个子选项卡可用，即"设计"选项卡、"排列"选项卡和"格式"选项卡。

- "设计"选项卡：包含"视图"、"主题"、"控件"、"页眉/页脚"及"工具"命令组，如图 4.70 所示。使用"视图"组中的命令可以在窗体的不同视图之间切换；使用"主题"组中的命令可以对窗体应用不同的主题方案，以快速改变颜色和字体；使用"控件"组中的命令可以向窗体添加各种各样的控件，以实现对字段的显示和编辑；使用"页眉/页脚"组中的命令可以对窗体添加徽标、标题及日期和时间；使用"工具"组中的命令可以显示或隐藏字段列表和属性表、查看代码，以及将宏转换为 Visual Basic 代码等。

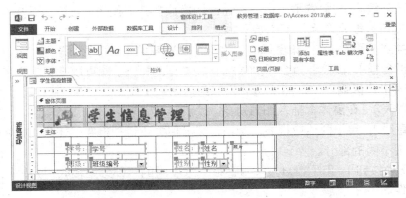

图 4.70　"设计"选项卡

- "排列"选项卡：包含"表"、"行和列"、"合并/拆分"、"移动"、"位置"及"调整大小和排序"命令组，如图 4.71 所示。设计窗体时，通常可以利用"调整大小和排序"组中的命令来设置窗体控件的大小和对齐方式，以获得所需的布局效果。

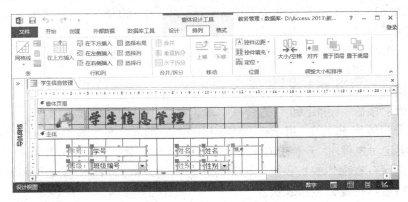

图 4.71　"排列"选项卡

- "格式"选项卡：包含"所选内容"、"字体"、"数字"、"背景"及"控件格式"命令组，如图 4.72 所示。使用该选项卡上的命令可对选定控件的字体样式、数字格式和条件格式进行设置。例如，通过设置条件格式可使不同分数段的成绩呈现为不同颜色。

4．设置窗体的属性

在窗体的"设计"或"布局"视图中，按 F4 键以显示属性表，在属性表左上方的下拉列表框中选择"窗体"、"窗体节"或某个控件，可对所选对象的属性进行设置。属性表由"格式"、"数据"、"事件"、"其他"和"全部"这五个选项卡组成。设置窗体属性时的"格式"和"数据"选项卡如图 4.73 所示。

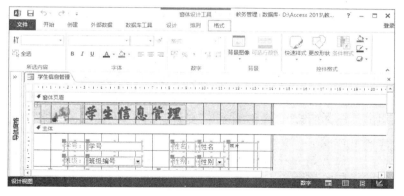

图 4.72　"格式"选项卡

图 4.73　属性表的"格式"和"数据"选项卡

窗体的常用格式属性如下。

- "标题"：设置窗体的标题。如果未设置标题，则在窗体标题栏中显示窗体的名称。
- "默认视图"：设置打开窗体时所使用的视图，属性值可以是"单个窗体"、"连续窗体"、"数据表"、"数据透视表"、"数据透视图"及"分割窗体"。
- "允许窗体视图"、"允许数据表视图"、"允许透视表视图"、"允许数据透视表视图"、"允许布局视图"：设置是否允许窗体切换到指定视图。
- "自动居中"：设置打开窗体时该窗体是否自动居中。
- "记录选择器"：设置窗体是否显示记录选择器。
- "导航按钮"：设置窗体是否显示导航按钮。
- "分隔线"：设置窗体视图中是否在记录之间画线。
- "滚动条"：设置在窗体视图中窗体是否显示滚动条，可以是"两者均无"、"只水平"、"只垂直"或"两者都有"。
- "控制框"：设置窗体是否显示控制菜单框。
- "关闭按钮"：设置窗体上的关闭按钮是否可用。
- "最大最小化按钮"：设置窗体上是否显示最大化按钮和最小化按钮，可以是"无"、"最小化按钮"、"最大化按钮"和"两者都有"。

窗体的常用数据属性如下。

- "记录源"：设置窗体所基于的数据库对象可以是 SQL 语句，也可以是表或查询的名称。

- "记录集类型"：确定哪些表可以编辑，属性值可以是"动态集"、"动态集（不一致更新）"或"快照"。
- "筛选"：设置与窗体一直自动加载的筛选表达式，例如"性别='男'"。
- "数据输入"：设置仅允许添加新记录。如果设置为"是"，则不在窗体上显示现有记录。
- "加载时的筛选器"：设置窗体启动时是否应用筛选器。
- "允许添加""允许删除""允许编辑""允许筛选"：设置在"窗体"视图中是否允许对数据记录进行添加、删除、编辑或筛选操作。
- "记录锁定"：设置是否及如何锁定基础表或查询中的记录，可以是"不锁定"、"所有记录"或"已编辑的记录"。

窗体的常用其他属性如下。

- "弹出方式"：设置是否以弹出式窗口打开窗体并使其保持在其他窗口上面。
- "模式"：设置在关闭窗体前是否始终保留焦点。

任务 4.7 创建主/子窗体组合

任务描述

在 Access 数据库中，相关数据存储在不同的表中。在处理关系数据时，通常需要在同一窗体中查看来自多个表或查询的数据。例如，想查看学生信息，但同时还想查看有关该学生的课程成绩信息。子窗体就是实现这一目的的便利工具。子窗体是指插入到其他窗体中的窗体。主要的窗体称为主窗体，而该窗体内的窗体称为子窗体。当要显示具有一对多关系的表或查询中的数据时，使用子窗体特别方便。本任务将学习子窗体的使用方法，首先使用窗体向导创建一个主/子窗体组合，用于显示来自班级表和学生表的数据；然后在"设计"视图中创建另一个主/子窗体组合，用于显示学生表和成绩表的数据。

实现步骤

创建主/子窗体组合有 2 种方法：一种方法是使用"窗体向导"同时创建主窗体和子窗体，另一种方法是在"设计"视图中向主窗体添加子窗体控件。

1. 使用"窗体向导"创建主/子窗体组合

使用"窗体向导"创建主/子窗体组合时，如果选择两个具有一对多关系的表或查询作为数据来源，则会生成包含子窗体的主窗体。下面使用"窗体向导"创建一个主/子窗体向导，主窗体用于显示班级信息，子窗体用于显示相关的学生信息。

（1）打开教务管理数据库。

（2）在"创建"选项卡的"窗体"组中单击"窗体向导"命令。

（3）在图 4.74 所示的"窗体向导"对话框中，将班级表中的"专业名称"和"班级编号"字段及学生表中的"学号"、"姓名"、"性别"、"出生日期"和"是否团员"字段添加到"选定字段"列表框中，然后单击"下一步"按钮。

（4）在图 4.75 所示的"窗体向导"对话框中，选择"通过 班级"查看数据，并选取"带有子窗体的窗体"选项，然后单击"下一步"按钮。

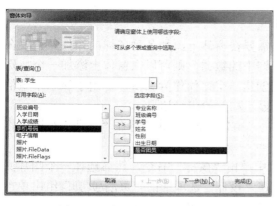
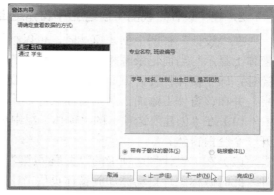

图 4.74　确定窗体上使用的字段　　　　图 4.75　确定查看数据的方式

（5）在图 4.76 所示的"窗体向导"对话框中，选择子窗体使用"数据表"布局方式，然后单击"下一步"按钮。

（6）在图 4.77 所示的"窗体向导"对话框中，将主窗体和子窗体的标题分别设置为"班级主窗体"和"学生子窗体"，并选取"修改窗体设计"选项，然后单击"完成"按钮。

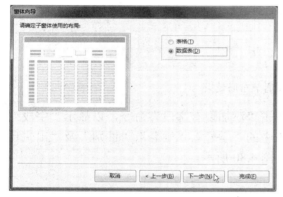
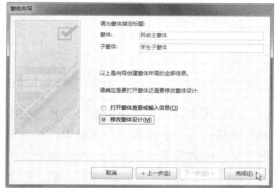

图 4.76　确定子窗体使用的布局方式　　　图 4.77　指定主窗体和子窗体的标题

此时，将在"设计"视图中打开主/子窗体组合，根据需要对控件的属性进行设置，然后切换到"窗体"视图查看窗体的运行效果，如图 4.78 所示。

图 4.78　运行主/子窗体组合

2. 在"设计"视图中创建主/子窗体组合

在"设计"视图中创建窗体时，可以根据需要在窗体上添加各种各样的控件。若要在窗体上显示与当前记录源相关的另一个表或查询中的数据，则可以在窗体上添加一个特殊控件，即子窗体控件。下面使用"设计"视图创建一个窗体作为主窗体，用于显示学生信息，并在该窗体上添加一个子窗体控件，用于显示相关的成绩信息。

（1）在"创建"选项卡的"窗体"组中单击"窗体设计"，此时将在"设计"视图中打开一个空白窗体。

（2）在"设计"选项卡的"页眉/页脚"组中单击"徽标"命令，然后选择一个图片文件，此时徽标图片自动添加到窗体页眉节中；在"设计"选项卡的"页眉/页脚"组中单击"标题"命令，并将标题文字指定为"学生成绩信息"，如图 4.79 所示。

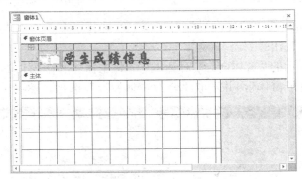

图 4.79　窗体页眉节布局效果

（3）在"设计"选项卡的"工具"组中单击"添加现有字段"命令，以显示"字段列表"窗格；在"字段列表"窗格中，将学生表中的"学号"、"姓名"、"性别"及"出生日期"字段拖到窗体主体节中，并排列整齐，如图 4.80 所示。

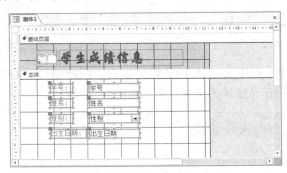

图 4.80　在窗体主体节中添加字段

（4）确保"设计"选项卡的"控件"组中的"使用控件向导"按钮 处在选中状态，单击此组中的"子窗体/子报表"按钮，然后在窗体主体节的"出生日期"文本框下方拖动鼠标，以添加子窗体控件。

（5）当出现图 4.81 所示的"子窗体向导"对话框时，选择"使用现有的表和查询"选项，然后单击"下一步"按钮。

（6）在图 4.82 所示的"子窗体向导"对话框中，分别将课程表中的"课程名称"字段和成绩表中的"成绩"字段添加到"选定字段"列表框中，然后单击"下一步"按钮。

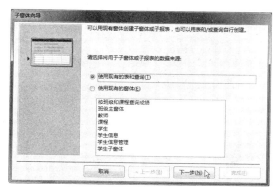
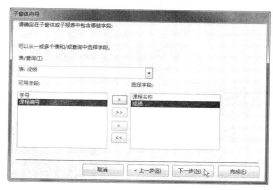

图 4.81 选择子窗体的数据来源 　　图 4.82 确定在子窗体中使用的字段

（7）在图 4.83 所示的"子窗体向导"对话框中，选择"从列表中选择"选项并选择"对 <SQL 语句>中的每个记录用 学号 显示 成绩"项，然后单击"下一步"按钮。

（8）在图 4.84 所示的"子窗体向导"对话框中，将子窗体的标题设置为"课程成绩子窗体"，然后单击"完成"按钮。

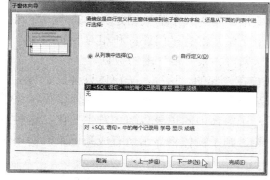
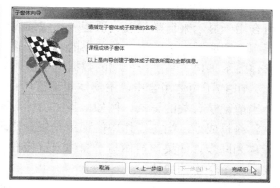

图 4.83 将主窗体链接到子窗体的字段 　　图 4.84 指定子窗体名称

（9）将附加在子窗体上的标签内容修改为"课程成绩："，并调整标签和子窗体的位置和大小，布局效果如图 4.85 所示。

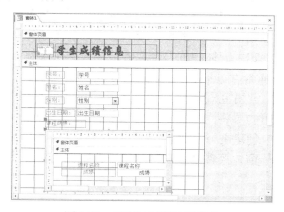

图 4.85 用向导创建的子窗体

（10）单击快速访问工具栏上的"保存"按钮，将主窗体命名为"学生主窗体"加以保存。切换到"窗体"视图，查看主/子窗体组合的运行效果，如图4.86所示。

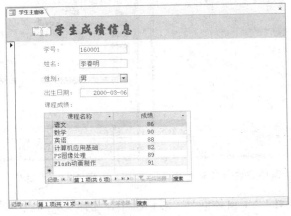

图4.86　主/子窗体组合的运行效果

知识与技能

主/子窗体组合用于显示具有一对多关系的表或查询中的数据。本任务创建的主/子窗体组合用于显示来自学生表、课程表和成绩表的数据。学生表中的数据是关系的"一"端，课程表和成绩表中的数据是关系的"多"端，每个学生都有多门课程和相对应的成绩。主窗体显示来自关系"一"端的数据，子窗体显示来自关系"多"端的数据。

在主/子窗体组合中，主窗体和子窗体是链接在一起的。这样，子窗体只会显示与主窗体当前记录有关的记录。例如，当主窗体显示某个学生的信息类别时，子窗体仅显示该学生各科目成绩。当主窗体中的记录发生变化时，子窗体中的记录也随之发生变化，这种过程称为同步。如果该窗体与子窗体未链接在一起，则子窗体将显示所有成绩记录，而不仅仅是某个学生的成绩。

子窗体控件是指将一个窗体嵌入到另一窗体的控件。子窗体控件可以将控件中显示的数据链接到主窗体的数据上。当子窗体控件的记录源为表或查询，或者当其记录源是"默认视图"属性为"数据表"的窗体时，该控件将显示数据表。子窗体有时也被称作数据表。

子窗体控件的常用属性如下。

- "源对象"：确定子窗体控件中显示什么对象。
- "链接子字段"：指定子窗体中的哪个或哪些字段将子窗体链接到主窗体。
- "链接主字段"：指定主窗体中的哪个或哪些字段将主窗体链接到子窗体。

创建主/子窗体组合通常有以下2种方法。

- 使用"窗体向导"创建主/子窗体组合：选择具有一对多关系的表或查询作为窗体的数据源，通过运行向导将同时创建主窗体和子窗体。
- 在"设计"视图中创建主/子窗体组合：在"设计"视图中完成主窗体的设计，然后在主窗体上添加子窗体控件并设置其属性，或根据向导提示添加子窗体控件。

任务 4.8 创建选项卡式窗体

任务描述

如果想使窗体上显示的信息量比较大，或者包含的字段数目比较多，可以在窗体上添加一个选项卡控件，并在选项卡控件上面添加所需要的控件。在"设计"视图中用鼠标右键单击选项卡控件，可以更改页数、页次序、选定页的属性和选项卡控件的属性。本任务将学习设计选项卡式窗体的方法，并使用选项卡控件创建一个包含两页的选项卡式窗体，用于显示来自教师表和授课表的信息，其中一页显示教师的基本信息，另一页显示教师的授课信息。

实现步骤

创建这样一个多页窗体时，可以在"设计"视图中创建一个空白窗体并在其中添加一个选项卡控件，然后选项卡的第一页添加教师表中的字段以显示教师基本信息，在第二页添加授课表中的字段以显示与教师相关的授课信息。由此创建的这个多页窗体也是一个主/子窗体组合。

（1）打开教务管理数据库。

（2）在"创建"选项卡的"窗体"组中单击"窗体设计"命令。

（3）在"设计"选项卡的"控件"组中单击"徽标"命令，并选择所需的图片文件，此图片将被添加到窗体页眉节；在"设计"选项卡的"控件"组中单击"标题"命令，并将标题文字设置为"教师详细信息"。

（4）在"设计"选项卡的"控件"组中单击"选项卡控件"，然后在窗体主体节中拖动鼠标，此时将添加一个由两个页组成的选项卡控件，如图 4.87 所示。

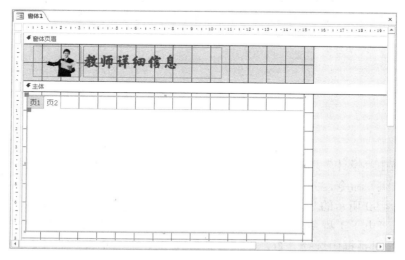

图 4.87　添加选项卡控件

窗体的创建和应用

（5）按 F4 键显示属性表，单击选项卡控件中的第一页，然后在"属性表"窗格中选择"格式"选项卡，将"标题"属性设置为"教师基本信息"；使用同样的方法，将选项卡控件中第二页的"标题"设置为"教师授课信息"，如图 4.88 所示。

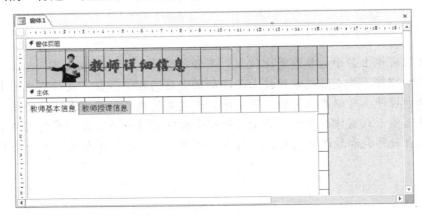

图 4.88　设置选项卡的页标题

（6）在"属性表"窗格中选择"窗体"，在"数据"选项卡中将窗体的"记录源"属性设置为"教师"。

（7）在"设计"选项卡的"工具"组中单击"添加现有字段"命令，以显示"字段列表"窗体；在"字段列表"窗格中展开教师表，将该表中的"教师编号"和"姓名"字段拖到选项卡控件的"教师基本信息"页中，如图 4.89 所示。

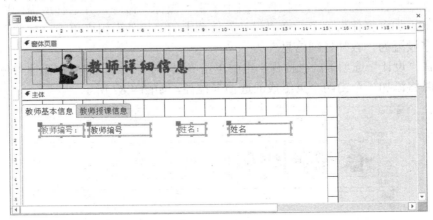

图 4.89　在选项卡页中添加字段

（8）确保在"设计"选项卡的"控件"组中选中"使用控件向导"按钮，然后单击该组中的"选项组"命令，并在"教师编号"文本框下方拖动鼠标，以创建选项组控件。

（9）在图 4.90 所示的"选项组向导"对话框中，将各个选项标签指定为"基础部"、"计算机技术系"、"电子工程系"和"电子商务系"，单击"下一步"按钮；在图 4.91 所示的"选项组向导"对话框中选择"否，不需要默认选项"，然后单击"下一步"按钮。

图 4.90 设置选项标签

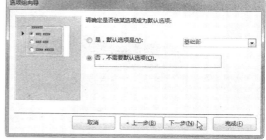

图 4.91 设置是否使某选项称为默认选项

（10）在图 4.92 所示的"选项组向导"对话框中，将各个选项的值分别设置为数字 1、2、3、4（对应于系部表中的"系部编号"字段值），然后单击"下一步"按钮；在图 4.93 所示的"选项组向导"对话框中，选择"在此字段中保存该值"选项并从其右边的下拉列表框中选择"系部编号"字段，然后单击"下一步"按钮。

图 4.92 设置选项的值

图 4.93 指定保存选项值的字段

（11）在图 4.94 所示的"选项组向导"对话框中，选择在选项组中使用"选项按钮"控件并选择使用"蚀刻"样式，然后单击"下一步"按钮；在图 4.95 所示的"选项组向导"对话框中，将选项组的标题指定为"系部:"，然后单击"完成"按钮。

图 4.94 设置选项组控件类型和样式

图 4.95 指定选项组标题

（12）此时，一个选项组添加到选项卡控件的"教师基本信息"页上，对选项组中选项按钮的位置进行调整，将垂直排列改为水平排列，效果如图 4.96 所示。

（13）在选项卡控件的"教师基本信息"页上添加教师表中的"性别"、"出生日期"、"政治面貌"、"学历"、"职称"及"手机号码"字段，并对齐该页上的所有控件，该页的布局效果如图 4.97 所示。

图 4.96 在窗体上添加的选项组并调整选项按钮的位置

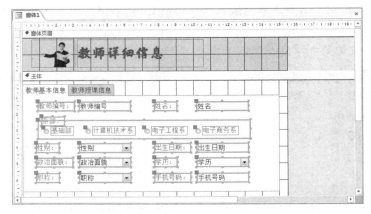

图 4.97 选项卡控件中的"教师基本信息"页布局

（14）确保"设计"选项卡"控件"组中的"使用控件向导"按钮被选中，单击该组中的"子窗体/子报表"按钮，然后在选项卡控件的"教师授课信息"页中添加子窗体控件。

（15）在图 4.98 所示的"子窗体向导"对话框中，选择"使用现有的表和查询"选项，然后单击"下一步"按钮；在图 4.99 所示的"子窗口向导"对话框中，选择授课表，除"教师编号"字段外其他字段全部添加到"选定字段"列表中，然后单击"下一步"按钮。

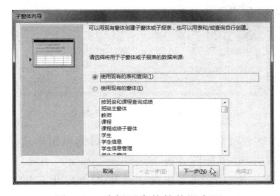

图 4.98 选择子窗体的数据来源

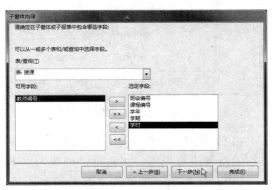

图 4.99 确定在子窗体中使用的字段

（16）在图 4.100 所示的"子窗体向导"对话框中选择"从列表中选择"选项并选择"对教师 中的每个记录用 教师编号 显示 授课"项，然后单击"下一步"按钮；在图 4.101 所示的"子窗体向导"对话框中指定子窗体标题，然后单击"完成"按钮。

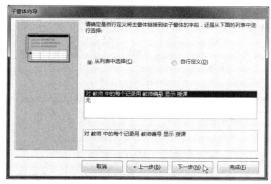

图 4.100　确定主窗体链接到子窗体的字段　　　　　图 4.101　指定子窗体名称

（17）此时，一个子窗体控件添加到选项卡控件的"教师授课信息"页中。将附加在子窗体控件上的标签删掉，布局效果如图 4.102 所示。

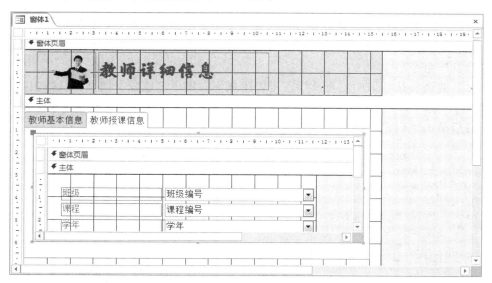

图 4.102　在选项卡页上添加子窗体控件

（18）单击快速访问工具栏上的"保存"按钮，在"另存为"对话框中将新建窗体命名为"教师详细信息"，然后单击"确定"按钮。

（19）切换到"窗体"视图，测试窗体运行结果。可以在"教师基本信息"页中查看某个教师的基本信息，如图 4.103 所示；切换到"教师授课信息"页，则可查看该教师的授课信息，如图 4.104 所示。

图 4.103　选项卡的"教师基本信息"页　　　　图 4.104　选项卡的"教师授课信息"页

知识与技能

使用选项卡控件可创建一个包含多页的选项卡式窗体或选项卡式对话框，从而在窗体上显示更多的信息。默认情况下，添加到窗体上的选项卡控件总是包含两个页，可以根据需要在每个页中添加所需的控件。

在"设计"视图中，可以对选项卡包含的页进行以下操作。

（1）若要向选项卡中添加新的页，可以用鼠标右键单击选项卡控件，然后从弹出菜单中选择"插入页"命令，如图 4.105 所示。

（2）若要从选项卡中删除页，可以用鼠标右键单击要删除的页，然后从弹出菜单中选择"删除页"命令。

（3）若要调整选项卡中的页次序，可以用鼠标右键单击选项卡控件并从弹出菜单中选择"页次序"命令，然后在"页序"对话框中单击要选择的页，再单击"上移"或"下移"按钮，最后单击"确定"按钮，如图 4.106 所示。

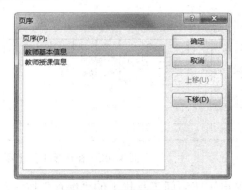

图 4.105　插入页　　　　　　　　图 4.106　调整页次序

使用"属性表"窗格可以对选项卡控件及包含的每个页的属性进行设置。

任务 4.9 创建导航窗体

任务描述

通过前面任务可以知道，向窗体中添加选项卡控件可以使窗体更加有条理。特别是当窗体中包含多个控件时，通过将相关控件放在选项卡控件的各页上，可以减轻混乱程度，并使数据处理更加容易。但是，选项卡控件不提供用于支持选项层次结构的机制。若先选择了一个主类别再选择子类别时，则只能通过导航窗体功能来实现，这是因为导航窗体提供了支持选项层次结构的机制。本任务将学习创建导航窗体的方法，并创建一个多层结构的导航窗体。当运行该窗体时，先通过单击顶部的导航按钮选择一个主类别，然后单击左侧的导航按钮以打开相应的窗体。

实现步骤

在本任务中，选用"水平标签和垂直标签，左侧"布局来创建一个包含多层结构的导航窗体，先将导航按钮在顶部水平横向排列，然后在窗体的左侧垂直向下排列，最后对垂直排列的导航按钮的属性进行设置以指定要打开的目标窗体。

（1）打开教务管理数据库。

（2）在"创建"选项卡的"窗体"组中单击"导航"命令，然后单击"水平标签和垂直标签，左侧"布局，此时将在"布局"视图中打开新建的导航窗体，如图 4.107 所示。

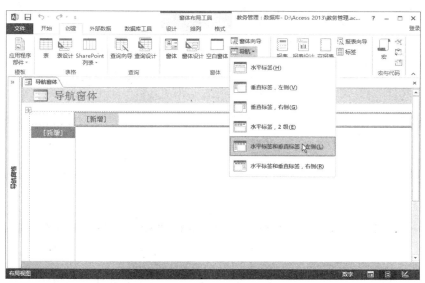

图 4.107 选择"水平标签和垂直标签，左侧"布局创建导航窗体

（3）创建顶层选项卡。单击导航窗体顶部的"新增"导航按钮，然后将文本更改为"教师"；此时 Access 将添加一个新选项卡。重复此操作，继续创建"学生"、"课程"和"成绩"选项卡。完成的顶层选项卡的布局效果如图 4.108 所示。

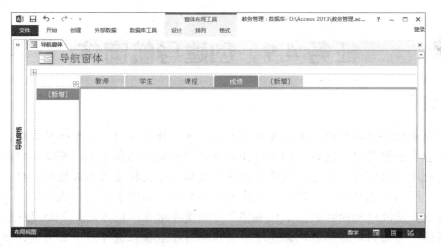

图 4.108　顶层选项卡布局效果

（4）创建"教师"选项卡的子选项卡。

① 单击窗体顶部的"教师"选项卡，在左侧选项卡中单击"新增"导航按钮，将文本更改为"教师个人信息"，在"属性表"窗格中将"导航目标名称"属性设置为"教师"；此时将添加一个新的选项卡。

② 在左侧选项卡中单击"新增"导航按钮，将文本更改为"教师授课信息"，在"属性表"窗格中将"导航目标名称"属性设置为"教师详细信息"，如图 4.109 所示。

图 4.109　"教师"选项卡对应的两个子选项卡

（5）分别对"学生"、"课程"和"成绩"选项卡创建子选项卡。每个主选项卡对应若干个子选项卡，创建每个子选项卡时需要设置"标题"和"导航目标名称"属性，具体的操作方法与步骤（4）类似。

（6）单击快速访问工具栏上的"保存"按钮，在"另存为"对话框中将新建窗体命名为"导航窗体"加以保存。

（7）通过单击各个导航按钮，对顶层选项卡和子选项卡的功能进行测试。

知识与技能

在 Web 应用程序中，通常会看到横跨在页面顶部的主菜单项，以及位于主菜单下方或者页面左侧或右侧的子项。在 Access 2013 中，使用新的导航窗体功能也能够轻松创建面向 Web 的数据库应用程序。

1. 比较导航窗体和选项卡控件

标准的选项卡控件也提供了类似的功能，那为什么还需要使用新的导航窗体功能呢？主要有以下 2 个原因。

（1）选项卡控件不提供用于支持选项层次结构的机制，而导航窗体提供这一机制。若要使用户能够先选择一个主类别，然后再选择子类别，那么只能选择导航窗体。

（2）这两种类型的控件加载时行为不同。导航窗体会根据需要（即当单击相应的选项卡时）加载每个子窗体或报表，而选项卡控件会在加载时加载其所有子对象。这不仅会影响性能，而且会使处理查询数据变得困难。由于导航窗体会在单击相应的选项卡时加载每个子窗体，因此可以确保看到最新数据，而不必创建特定的代码，可以在单击每个选项卡时重新查询窗体。

2. 选择导航窗体布局

创建导航窗体时，首先要选择一种布局方式。为此，可以在"设计"选项卡的"窗体"组上单击"导航"下拉框，并选择所需要的布局方式。

Access 2013 提供了 6 种导航窗体布局方式，分为单层结构和二层结构两类。单层结构包括"水平标签"、"垂直标签，左侧"及"垂直标签，右侧"；二层结构包括"水平标签，2 级"、"水平标签和垂直标签，左侧"及"水平标签和垂直标签，右侧"，当单击顶级选项卡时会列出相应的子选项卡。

导航窗体的各种布局效果如图 4.110～图 4.115 所示。

注意： 导航窗体上还包含一个子窗体控件，故导航窗体也是一个主窗体。若要从目标窗体的控件中获取查询参数值，参数格式应为"[Forms]![主窗体名]![子窗体名]![控件名]"。

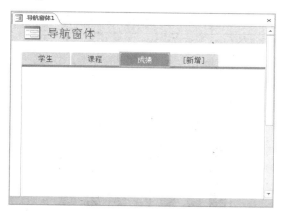

图 4.110 "水平标签"布局

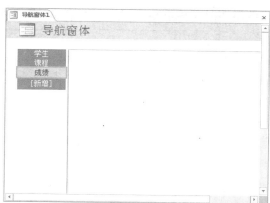

图 4.111 "垂直标签，左侧"布局

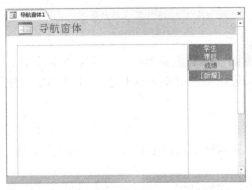

图 4.112 "垂直标签，右侧"布局

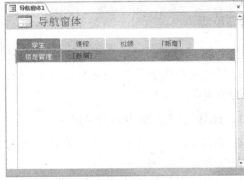

图 4.113 "水平标签，2 级"布局

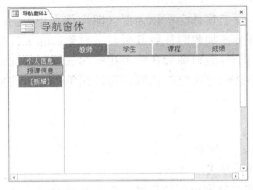

图 4.114 "水平标签和垂直标签，左侧"布局

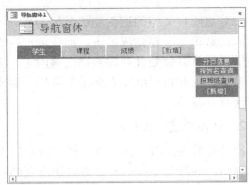

图 4.115 "水平标签和垂直标签，右侧"布局

3. 设置导航窗体样式

除了使用导航窗体的默认样式外，还可以控制每个按钮的外观，并且可以同时对所有按钮应用样式。具体操作方法如下。

（1）切换到窗体的"布局"视图。

（2）单击顶部的选项卡，选择一个子选项卡，然后在按住 Ctrl 键的同时单击其余子选项卡。

（3）在功能区中选择"格式"选项卡，然后单击"快速样式"下拉框，选择某个样式来配置所有选定按钮的样式，如图 4.116 所示。

图 4.116 使用"快速样式"设置导航按钮外观

若要设置导航按钮的形状，可以单击"更改形状"下拉框，然后选择所需的形状，如图 4.117 所示。

图 4.117　设置导航按钮的形状

此外，还可以通过使用功能区上的"形状填充"、"形状轮廓"和"形状效果"工具为导航控件添加其他效果。

4. 设置导航按钮属性

导航窗体的功能主要通过导航按钮来实现。创建导航窗体时，可以使用"属性表"窗格对导航按钮的属性进行设置。下面对导航按钮的常用属性加以说明。

- 标题：显示在导航按钮上的文字。可以单击"新增"后在按钮上直接输入。
- 图片标题排列：指定标题相对于图像的位置。该属性的值可以是"无图片标题"、"常规"、"顶部"、"底部"、"左边"或"右边"。
- 导航目标名称：指定单击导航按钮时要打开的窗体或报表的名称。
- 导航 Where 子句：指定使用窗体或报表自动加载的查询条件。
- 悬停时的指针：指定悬停在导航按钮上方时的鼠标指针。
- 图片类型：指定在导航按钮上的图片类型，可为"嵌入"、"链接"或"共享"。
- 图片：指定显示在导航按钮上的图片。可以使用 Access 提供的图片，也可以使用自定义图片。
- 宽度：指定导航按钮的宽度。
- 高度：指定导航按钮的高度。
- 背景色：指定导航按钮的内部颜色。
- 边框样式：指定导航按钮的边框样式，该属性值可以是"透明"、"实线"、"虚线"、"短虚线"、"点线"、"稀疏点线"、"点画线"或"点点画线"。

项目小结

本章通过 9 个任务讲述了如何在 Access 2013 中创建和应用窗体，包括使用构建工具快速创建窗体，以及使用手工方式在设计视图中创建窗体。

1. 窗体的类型、视图和组成

窗体是一种重要的数据库对象。在窗体上可以添加放置控件，用于执行操作，或在字段中输入、显示、编辑数据。按照功能，窗体可以分为数据输入窗体、导航窗体及自定义对话框。按照布局和显示方式，窗体可以分为单页窗体、多页窗体、连续窗体、子窗体及弹出式窗体。

Access 2013 提供了多种窗体视图，包括"设计"视图、"窗体"视图、"布局"视图、"数据表"视图、"分割窗体"视图及"连续窗体"视图，设计时可以根据实际需要来选择合适的视图。

窗体中的信息可以分在多个节中，这些节包括主体、窗体页眉、窗体页脚、页面页眉及页面页脚。在"设计"视图中，节表现为区段形式，每个节都有相应的用途。

2．创建窗体的方法

在 Access 2013 中，可以使用以下方法来创建窗体。

（1）使用窗体工具创建窗体：只需要单击选择一个表或查询作为数据源，即可快速生成一个窗体，在该窗体中一次只能输入一条记录的信息，每个字段占一行。

（2）使用多项目工具创建窗体：该窗体的默认视图为"连续窗体"，在该窗体上一次可以显示多条记录。

（3）使用分割窗体工具创建窗体：该窗体是一个同时具有两种布局方式的分割窗体，其上部的分区中显示一个数据表，下部的分区中显示一个窗体，用于输入数据表中所选记录的相关信息。

（4）使用窗体向导创建窗体：可以从多个表或查询字段中指定数据的组合和排序方式，也可以确定窗体使用的布局和样式。使用窗体向导还可以创建主/子窗体组合，通过一次操作同时创建主窗体和子窗体。

（5）使用空白窗体工具创建窗体：当向导或窗体构建工具不符合设计需要时，可以使用空白窗体工具来创建窗体，并根据需要向窗体上添加字段或控件。

（6）使用窗体设计工具创建窗体：在"设计"视图中，可以使用"字段列表"窗格向窗体上添加来自表或查询中的字段，使用"设计"选项卡的"控件"组中的工具向窗体上添加各种类型的控件，也可以使用"排列"选项卡各个组中的工具设置窗体格式、控件布局、控件对齐方式、控件大小和位置，以及显示或隐藏窗体的节，或者使用属性表来设置窗体和控件的属性。在"设计"视图中，还可以通过添加子窗体控件创建主/子窗体组合，或者通过添加选项卡控件创建多页窗体。添加大多数控件（例如组合框、子窗体等）时，可以在控件向导的提示下进行操作，这样有利于设置控件的属性。

（7）使用导航窗体工具创建窗体：该窗体包含导航按钮控件和子窗体控件，通过这些导航按钮可以方便地打开其他窗体。Access 2013 提供了 6 种导航窗体布局方式，分为单层结构和二层结构两种类型。

项目思考

一、选择题

1．在下列各项中，（　　）不是窗体的视图。

　　A．设计　　　　　　　　　　　B．窗体

　　C．代码　　　　　　　　　　　D．布局

2．使用多项目工具创建的窗体的默认视图为（　　）。

　　A．窗体　　　　　　　　　　　B．分割窗体

　　C．连续窗体　　　　　　　　　D．数据表

3．若要显示"属性表"窗格，可按（　　）键。

　　A．F1　　　　　　　　　　　　B．F3

　　C．F4　　　　　　　　　　　　D．F11

4．使用（　　）视图，同时在"窗体"视图和"数据表"视图中查看数据。

　　A．设计　　　　　　　　　　　B．布局

　　C．连续窗体　　　　　　　　　D．分割窗体

5．要打开"属性表"窗格，可按（　　）组合键。

　　A．Shift+Enter　　　　　　　　B．Ctrl+Enter

　　C．Alt+Enter　　　　　　　　　D．Ctrl+Shift+Enter

6．在下列各项属性中，（　　）定义数据表显示在窗体的上方、下方、左侧还是右侧。

　　A．分割窗体方向　　　　　　　B．分割窗体数据表

　　C．分割窗体分隔条　　　　　　D．保存分隔条位置

7．使用窗体向导创建窗体时可用的布局方式不包括（　　）。

　　A．纵栏式　　　　　　　　　　B．表格

　　C．数据表　　　　　　　　　　D．居中对齐

8．要从某个窗体控件中获取查询参数的值，则在查询中设置条件时引用该控件的方式为（　　）。

　　A．直接引用控件名称　　　　　B．控件名称放在第一个方括号中

　　C．控件名称放在第二个方括号中　　D．控件名称放在第三个方括号中

9．窗体的（　　）用于显示对每条记录都一样的信息，该信息出现在"窗体"视图中屏幕的顶部，以及打印时首页的顶部。

　　A．窗体页眉节　　　　　　　　B．窗体页脚节

　　C．页面页眉节　　　　　　　　D．页面页脚节

10．要通过指定网址在窗体上打开一个网页，可使用（　　）控件。

　　A．按钮　　　　　　　　　　　B．超链接

　　C．Web 浏览器控件　　　　　　D．导航控件

11．选项组控件的值只能是（　　）。

　　A．数字　　　　　　　　　　　B．文本

　　C．是/否　　　　　　　　　　　D．日期/时间

二、判断题

1．在"布局"视图中窗体虽然处在运行状态，但在这个视图中可以对窗体设计进行更改。（　　）

2．在"窗体"视图中可以在不同记录之间移动，但不能删除记录。（　　）

3．在"设计"视图中，可以向窗体上添加控件，但不能删除控件。（　　）

4．使用多项目工具创建的窗体可以一次显示多条记录。（　　）

5．默认情况下，使用分割窗体工具创建窗体时，"窗体"视图位于上方，"数据表"视图位于下方，但也可以将"数据表"视图设置为位于分割窗体的上方、左方或右方。（　　）

6．使用窗体向导创建窗体时，只能从一个表或查询中选择字段。（　　）

7．绑定控件的数据源是表或查询中的字段。 （　　）

8．计算控件的数据源是表达式，该表达式可以是运算符、控件名称、字段名称、返回单个值的函数及常数值的组合。 （　　）

9．要添加绑定文本框，可使用"设计"选项卡的"控件"组中的"文本框"控件。 （　　）

三、简答题

1．在"窗体"视图中，可对数据记录执行哪些操作？

2．在 Access 2013 中，如何以层叠窗口形式打开数据库？

3．分割窗体有什么特点？

4．使用窗体向导创建窗体有哪些主要步骤？

5．创建主/子窗体组合有哪些方法？

6．默认情况下，选项卡控件总是两个页。如何向选项卡控件中添加更多的页？

项目实训

根据要求，在教务管理数据库中创建下列窗体。

1．使用窗体工具创建一个窗体，用于输入和编辑学生信息。

2．使用窗体工具创建一个窗体，用于输入和编辑教师信息。

3．使用多项目工具创建一个窗体，以数据表形式显示课程信息。

4．使用多项目工具创建一个窗体，以数据表形式显示学生成绩信息。

5．使用分割窗体工具创建一个窗体，用于查看和编辑学生信息。

6．使用分割窗体工具创建一个窗体，用于查看和编辑教师信息。

7．使用窗体向导创建一个窗体，选择系部表、班级表和学生表创建作为该窗体的数据来源，要求在窗体上显示系部名称、专业名称和学生信息。

8．使用窗体向导创建一个主/子窗体，用于显示和编辑来自班级表和学生表中的数据。

9．使用空白窗体工具创建一个窗体，以组合框控件显示学生姓名（存储的值为学号）和课程名称（存储的值为课程编号），当单击命令按钮时运行参数查询，列出所选学生在所选课程中取得的成绩。

10．在"设计"视图中创建一个窗体，用于显示和编辑学生信息，要求将导航按钮和记录选择器隐藏起来，并添加一组按钮，分别用于执行记录导航、添加和删除记录及关闭窗体操作。

11．创建一个多页窗体，在教师基本信息页中显示教师信息，要求以选项组控件来显示系部编号；在"教师授课信息"页中显示所选教师的授课信息。

12．创建一个二层结构的导航窗体，要求选择"水平标签和垂直标签，左侧"布局方式，通过导航按钮可以打开用于管理学生、教师、课程和成绩信息的窗体。

项目 5

报表的创建和应用

项目描述

前面项目讲解了查询和窗体的创建、应用和设计技巧等知识，通过查询和窗体可以实现数据联机检索的功能，这是提供信息的主要途径之一。如果要对表、查询或窗体中的数据进行计算、分析和汇总，并按指定的格式打印出来，则需借助另一种数据库对象来实现，这便是报表。通过设置报表格式，便可以采用最方便的阅读方式来显示信息。报表可以随时运行，而且始终反映数据库中的当前数据。在实际应用中，通常将报表的格式设置为适合打印的格式，但也可以在屏幕上查看报表、将报表导出到其他程序中或者以电子邮件的形式发送报表。本项目将学习在 Access 2013 中创建和使用报表的方法。

项目目标

◆ 理解报表的视图和组成
◆ 掌握使用报表工具创建报表的方法
◆ 掌握使用报表向导创建报表的方法
◆ 掌握使用标签向导创建报表的方法
◆ 掌握使用空白报表工具创建报表的方法
◆ 掌握使用报表设计工具创建报表的方法
◆ 掌握创建分组报表或汇总报表的方法
◆ 掌握创建和使用子报表的方法
◆ 掌握设置报表页面和打印报表的方法

任务 5.1 使用报表工具创建报表

任务描述

报表工具可以提供最快的报表创建方式。使用报表工具可以创建当前所选表或查询中的数据的基本报表，并且可以在该基本报表中添加更多功能，例如分组或合计。当指定表或查询作为报表的数据来源并选择报表工具时，就会立即生成报表，而不提示任何信息。本任务将使用报表工具创建一个报表，用于显示学生的基本信息。

数据库应用基础 (Access2013)

实现步骤

使用报表工具创建报表前，首先要选择一个表或查询作为报表的数据源。

（1）打开教务管理数据库。

（2）在导航窗格中单击"学生基本信息"查询，选择这个查询作为报表的数据来源。

（3）在"创建"选项卡的"报表"组中单击"报表"命令，此时 Access 将在"布局"视图中生成和显示报表，如图 5.1 所示。

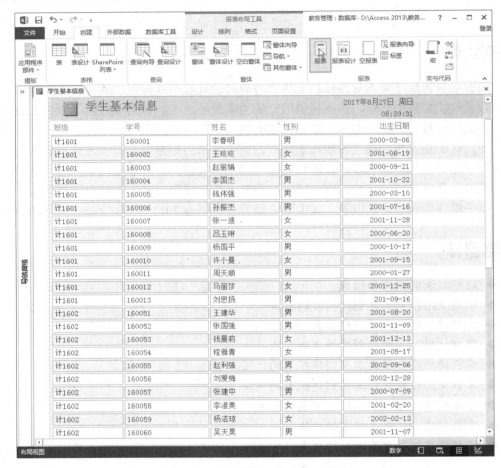

图 5.1　选择"报表"命令生成报表

（4）单击快速访问工具栏上的"保存"按钮，当出现图 5.2 所示的"另存为"对话框时，将报表命名为"学生基本信息"，然后单击"确定"按钮。

此时，将在导航窗体的"报表"类别中出现"学生基本信息"报表，如图 5.3 所示。

（5）单击 Access 2013 应用程序窗口右下角的▤按钮，切换到报表的"设计"视图，如图 5.4 所示。若要切换到报表的其他视图，可单击下列按钮之一。

- 单击▤按钮，切换到"报表"视图。
- 单击▤按钮，切换到"打印预览"视图。
- 单击▤按钮，切换到"布局"视图。

图 5.2 命名并保存报表

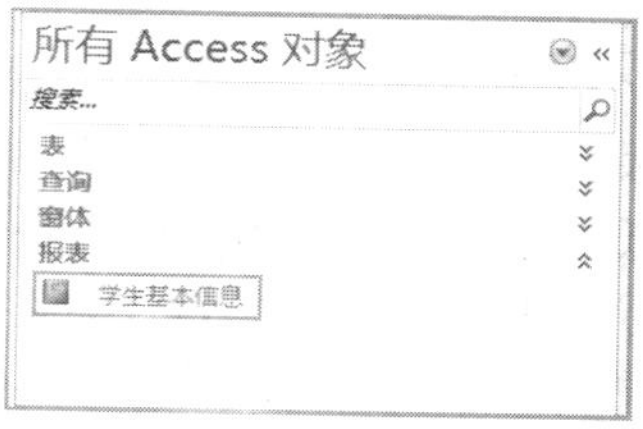

图 5.3 导航窗体中的报表

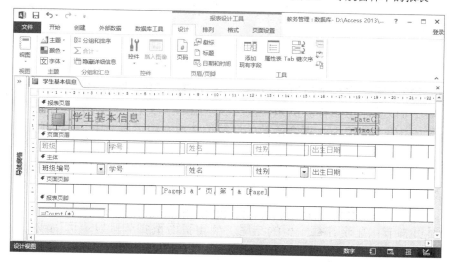

图 5.4 报表的"设计"视图

知识与技能

报表用于对数据库中的数据进行计算、分组、汇总和打印。如果希望按照指定的格式来打印输出数据库中的数据，使用报表是一种理想的方法。使用报表可根据指定规则打印格式化和组织化的信息。报表中的大部分内容是从基础表或查询中获得的，这些内容都是报表的数据来源。报表中的其他信息则存储在报表的设计中。

使用报表工具是创建报表最快的方式。当指定报表的数据来源并单击报表工具后，便立即生成报表，该报表将显示基础表或查询中的所有字段。使用报表工具可能无法创建最终需要的报表，但对于迅速查看基础数据却很有用。然后可以保存该报表，并在"布局"视图或"设计"视图中进行修改，以使报表更好地满足实际需求。

1. 报表的视图

在 Access 2013 中，报表有以下 4 种视图。

- "设计"视图：用于创建新的报表或修改现有报表的结构。
- "报表"视图：报表设计完成后最终要打印的视图。在"报表"视图中，可以对报表应用筛选器。
- "布局"视图：在查看报表中数据的同时可以调整报表布局。例如，根据报表数据来调整列宽，重新排列各列并添加分组汇总信息。
- "打印预览"视图：用于浏览报表中的数据，并且可以改变报表的显示比例。若报表由多个页面组成，则可以在不同页面之间切换，也可以同时查看多个页面。

2．报表的组成

每个报表由一个或多个报表节组成。主体节是每个报表共有的。其他节则是可选的，重复率较低，通常用于显示一组记录、一页报表或整个报表的通用信息。在"设计"视图中可以查看报表的所有节。以下内容描述了每个节的位置及其常见用法。

- 报表页眉节：只出现一次，位于报表第一页的顶部。使用报表页眉节可以放置通常可能出现在报表封面上的信息，例如徽标、标题及日期等。如果将使用 Sum 聚合函数的计算控件放在报表页眉节中，计算后的总和则针对整个报表。报表页眉节显示在页面页眉节之前。
- 页面页眉节：显示在报表每一页的顶部。例如，使用页面页眉节可以在每一页重复报表的标题。
- 组页眉节：显示在每个新记录组的开头，此节可包含作为分组依据的字段。使用组页眉节可以显示组名称。例如，按班级分组的报表中，可以使用组页眉节显示班级编号。如果将使用 Sum 聚合函数的计算控件放在组页眉节中，总计则针对当前组。
- 主体节：记录源中的每行记录只显示一次。主体节是构成报表主要部分的控件所在位置。
- 组页脚节：出现在一组记录的后面。使用组页脚节可以显示组的汇总信息，例如求和、计数、平均值等。
- 页面页脚节：显示在每一页的结尾。使用页面页脚节可显示页码或每一页的特定信息。
- 报表页脚节：仅在报表结尾显示一次，出现在最后一行数据之后，且位于报表最后一页的页脚节之上。使用报表页脚节可以显示针对整个报表的报表汇总或其他汇总信息，例如求和、计数、平均值等。

在"设计"视图中，报表页脚显示在页面页脚的下方。不过，在打印或预览报表时，在最后一页，报表页脚位于页面页脚的上方，最后一个组页脚或明细行之后。

3．比较报表和窗体

报表和窗体有许多共同之处，它们的数据来源都是基础表和查询，创建窗体时所用的控件基本上都可以在报表中使用，设计窗体时用到的各种控件操作也同样可以在报表的设计过程中使用。报表与窗体的区别在于：在窗体中可以输入和修改数据，在报表中则不能，报表的主要用途是按照指定的格式来打印、输出数据。

任务 5.2 使用报表向导创建报表

任务描述

前面任务使用报表工具创建了"学生基本信息"报表。这种方法十分快捷，但也存在一些不足之处，由此创建的报表总是显示数据源中的所有字段，而不能选择在报表中包含哪些字段。若要解决这些问题，可以使用报表向导工具来创建报表，这样不仅可以确定在报表上使用哪些字段，也可以对指定字段的数据进行分组和排序，还可以设置报表使用的布局方式。本任务将学习使用报表向导工具创建报表的方法，并创建一个自定义报表，该报表可以按系部来查看教师信息。

实现步骤

使用报表向导创建报表时，需要在向导的提示下选择记录源、字段、版面及格式等，并由向导收集这些信息后创建报表。

（1）打开教务管理数据库。

（2）在"创建"选项卡上的"报表"组中，单击"报表向导"命令，如图5.5所示。

图5.5 选择"报表向导"命令

（3）在图5.6所示的"报表向导"对话框中，从"表/查询"下拉式列表框中选择系部表，并将系部名称字段添加到"选定字段"列表框中，此时不要单击"下一步"按钮。

图5.6 从系部表中选择字段

（4）从"表/查询"下拉式列表框中选择教师表，并将"教师编号"、"姓名"、"性别"、"出生日期"、"参加工作日期"、"政治面貌"、"学历"及"职称"字段添加到"选定字段"列表框中，然后单击"下一步"按钮，如图5.7所示。

图5.7 从教师表中选择字段

（5）在图 5.8 所示的"报表向导"对话框中，选择"通过 系部"查看数据，然后单击"下一步"按钮。

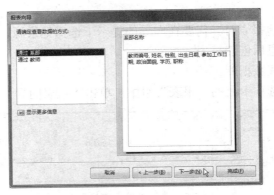

图 5.8　确定查看数据的方式

（6）在图 5.9 所示的"报表向导"对话框中，可以将一个或多个字段作为报表的分组级别，在这里不添加分组级别，直接单击"下一步"按钮。

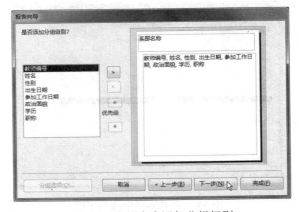

图 5.9　在报表中添加分组级别

（7）在图 5.10 所示的"报表向导"对话框中，设置明细记录使用的排序次序按"教师编号"字段以升序进行排序，然后单击"下一步"按钮。

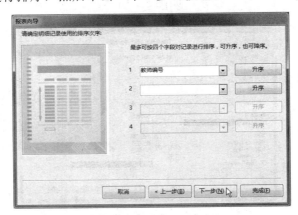

图 5.10　确定明细记录的排序次序

（8）在图 5.11 所示的"报表向导"对话框中，选择报表使用"块"布局方式，指定方向为"纵向"，并选中"调整字段宽度，以便使所有字段都能显示在一页中"选项，然后单击"下一步"按钮。

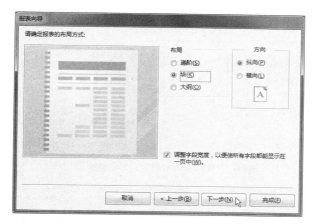

图 5.11　确定报表的布局方式

（9）在图 5.12 所示的"报表向导"对话框中，将报表的标题指定为"按系部打印教师信息"，并选择"预览报表"选项，然后单击"完成"按钮。若要在"设计"视图中打开报表，可选择"修改报表设计"选项。

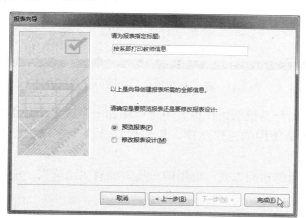

图 5.12　指定报表的标题

此时，将在"打印预览"视图中打开报表，如图 5.13 所示。

知识与技能

使用"报表向导"可以选择在报表上显示哪些字段，也可以指定数据的分组和排序方式。此外，如果预先指定了表与查询之间的关系，还可以使用来自多个表或查询的字段。

使用报表向导创建报表有以下主要步骤。

（1）在"创建"选项卡的"报表"组中单击"报表向导"命令，启动报表向导。

（2）确定在报表上使用哪些字段。如果要在报表中包含多个表和查询中的字段，则从第一个表或查询中选择字段之后，不要单击"下一步"或"完成"按钮，而是重复上述步骤来选择表或查询，并单击报表中要包含的其他字段。将所需要的字段全部添加到“选定字段”列表框后，单击“下一步”按钮。

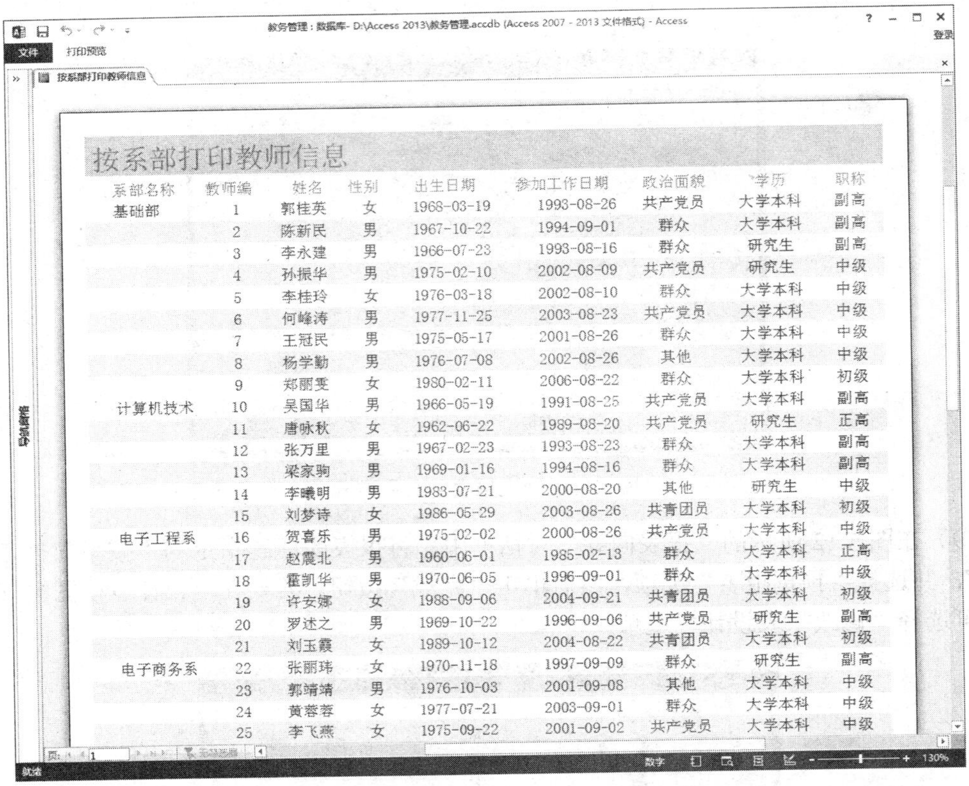

按系部打印教师信息

系部名称	教师编	姓名	性别	出生日期	参加工作日期	政治面貌	学历	职称
基础部	1	郭桂英	女	1968-03-19	1993-08-26	共产党员	大学本科	副高
	2	陈新民	男	1967-10-22	1994-09-01	群众	大学本科	副高
	3	李永建	男	1966-07-23	1993-08-16	群众	研究生	副高
	4	孙振华	男	1975-02-10	2002-08-09	共产党员	研究生	中级
	5	李桂玲	女	1976-03-18	2002-08-10	群众	大学本科	中级
	6	何峰涛	男	1977-11-25	2003-08-23	共产党员	大学本科	中级
	7	王冠民	男	1975-05-17	2001-08-26	群众	大学本科	中级
	8	杨学勤	男	1976-07-08	2002-08-26	其他	大学本科	中级
	9	郑丽雯	女	1980-02-11	2006-08-22	群众	大学本科	初级
计算机技术	10	吴国华	男	1966-05-19	1991-08-25	共产党员	大学本科	副高
	11	唐咏秋	女	1962-06-22	1989-08-20	共产党员	研究生	正高
	12	张万里	男	1967-02-23	1993-08-23	群众	大学本科	副高
	13	梁家驹	男	1969-01-16	1994-08-16	群众	大学本科	副高
	14	李曦明	男	1983-07-21	2000-08-20	其他	研究生	中级
	15	刘梦诗	女	1986-05-29	2003-08-26	共青团员	大学本科	初级
电子工程系	16	贺喜乐	男	1975-02-02	2000-08-26	共产党员	大学本科	中级
	17	赵震北	男	1960-06-01	1985-02-13	群众	大学本科	正高
	18	霍凯华	男	1970-06-05	1996-09-01	群众	大学本科	中级
	19	许安娜	女	1988-09-06	2004-09-21	共青团员	大学本科	初级
	20	罗述之	男	1969-10-22	1996-09-06	共产党员	研究生	副高
	21	刘玉霞	女	1989-10-12	2004-08-22	共青团员	大学本科	初级
电子商务系	22	张丽玮	女	1970-11-18	1997-09-09	群众	研究生	副高
	23	郭靖靖	男	1976-10-03	2001-09-08	其他	大学本科	中级
	24	黄蓉蓉	女	1977-07-21	2003-09-01	群众	大学本科	中级
	25	李飞燕	女	1975-09-22	2001-09-02	共产党员	大学本科	中级

图 5.13 在“打印预览”视图中打开报表

（3）在报表中添加分组级别。在报表中可以添加一个或多个分组级别。

（4）确定明细记录使用的排序次序。最多可以按 4 个字段进行排序，可以是升序或降序。

（5）确定报表使用的布局方式。可用的布局方式有“递阶”、“块”和“大纲”，布局方式可以是纵向或横向。

（6）指定报表的标题，然后在“打印预览”或“设计”视图中打开报表。在预览报表时，看到的报表是该报表打印后的效果，也可以提高放大倍数以放大细节。

（7）根据需要，可以在“设计”视图或“布局”视图中对报表结构进行微调。

任务 5.3 使用标签向导创建报表

任务描述

Access 2013 提供了一个标签向导工具，使用它可以轻松地创建各种标准大小的标签。本任务将学习使用标签向导创建报表的方法，首先基于系部表和教师表创建一个选择查询，然后选择该查询作为记录源，使用标签向导创建一个“教师基本信息”标签报表。

实现步骤

使用标签向导创建标签报表时，需要选择一个表或查询作为该报表的数据来源，然后指定标签的型号和尺寸，设置文本的字体和颜色，并确定标签文本内容和标签排序次序。

（1）打开教务管理数据库。

（2）在"设计"视图中创建一个"教师基本信息"查询，如图 5.14 所示。

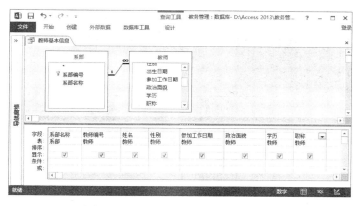

图 5.14　创建"教师基本信息"查询

（3）在导航窗格中单击步骤（2）中创建的"教师基本信息"查询，选择这个查询作为标签的记录源。

（4）在"创建"选项卡的"报表"组中单击"标签"命令，如图 5.15 所示。

图 5.15　选择"标签"命令

（5）在图 5.16 所示的"标签向导"对话框中，选择标签的型号和尺寸，然后单击"下一步"按钮。

图 5.16　指定标签的型号和尺寸

（6）在图 5.17 所示的"标签向导"对话框中，设置文本的字体、字号、字形和文本颜色，然后单击"下一步"按钮。

图 5.17 设置文本的字体和颜色

（7）在图 5.18 所示的"标签向导"对话框中，确定标签显示的内容，可以在"原型标签"中输入文本，也可以从"可用字段"列表框中选择所需字段并将其添加到原型上，然后单击"下一步"按钮。

图 5.18 确定标签显示的内容

提示：设置原型标签内容时，可以先输入字段的名称，然后单击"可用字段"列表中的字段并单击">"按钮（添加到标签中的字段以{字段名}表示），再按 Enter 键进入下一行。

（8）在图 5.19 所示的"标签向导"对话框中，选择"系部名称"和"教师编号"两个字段作为排序依据，然后单击"下一步"按钮。

（9）在图 5.20 所示的"标签向导"对话框中，将标签报表的名称指定为"教师基本信息标签"，并选取"查看标签的打印预览"选项，然后单击"完成"按钮。

（10）此时，将在"打印预览"视图中打开"教师基本信息标签"报表，如图 5.21 所示。在该视图中可以看到标签报表中的信息分两列显示（显示的列数取决于所选定的标签型号），根据需要可以使用 Access 状态栏上的滑块控件来调节细节的大小。

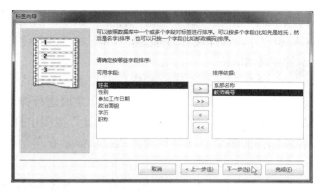

图 5.19 确定标签的排序依据

图 5.20 确定标签报表的名称

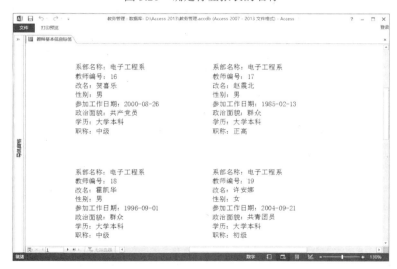

图 5.21 在"打印预览"视图中查看标签报表

知识与技能

在实际工作中,经常需要制作"客户通信地址"、"教师基本信息"等标签。标签是一种类似于名片的特殊报表。在 Access 2013 中,可以使用"标签"工具轻松地创建各种标准大小的标签,主要操作步骤如下。

(1)在导航窗格中单击一个表或查询,选择它作为标签报表的记录源。

（2）在"创建"选项卡的"报表"组中单击"标签"命令，启动标签向导。

（3）指定标签的型号和尺寸，选择现有的标签型号和尺寸，或创建自定义标签。

（4）设置标签文本的字体和颜色。

（5）通过在原型上输入文字和添加字段，确定标签报表的显示内容。

（6）设置标签报表的排序次序，可以按照一个或多个字段进行排序。

（7）指定标签报表的名称，并在"打印预览"或"设计"视图中打开标签报表。在"打印预览"视图中可以看到标签的多个列，其他视图数据将显示在单个列中。

任务 5.4　使用空白报表工具创建报表

任务描述

如果对使用报表工具或报表向导的功能不满意，则可以使用空白报表工具从头生成报表。首先，新建一个空白报表，在其中添加字段和控件，并对该报表的布局进行调整。通过本任务将学习使用空白报表工具创建报表的方法，并在教务管理数据库中创建一个报表，用于显示学生的各科成绩信息。

实现步骤

使用空白报表工具创建报表时将在"布局"视图中打开一个空白报表，可以在该报表中添加字段和控件。

（1）打开教务管理数据库。

（2）在"创建"选项卡的"报表"组中单击"空报表"命令，此时 Access 将生成一个空白报表并在"布局"视图中打开该报表，如图 5.22 所示。

图 5.22　使用空白报表工具生成报表

（3）在"设计"选项卡的"工具"组中单击"添加现有字段"命令，显示"字段列表"窗格，如图5.23所示。

图5.23 显示"字段列表"窗格

（4）在"字段列表"窗格中，单击学生表前面的加号展开该表，将学生中的"学号"字段和"姓名"字段拖到报表中；使用同样的方法，将成绩表中的"成绩"字段也拖到报表中，如图5.24所示。

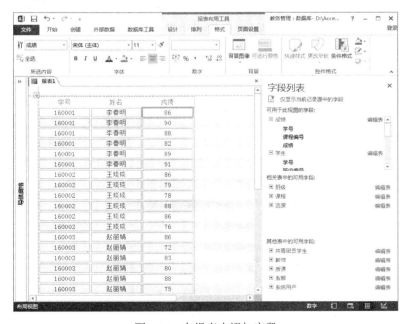

图5.24 在报表中添加字段

（5）在"字段列表"窗格中，单击课程表前面的加号展开该表，然后将课程表中的"课程名称"字段拖到报表上的姓名列与成绩列之间，如图 5.25 所示。

图 5.25　在报表中插入字段

注意： 在这个报表中添加表字段时，首先应该添加学生表和成绩表中的字段，然后再插入课程表中的字段，添加字段的顺序不可以颠倒。这是因为学生表与成绩表之间存在着一对多关系，课程表与成绩表之间也存在着一对多关系。

（6）在"设计"选项卡的"页眉/页脚"组中单击"标题"命令，将报表标题指定为"学生成绩报表"，该标题将自动插入到报表页眉节中。

（7）在"设计"选项卡的"页眉/页脚"组中单击"日期和时间"命令，如图 5.26 所示；在图 5.27 所示的"日期和时间"对话框中设置日期和时间的格式，然后单击"确定"按钮。

图 5.26　选择"日期和时间"命令

图 5.27　设置日期和时间格式

此时，当前系统日期和时间将插入到报表页眉节中，如图 5.28 所示。

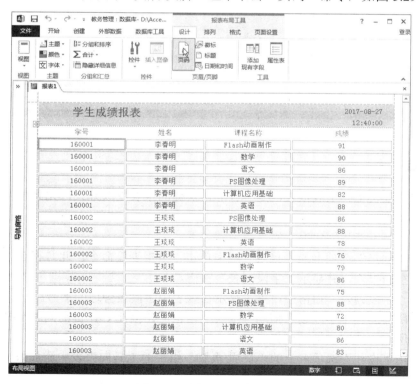

图 5.28　在报表中插入标题、日期和时间

（8）在"设计"选项卡的"页眉/页脚"组中单击"页码"命令，如图 5.29 所示。

图 5.29　选择"页码"命令

（9）在图 5.30 所示的"页码"对话框中设置页码格式，选择"第 N 页，共 M 页"及"页面底端（页脚）"选项，并从"对齐"下拉式列表框中选择"居中"选项，单击"确定"按钮，页码将自动插入到报表的页面页脚节中。

（10）单击快速访问工具栏上的"保存"按钮，将该报表保存为"学生成绩报表"。

（11）切换到"打印预览"视图，查看该报表的打印效果，如图 5.31 所示。

图 5.30　设置页码格式

图 5.31　预览报表的打印效果

知识与技能

使用空白报表工具生成报表，是一种非常快捷的报表生成方式，尤其是只在报表上放置很少几个字段时。

使用空白报表工具创建报表的主要步骤如下。

（1）在"创建"选项卡的"报表"组中单击"空报表"命令。此时将在"布局"视图中显示一个空白报表，并显示"字段列表"窗格。

（2）在"字段列表"窗格中，单击显示在报表中字段表旁边的加号。

（3）将所需的各个字段逐个拖动到报表上，也可在按住 Ctrl 键的同时选择多个字段，然后同时将所选定的字段拖动到报表上。

（4）使用"设计"选项卡上的"页眉/页脚"组中的工具向报表中添加徽标、标题、页码或日期和时间。

（5）在"布局"视图中，可以根据字段值对列宽进行调整。

任务 5.5 使用报表设计工具创建报表

任务描述

使用报表设计工具将在"设计"视图中打开一个空白报表，在该报表中可以添加所需要的字段和控件。在"设计"视图中可以创建一个自定义报表，整个制作过程包含多个操作步骤，主要包括：创建空白报表并选择记录源，在报表上添加要显示的字段或其他控件，设置报表使用的布局方式，添加页眉和页脚，以及设置报表和控件的属性等。此外，使用报表向导或其他报表工具创建的报表，也都可以在"设计"视图中进行调整。本任务将学习使用报表设计工具创建报表的方法，并在教务管理数据库中创建一个报表，用于显示学生的详细信息。

实现步骤

使用报表设计工具创建报表时，将在"设计"视图中打开一个空白报表。在报表的各个部分可以依次添加所需的内容，包括徽标、标题、日期时间、表字段及页码等。

（1）打开教务管理数据库。

（2）在"创建"选项卡的"报表"组中单击"报表设计"命令，此时，将在"设计"视图中打开一个空白报表，如图 5.32 所示。

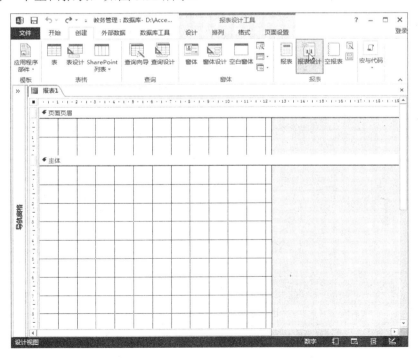

图 5.32 使用报表设计工具生成空白报表

（3）在"设计"选项卡的"页眉/页脚"组中单击"标题"命令，此时一个标签出现在

数据库应用基础 (Access2013)

报表页眉节中，在该标签中输入"学生信息报表"，如图 5.33 所示。

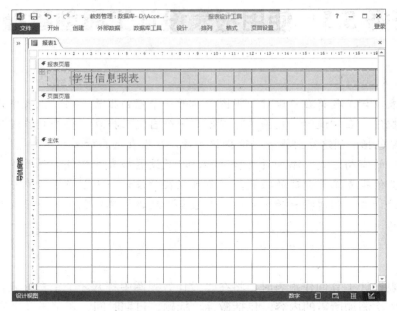

图 5.33　在报表中插入标题

（4）按 Alt+F8 组合键显示"字段列表"窗格，展开学生表，将其中的"学号"、"姓名"、"性别"、"出生日期"、"入学日期"及"入学成绩"以及"是否团员"字段添加到报表主体节中；展开系部表，将其中的系部名称字段添加到报表主体节中；展开班级表，将其中的"专业名称"和"班级编号"字段添加到报表主体节中，报表布局效果如图 5.34 所示。

图 5.34　在报表主体节中添加字段

（5）在报表主体节中选择所有控件，然后在"排列"选项卡的"控件布局"组中单击

"表格"命令，所有标签控件将自动移动到页面页眉节中，用于显示字段值的文本框、列表框和复选框，在报表主体节中水平排列，如图 5.35 所示。

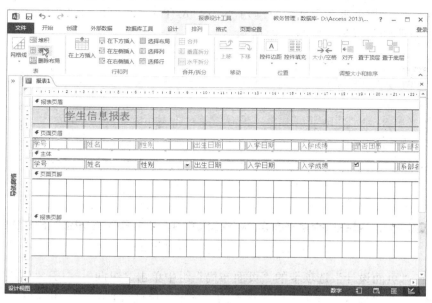

图 5.35　选择"表格"命令创建表格形式的报表布局

（6）选择页面页眉节中的所有标签控件和主体节中的所有文本框、列表框控件，按 F4 键显示"属性表"窗格，将所选控件的"文本对齐"属性设置为"居中"；通过鼠标拖动，将页面页眉节和主体节的高度调整到最小。

（7）选择页面页眉和主体节中的所有控件，然后在"排列"选项卡的"表"组中单击"网格线"并选择"垂直和水平"，对报表上的字段名和字段值添加网格线。

（8）确保未选中"设计"选项卡的"控件"组中未选中的"使用控件向导"按钮，单击该组中　"文本框"命令，在报表页眉节中拖动鼠标插入一个未绑定文本框，然后在"属性表"窗格中选择"数据"选项卡，将"控件来源"属性设置为"=Now()"，以显示当前日期和时间，如图 5.36 所示。其中 Now()是一个 VBA 函数，用于获取计算机系统当前日期和时间。

图 5.36　在报表页眉节中插入当前日期和时间

（9）确保未选中"设计"选项卡的"控件"组中的"使用控件向导"控件，单击该组中的"文本框"命令，在报表页脚节中插入一个未绑定文本框，然后在属性表中选择"数据"选项卡，将"控件来源"属性设置为"="第" & [Page] & "页，共" & [Pages] & "页""，以显示当前页码和总页码，如图 5.37 所示。

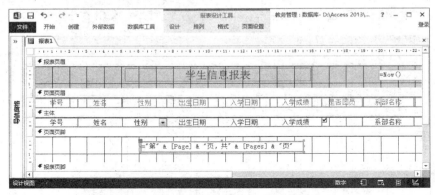

图 5.37　在页面页眉节中插入页码

（10）在"页面设计"选项卡的"页面布局"组中单击"纵向"；打开"属性表"窗格，选择"报表"，在"格式"选项卡中将报表的"标题"属性设置为"学生信息报表"。

（11）单击快速访问工具栏上的"保存"按钮，在"另存为"对话框中将该报表命名为"学生信息一览表"，单击"确定"按钮。

（12）切换到"布局"视图查看报表的布局效果，并根据字段值对各列的宽度进行微调；切换到"报表"视图查看报表的最终设计效果，如图 5.38 所示。

图 5.38　在"报表"视图中查看报表的设计效果

知识与技能

使用"设计"视图可以新建一个空白报表，然后对该报表进行设计及更改，既可以使用"字段列表"窗格添加来自一个或多个表或查询的字段，也可以使用"设计"选项卡的"控件"组添加各种类型的控件，或添加徽标、标题、日期、时间和页码信息。此外，还可以使用"设计"选项卡或"排列"选项卡对报表结构进行调整。

1. 在报表上添加日期、时间和页码

若要在报表上显示日期、时间或页码，可在报表上添加非绑定文本框，然后将其"控件来源"属性设置为以下表达式。

- 当前日期和时间：=Now()。
- 当前日期：=Date()。
- 当前时间：=Time()。
- 页码：=[Page]。
- 总页数：=[Pages]。

例如，如果要在报表上显示"第 X 页，共 Y 页"，可以添加文本框并将其"控件来源"属性设置为如下表达式：="第" & [Page] & "页，共" & [Pages] & "页"，其中&为字符串连接运算符。

2. 使用"报表设计工具"选项卡调整报表

在"设计"视图中，"报表设计工具"选项卡有 4 个子选项卡，即"设计"选项卡、"排列"选项卡、"格式"选项卡及"页面设置"选项卡。

（1）"设计"选项卡。该选项卡包含"视图"、"主题"、"分组和汇总"、"控件"、"页眉/页脚"及"工具"命令组，如图 5.39 所示。

图 5.39 "设计"选项卡上用于报表设计的命令组

- "视图"组：可以在"报表"、"打印预览"、"布局"和"设计"视图之间切换。
- "主题"组：用于更改整个数据库的外观（包括字体和颜色）。
- "分组和汇总"组：可以对报表中的数据进行分组和排序，也可以为组添加总计（例如求和、求平均值）。
- "控件"组：用于在报表上添加各种控件，例如标签和文本框。
- "页眉/页脚"组：用于在报表上添加徽标、标题、日期和时间及页码。
- "工具"组：用于显示或隐藏"字段列表"和"属性表"窗格。

（2）"排列"选项卡。"排列"选项卡上包含"表"、"行和列"、"合并/拆分"、"移动"、"位置"及"调整大小和排序"命令组，如图 5.40 所示。

图 5.40 "排列"选项卡上用于报表设计的命令组

- "表"组：用于在报表上创建堆积或表格布局并设置网格线。
- "行和列"组：用于选择布局或列，及在布局中插入行或列。
- "合并/拆分"组：用于合并或拆分单元格。
- "移动"组：用于在报表的不同节之间移动控件。
- "位置"组：用于设置控件的边距和填充量。
- "调整大小和排序"组：设置所选定的一组控件的大小和间距、对齐方式，或将所选定对象置于所有对象的前面或后面。

（3）"格式"选项卡。该选项卡包含"所选内容"、"字体"、"数字"、"背景"及"控件格式"命令组，如图 5.41 所示。

图 5.41 "报表设计工具"选项卡的"格式"子选项卡

- "所选内容"组：列出当前选定的报表控件，也可以用于选择全部控件。
- "字体"组：用于设置选定控件的字体、字号、字形和文本对齐方式。
- "数字"组：用于设置数字的格式，包括百分比格式、增加或减少小数位数。
- "背景"组：用于设置背景图像或背景颜色。
- "控件格式"组：用于设置报表控件的形状填充和形状轮廓。

（4）"页面设置"选项卡。该选项卡包含"页面大小"和"页面布局"两个子选项卡，可用于设置打印纸张大小、页边距及打印方向等，如图 5.42 所示。

图 5.42 "报表设计工具"选项卡的"页面设置"子选项卡

3. 设置报表的属性

在"设计"视图或"布局"视图中，可以使用"属性表"窗格对报表和控件的属性进行设置。报表的常用属性如下。

- "记录源"：指定报表所基于的表或查询。
- "标题"：指定用于打开报表的窗口所显示的标题。
- "弹出方式"：指定是否以弹出式窗口打开报表并使其保持在其他窗口上面。
- "模式"：指定是否以模式窗口打开报表，此类窗口在关闭前始终保留焦点。

- "默认视图"：指定打开报表对象使用的视图，可以是"报表视图"或"打印预览"。
- "允许报表视图"：指定是否允许在"报表"视图中打开报表。
- "允许布局视图"：指定是否允许在"布局"视图中打开报表。
- "宽度"：指定报表所有节的宽度。
- "自动调整"：指定是否自动调整报表大小以显示一整页报表。
- "缩至一页"：指定是否增大报表宽度以填充页面。
- "页面页眉和页面页脚"：指定报表上哪些页面包含页眉和页脚，可以是"所有页"、"报表页眉不要"、"报表页脚不要"或"报表页眉和页脚都不要"。

任务 5.6 创建分组汇总报表

任务描述

信息在分组后往往更容易理解。例如，在报表中按班级对成绩进行分组时，各个班级的成绩状况则一目了然，而其他情况下可能不容易看出这些状况。此外，可以在报表中各个组的结尾处进行汇总，可以避免用计算器完成大量手工计算工作。本任务将学习创建分组汇总报表的方法，首先创建一个"公共基础课成绩"交叉表查询，然后基于该查询创建一个报表，按班级将报表中的记录分组并对组中成绩求平均值。

实现步骤

本任务将创建一个分组汇总报表，先按班级分组，然后对成绩求平均值。

（1）打开教务管理数据库。

（2）在"设计"视图中，基于班级表、学生表、成绩表和课程表创建一个交叉表查询，并将其命名为"公共基础课成绩"，如图 5.43 所示。

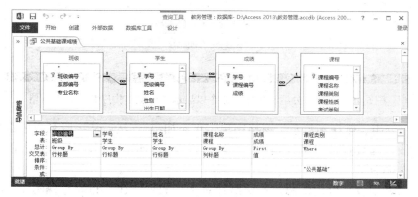

图 5.43 创建"公共基础课成绩"交叉表查询

（3）在导航窗格中单击"公共基础课成绩"查询，然后在"创建"选项卡的"报表"组中单击"报表"命令，此时将在"布局"视图打开新报表，如图 5.44 所示。

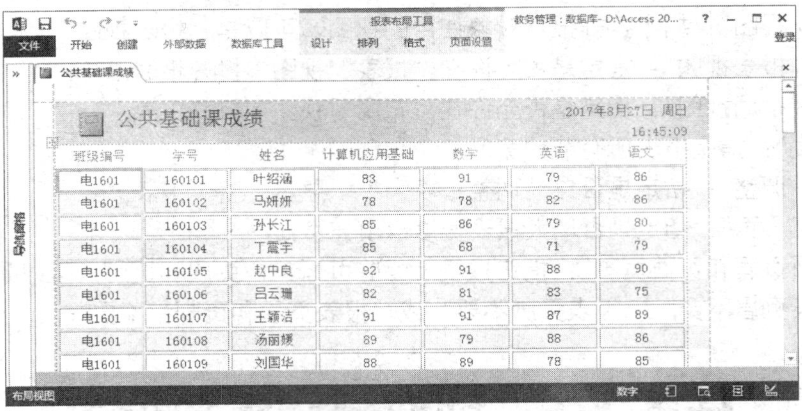

数据库应用基础 (Access2013)

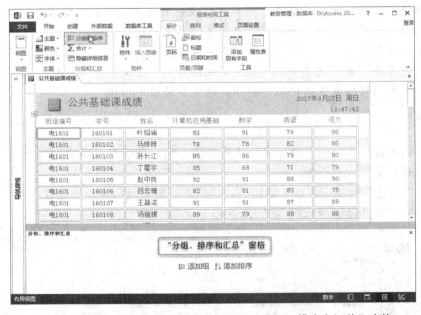

图 5.44　用报表工具创建的报表

（4）单击"设计"选项卡的"分组和汇总"组中的"分组和排序"命令，此时将显示"分组、排序和汇总"窗格，如图 5.45 所示。

图 5.45　选择"分组和排序"命令以显示"分组、排序和汇总"窗格

（5）在"分组、排序和汇总"窗格中单击"添加组"，然后从字段列表中选择班级编号作为分组字段，即设置按"班级编号"字段对报表中的记录分组，此时报表的布局将发生变化，如图 5.46 所示。

（6）在报表中设置分组汇总，按班级计算平均成绩。在"布局"视图中，单击"计算机应用基础"字段，单击"设计"选项卡的"分组和汇总"组中的"合计"命令，然后选择"平均值"命令，如图 5.47 所示。此时每班的"计算机应用基础"字段下方将出现一个平均值。

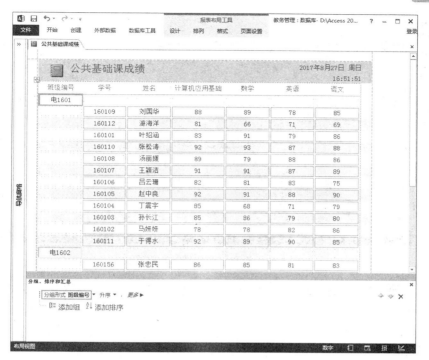

图 5.46 按"班级编号"字段对报表中的记录分组

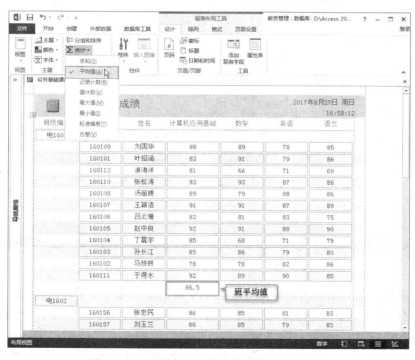

图 5.47 对计算机应用基础课成绩计算平均值

（7）在报表中单击计算机应用基础平均值，从"格式"选项卡的"数字"组中的"格式"下拉式列表中选择"标准"，然后单击"减少小数位数"按钮，使小数位数减少到 1 位，如图 5.48 所示。

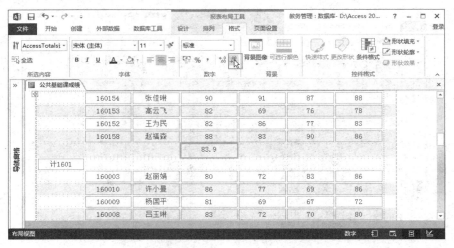

图 5.48　设置平均成绩的数字格式

（8）对其他科目成绩重复执行步骤（6）和步骤（7），计算平均值并设置显示格式，效果如图 5.49 所示。

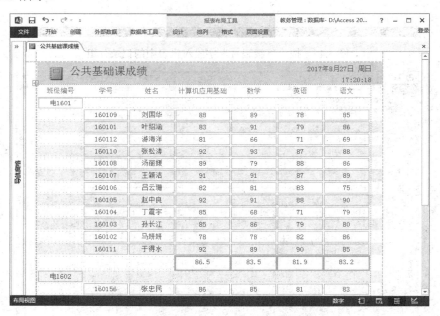

图 5.49　分组汇总并设置数据显示格式

（9）使用相同的方法，对总平均值（位于末尾记录下方）设置显示格式。

（10）切换到"设计"视图，报表中包含一个"班级编号页眉"节，此节中仅包含一个"班级编号"字段；在报表的"班级编号页脚"节中包含一些汇总字段，分别对各科成绩求平均值；在"页面页脚"节中包含一个表达式，用于计算当前页码和总页数；在"报表页脚"节中也包含一些汇总字段，分别对报表中全部记录求平均值，如图 5.50 所示。

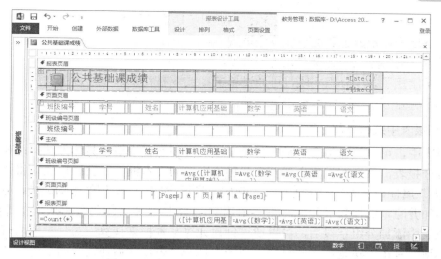

图 5.50 在"设计"视图中查看报表的结构

（11）单击快速访问工具栏上的"保存"按钮，在"另存为"对话框中将该报表命名为"公共基础课成绩"，然后单击"确定"按钮。

知识与技能

分组是指将具有共同特征的相关记录组成一个集合，在显示或打印时将它们集中在一起，并且可以为同一组内的记录设置要显示的概要或汇总信息。通过分组可以增强报表的可读性，从而提高信息的利用率。

1. 设置报表的分组选项

每个组由 3 部分组成，即组页眉、组文本和组页脚。对报表设置分组选项后，不同组记录可以显示或打印在同一个页面中，也可以显示或打印在不同页面中。

若要对报表设置分组选项，应切换到"布局"视图或"设计"视图中，然后在"设计"选项卡的"分组和汇总"组中单击"分组和排序"命令，以显示"分组、排序和汇总"窗格。

若要在报表中添加分组字段，可以在"分组、排序和汇总"窗格中单击 ▣ 添加组，然后选择所需要的字段，此时将会在报表中添加相应的分组页眉节。如果此时工作状态为"布局"视图，则会自动向分组页眉节中添加分组字段；如果此时工作状态为"设计"视图，则需要通过手动方式，在分组页眉节中添加分组字段或其他文本。

在"分组、排序和汇总"窗格中单击"更多"右边的三角符号 ▶，可显示更多的选项，如图 5.51 所示。此时，可以对以下选项进行设置。

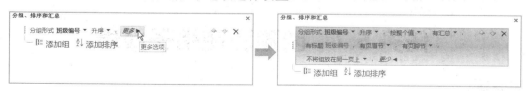

图 5.51 显示更多的分组选项

- 根据分组字段的值升序或降序对记录进行排序。

- 单击"有标题"后面的字段名称，然后对标题进行更改。
- 设置是否显示分组页眉节和分组页脚节。
- 设置是否将组中的记录放在同一页上。
- 如果设置了多个分组字段，可通过单击 ◆ 或 ◆ 按钮来调整字段的次序。
- 若要删除分组字段，可单击 ✕ 按钮。

2. 在报表中进行计算

在报表中，可以计算每个记录中各个字段的总和或平均值。具体方法是：在"设计"视图中打开报表，然后在报表主体节中添加未绑定的文本框，并在属性表中将该文本框的"控件来源"属性设置为适当的表达式。例如，若要计算几门课程的平均成绩，应将相应的字段值相加并除以课程数目即可，如"=([语文]+[数学]+[英语]+[计算机应用基础])/4"。

在报表中添加分组字段后，可以通过创建计算文本框来计算一组记录或所有记录的总和或平均值。具体方法是：在"设计"视图中打开报表，然后在适当的节中添加未绑定文本框，并在属性表中对该文本框的"控件来源"属性进行设置。例如，若要计算"办公软件"课程的平均成绩，可将该文本框的"控件来源"属性设置为"=Avg([办公软件])"。

插入绑定文本框的位置，取决于针对一组记录还是所有记录计算汇总值。若要计算一组记录的汇总值，可将未绑定文本框添加到组页眉或组页脚节中；若要计算所有记录的汇总值，可将未绑定文本框添加到报表页眉或报表页脚节中。

3. 分组字段的数据类型与可用选项

在报表中添加分组字段后，可以使用哪些选项由分组字段的数据类型决定，详见表 5.1。

表 5.1　分组字段的数据类型与可用选项

分组字段的数据类型	可用选项	记录分组形式
文本	每一个值	在字段或表达式中有相同的值
	前缀字符	在字段或表达式中，前面 n 个字符相同
日期/时间	每一个值	在字段或表达式中有相同的值
	年	在相同的日历年中的日期
	季	在相同的日历季中的日期
	月	在相同月份中的日期
	周	在相同周中的日期
	日	在相同日中的日期
	小时	在相同小时中的时间
	分	在相同分中的时间
	每一个值	在字段或表达式中有相同值
自动编号、数字、货币	间隔	在指定间隔中的值

任务 5.7　创建和使用子报表

任务描述

子报表是指插在另一个报表中的报表，包含子报表的报表称为主报表。合并两个报表时，必须选择两个报表中的一个作为主报表，主报表可以是绑定的也可以是未绑定的。也就是说，报表可以基于表、查询或 SQL 语句，也可以不基于任何数据库对象。在已有报表中创建子报表前，应保证主报表与子报表的记录源之间建立了正确的关系，这样才能使子报表中的记录与主报表中的记录保持正确的对应关系。本任务将学习创建和使用子报表的方法，创建一个显示学生信息的主报表并在其中插入一个子报表，后者用于显示学生的各科成绩信息。

实现步骤

首先，使用报表设计工具创建主报表，在该报表中添加来自学生表的字段，然后在主报表中插入一个子报表控件，用于显示与学生相关的课程成绩。

（1）打开教务管理数据库。

（2）在"创建"选项卡的"报表"组中单击"报表设计"命令，将在"设计"视图中打开一个空白报表。

（3）单击快速访问工具栏上的"保存"按钮，将报表保存为"学生与成绩"。

（4）在"设计"选项卡的"页眉/页脚"组中单击"标题"命令，将在报表页眉节中插入标签，其文本内容为"学生与成绩"。

（5）用鼠标右键单击主体节，取消对"页面页眉/页脚"选项的选择，隐藏页面页眉节和页面页脚节，如图 5.52 所示。

图 5.52　隐藏页面页眉节和页面页脚节

（6）按 Alt+F8 组合键以显示"字段列表"窗格，展开学生表，将其中的"学号"、"姓名"、"性别"和"班级编号"字段添加到主体节中；展开班级表，将其中的"专业名称"字段添加到主体节中；展开系部表，将其中的"系部名称"字段添加到主体节中；将表示"性别"和"班级编号"字段的两个列表框控件更改为文本框。具体操作方法为：用鼠标右键单击列表框控件，然后从弹出的菜单中执行"更改为"→"文本框"命令。

（7）选择报表主体节中的所有控件，在"排列"选项卡的"表"组中单击"堆积"命令，此时主报表的布局效果如图 5.53 所示。

数据库应用基础 (Access2013)

图 5.53　主报表的布局效果

（8）选择报表主体节中的所有控件，在"设计"选项卡的"表"组中单击"网格线"下拉框，选择"水平和垂直"，对所选控件添加网格线，此时主报表的布局效果如图 5.54 所示。

图 5.54　添加网格线后的布局效果

（9）确保在"设计"选项卡的"控件"组中选中"使用控件向导"命令，在该组中单击"子窗体/子报表"命令，然后在主体节中拖动鼠标，添加子报表控件。

（10）在图 5.55 所示的"子报表向导"对话框中，选取"使用现有的表和查询"选项，然后单击"下一步"按钮。

（11）在图 5.56 所示的"子报表向导"对话框中，分别将课程表中的"课程名称"字段和成绩表中的"成绩"字段添加到"选定字段"列表中，然后单击"下一步"按钮。

（12）在图 5.57 所示的"子报表向导"对话框中，选择"从列表中选择"选项，并在下面的列表中选择"对<SQL 语句>中的每个记录用学号显示成绩"，然后单击"下一步"按钮。

（13）在图 5.58 所示的"子报表向导"对话框中，将子报表的名称指定为"课程成绩子报表",然后单击"完成"按钮。

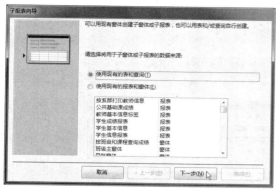

图 5.55 选择用于子报表的数据来源

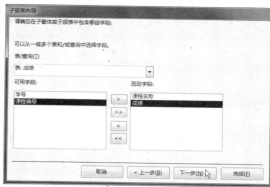

图 5.56 确定子报表中包含的字段

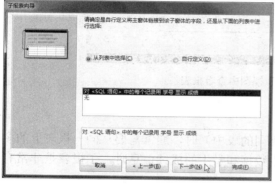

图 5.57 确定将主报表链接子报表的字段

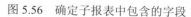

图 5.58 指定子报表的名称

（14）将子报表向导创建的子报表添加到主报表中，删除附加于子报表的标签，完成报表设计，效果如图 5.59 所示。

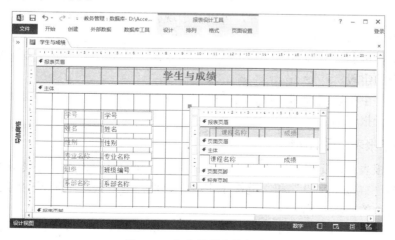

图 5.59 包含子报表的报表

（15）切换到"报表"视图，查看报表的最终设计结果，如图 5.60 所示。

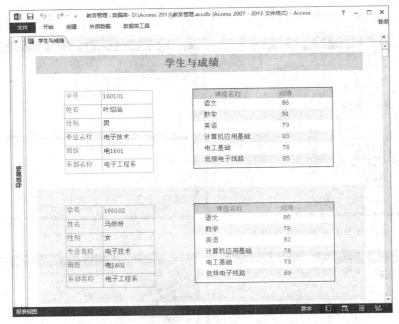

图 5.60　在"报表"视图中查看报表

知识与技能

使用关系数据（其中相关的数据存储在不同的表中）时，通常需要从同一报表上的多个表或查询中查看信息。例如，同时查看学生数据和学生的成绩信息时，子报表是非常有用的工具。

1. 插入子报表控件的方法

若要在主报表中插入一个子报表，首先必须保证主报表与子报表的记录源之间已建立正确关系。在这个前提下，可以使用子报表向导来创建子报表控件，主要步骤如下。

（1）选择用于子报表的数据来源，可以基于现有的表或查询创建子查询，也可以直接使用现有的报表作为子查询。

（2）若选择现有的表或查询作为子报表的记录源，则需要从一个或多个表或查询中选择用于子报表的字段。

（3）确定将主报表链接到子报表的字段。

（4）指定子报表的名称。

2. 设置子报表控件的属性

为了使子报表中的记录与主报表中的记录保持正确的对应关系，可使用属性表来设置子报表控件的"链接主字段"和"链接子字段"属性，前者指定主报表中的字段名称，后者指定子报表中的字段名称。

在"属性表"窗格中选择子报表对象，单击"链接主字段"或"链接子字段"属性框中的按钮，此时将会显示如图 5.61 所示的"子报表字段链接器"对话框，在此对话框中可以同时设置主字段和子字段。

图 5.61　设置子报表控件的"链接主字段"和"链接子字段"属性

任务 5.8　创建包含图表的报表

任务描述

图表是报表、窗体等对象数据的图形表示形式，通过图表可以形象地描述数据之间的关系。如果在报表中使用图表，可以更直观地显示数据之间的关系。本任务将学习图表控件的使用方法，首先使用报表设计工具在教务管理数据库中创建一个空白报表，然后利用图表向导在报表上插入一个图表控件，并选择学生表作为图表的数据来源，通过这个图表显示各班入学成绩的平均值。

实现步骤

在报表上添加图表控件时，可以在图表向导的提示下选择数据来源和所需字段，并对图表类型、汇总方式及数据在图表中的布局方式进行设置。

（1）打开教务管理数据库。

（2）在"创建"选项卡的"报表"组中单击"报表设计"命令，此时将在"设计"视图中打开一个空白报表。

（3）用鼠标右键单击报表主体节的空白处，在弹出菜单中取消对"页面页眉/页脚"命令的选中状态，将报表中的页面页眉和页面页脚节隐藏起来。

（4）在"设计"选项卡的"页眉/页脚"组中单击"标题"命令，在报表页眉中插入一个标签，然后将其文字内容设置为"各班入学成绩平均值"。

（5）确保在"设计"选项卡的"控件"组中选中"使用控件向导"选项，在该组中单击"插入图表"命令，然后在报表主体节中拖动鼠标，以添加图表控件。

（6）在图 5.62 所示的"图表向导"对话框中选择学生表作为图表的数据来源，然后单击"下一步"按钮。

（7）在图 5.63 所示的"图表向导"对话框中，将"班级编号"和"入学成绩"两个字段添加到"用于图表的字段"列表框，然后单击"下一步"按钮。

（8）在图 5.64 所示的"图表向导"对话框中，选择图表的类型为"三维柱形图"，然后单击"下一步"按钮。

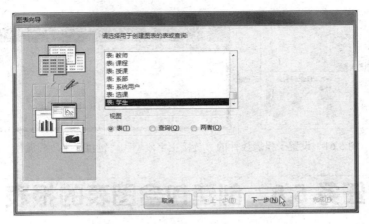

图 5.62　选择用于图表的表

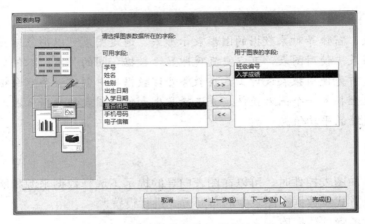

图 5.63　选择图表数据所在的字段

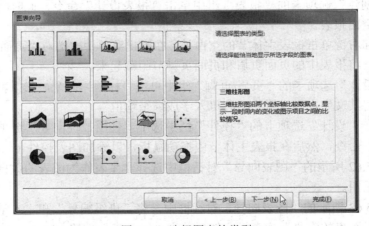

图 5.64　选择图表的类型

（9）在图 5.65 所示的"图表向导"对话框中，双击"入学成绩合计"框，然后在"汇总"对话框中选择"平均值"，再单击"确定"按钮。

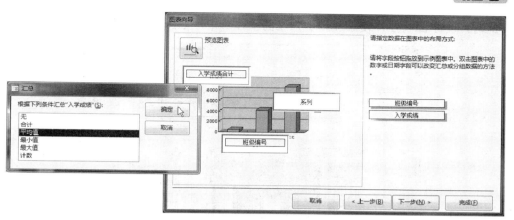

图 5.65　更改入学成绩的汇总方式

（10）在图 5.66 所示的"图表向导"对话框中，将"班级编号"字段拖到"系列"框中，然后单击"下一步"按钮。

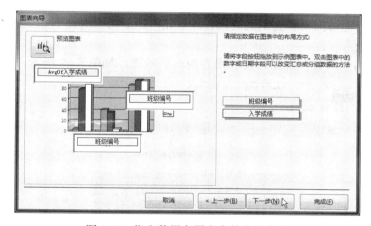

图 5.66　指定数据在图表中的布局方式

（11）在图 5.67 所示的"图表向导"对话框中，将图表的标题指定为"各班入学成绩平均值"，并选取"是，显示图例"，然后单击"完成"按钮。

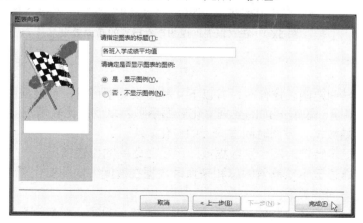

图 5.67　指定图表标题

此时，一个图表控件使添加到了报表的主体节中，如图5.68所示。

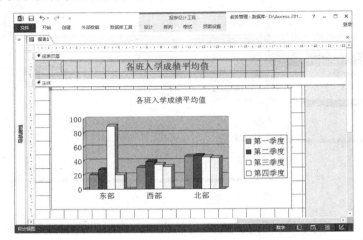

图5.68　添加到报表的主体节中的图表控件

（12）单击快速访问工具栏上的"保存"按钮，然后将报表命名为"各班入学成绩平均值图表"加以保存。

（13）切换到"报表"视图，查看报表的布局效果，如图5.69所示。

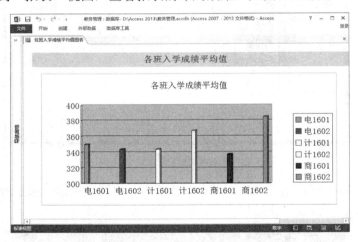

图5.69　在"报表"视图查看报表的布局效果

知识与技能

使用图表向导创建图表控件时，有以下4种图表类型可用，可根据需要进行选择。

- 柱形图：显示一段时间内的数据变化或图示项目之间的比较情况。水平方向是类别，垂直方向是数据，强调时间方向上的变化。
- 条形图：显示特定时间个别数据或图示项目之间的比较情况。
- 面积图：通过显示绘制值的总和来强调数据在时间方向的变化总量，也显示个别数据与总量之间的关系。
- 饼图：显示各部分与整体的关系或比例，始终只包含一个数据系列。强调重要元素时，饼图非常有用。

任务 5.9　预览和打印报表

任务描述

打印报表是设计和创建报表的主要目的，将报表打印到纸质介质上，便于信息的传递和共享。在正式打印报表之前，通常需要对页边距、打印方向及纸张大小等页面参数进行设置，而且还要在屏幕上将报表的打印效果显示出来，当打印预览效果符合实际需要时即可正式付印。本任务将学习预览和打印报表的操作方法，结合教务管理数据库中的学生信息报表来掌握报表的页面设置、打印预览及打印输出的具体步骤。

实现步骤

打印报表之前，通常需要在“打印预览”视图中打开报表，以便在屏幕上查看报表的打印效果。在该视图中，还可以对报表进行页面设置和打印输出。

（1）打开教务管理数据库。

（2）在导航窗格中展开“报表”类别，用鼠标右键单击“学生信息报表”，然后从弹出的菜单中选择“打印预览”命令，此时将会在“打印预览”视图中打开该报表，同时显示“打印预览”选项卡，如图 5.70 所示。

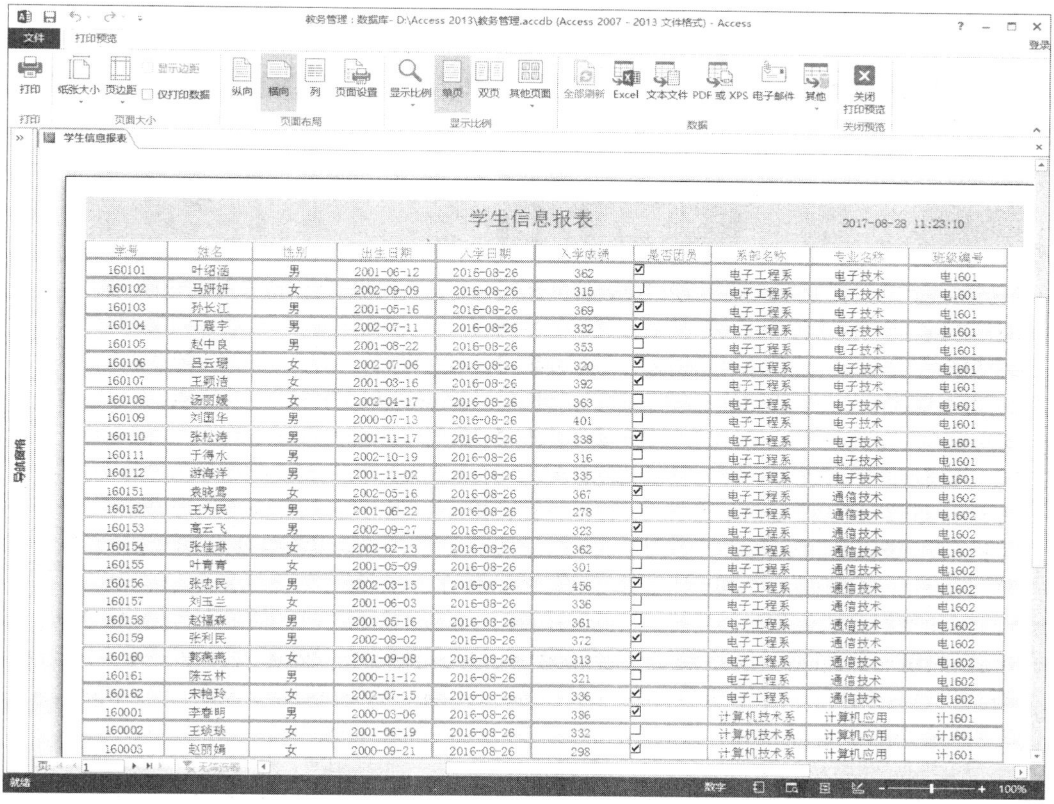

学生信息报表　2017-08-28 11:23:10

学号	姓名	性别	出生日期	入学日期	入学成绩	是否团员	系部名称	专业名称	班级编号
160101	叶绍涵	男	2001-06-12	2016-08-26	362	☑	电子工程系	电子技术	电1601
160102	马妍妍	女	2002-09-09	2016-08-26	315	☐	电子工程系	电子技术	电1601
160103	孙长江	男	2001-05-16	2016-08-26	369	☑	电子工程系	电子技术	电1601
160104	丁震宇	男	2002-07-11	2016-08-26	332	☑	电子工程系	电子技术	电1601
160105	赵中良	男	2001-08-22	2016-08-26	353	☐	电子工程系	电子技术	电1601
160106	吕云珊	女	2002-07-06	2016-08-26	320	☑	电子工程系	电子技术	电1601
160107	王颖洁	女	2001-03-16	2016-08-26	392	☑	电子工程系	电子技术	电1601
160108	汤丽媛	女	2002-04-17	2016-08-26	363	☐	电子工程系	电子技术	电1601
160109	刘国华	男	2000-07-13	2016-08-26	401	☐	电子工程系	电子技术	电1601
160110	张松涛	男	2001-11-17	2016-08-26	338	☑	电子工程系	电子技术	电1601
160111	于得水	男	2002-10-19	2016-08-26	316	☐	电子工程系	电子技术	电1601
160112	游海洋	男	2001-11-02	2016-08-26	335	☐	电子工程系	电子技术	电1601
160151	袁晓言	女	2002-05-16	2016-08-26	367	☑	电子工程系	通信技术	电1602
160152	王为民	男	2001-06-22	2016-08-26	278	☐	电子工程系	通信技术	电1602
160153	高云飞	男	2002-09-27	2016-08-26	323	☑	电子工程系	通信技术	电1602
160154	张佳琳	女	2002-02-13	2016-08-26	362	☐	电子工程系	通信技术	电1602
160155	叶青青	女	2001-05-09	2016-08-26	301	☐	电子工程系	通信技术	电1602
160156	张忠民	男	2002-03-15	2016-08-26	456	☑	电子工程系	通信技术	电1602
160157	刘玉兰	女	2001-06-03	2016-08-26	336	☐	电子工程系	通信技术	电1602
160158	赵福森	男	2001-05-16	2016-08-26	361	☐	电子工程系	通信技术	电1602
160159	张利民	男	2002-08-02	2016-08-26	372	☑	电子工程系	通信技术	电1602
160160	郭燕燕	女	2001-09-08	2016-08-26	313	☑	电子工程系	通信技术	电1602
160161	陈云林	男	2000-11-12	2016-08-26	321	☐	电子工程系	通信技术	电1602
160162	宋艳玲	女	2002-07-15	2016-08-26	336	☑	电子工程系	通信技术	电1602
160001	李春明	男	2000-03-06	2016-08-26	386	☑	计算机技术系	计算机应用	计1601
160002	王琰琰	女	2001-06-19	2016-08-26	332	☐	计算机技术系	计算机应用	计1601
160003	赵丽娟	女	2000-09-21	2016-08-26	298	☑	计算机技术系	计算机应用	计1601

图 5.70　在“打印预览”视图中打开报表

（3）在"打印预览"视图中，通过在"打印预览"选项卡的"显示比例"组中选择以下命令来更改报表的显示比例。

- 单击"显示比例"按钮并选择所需的显示比例。
- 在 Access 窗口右下角的滑杆控件 ━━━━━━ ━ ━ 100% 上单击加号、减号按钮或拖动滑块。
- 单击"单页"按钮或"双页"按钮。
- 单击"其他页面"按钮并选择"四页"、"八页"或"十二页"命令。

（4）若要设置纸张大小，可在"打印预览"选项卡的"页面布局"组中单击"纸张大小"命令，然后从弹出菜单中选择所需的尺寸（例如 A4）。

（5）若要更改打印方向，可在"打印预览"选项卡的"页面布局"组中单击"纵向"或"横向"命令。

（6）若要更改页边距，可在"打印预览"选项卡的"页面布局"组中单击"页边距"下拉框，然后选择"普通"、"宽"或"窄"选项。

（7）若要对各项页面参数进行精确设置，可在"打印预览"选项卡的"页面布局"组中单击"页面设置"命令，然后在"页面设置"对话框中选择适当的选项卡，并对相关参数进行设置。

- 在"页面设置"对话框中选择"打印选项"选项卡，可对上、下、左、右页边距进行设置，如图 5.71 所示。
- 在"页面设计"对话框中选择"页"选项卡，可对打印方向、纸张大小、纸张来源及所用的打印机进行设置，如图 5.72 所示。

图 5.71 设置页边距　　　　　　图 5.72 选择"页"选项卡设置页面

（8）如果对打印预览效果满意，可对报表进行打印输出，操作方法是：在"打印预览"选项卡的"打印"组中单击"打印"命令，然后在图 5.73 所示的"打印"对话框中选择打印机、打印范围及打印份数，再单击"确定"按钮。

（9）完成报表的页面设置、打印预览和打印输出后，可在"打印预览"选项卡的"关闭预览"组中单击"关闭打印预览"命令，以返回"报表"视图。

图 5.73　"打印"对话框

知识与技能

在"打印预览"视图中，除了预览报表打印效果或使用打印机打印输出报表之外，还可以将报表中的数据导出到文件中。为此，可以在"打印预览"选项卡的"数据"组中单击下列命令之一。

- 若要将报表数据导出到 Excel 电子表格中，可单击"Excel"命令。
- 若要将报表数据导出到文本文件中，可单击"文本文件"命令。
- 若要将报表数据导出到 PDF 或 XPS 文件中，可单击"PDF 或 XPS"命令。
- 若要将报表数据作为电子邮件的附件发送，可单击"电子邮件"命令。
- 若要将报表数据导出到其他文件中，可单击"其他"并选择所需的命令。

项目小结

本项目通过 9 个任务讲述了如何在 Access 2013 中创建和应用报表，包括使用构建工具快速创建报表，以及使用手工方式在设计视图中创建报表。

1. 报表的作用、视图和组成

报表是一种 Access 数据库对象，可以用于对数据库中的数据进行计算、分组、汇总和打印。如果要按照指定的格式来打印、输出数据库中的数据，使用报表是一种理想的方法。

报表有 4 种视图："设计"视图、"报表"视图、"布局"视图和"打印预览"视图。在制作报表的过程中，通常选择"设计"视图或"布局"视图；完成报表设计后，可以在"报表"视图或"打印预览"视图中查看或打印报表。

报表可由一系列的节组成，包括报表页眉节、页面页眉节、组页眉节、主体节、组页脚节、页面页脚节及报表页脚节。每个节都有其特定的用途，可将适当的内容添加到不同的节中。

2. 创建报表的方法

在 Access 2013 中，可以使用以下方法来创建报表。

（1）使用报表工具创建报表。这是最快的报表创建方式，只要指定表或查询作为报表的数据来源并选择报表工具，就会立即生成报表，而不提示任何信息。

（2）使用报表向导创建报表。此方法可以选择在报表上显示哪些字段，也可以指定数据的分组和排序方式。此外，如果事先指定了表与查询之间的关系，还可以使用来自多个表或查询的字段。

（3）使用标签向导创建报表。此方法可以轻松地创建各种标准大小的标签。

（4）使用空白报表工具创建报表。使用这种方法可以从头生成报表，首先新建一个空白报表，然后在其中添加字段和控件，并可对该报表的布局进行调整。

（5）使用报表设计工具创建报表。此方法可以在"设计"视图中打开一个空白报表，然后添加字段和控件，并可以使用"设计"选项卡对报表布局进行调整。

学习本项目时，除了掌握使用上述方法外，还要掌握创建分组报表或汇总报表、创建和使用子报表及设置报表、创建包含图表的报表页面、预览和打印报表的方法。

项目思考

一、选择题

1. 使用报表向导时，最多可按（　　）个字段对记录进行排序。

A. 2 　　　　　　　　　　　　B. 4

C. 6 　　　　　　　　　　　　D. 8

2. 向报表中添加字段时，可在按住（　　）键同时选择多个字段。

A. Alt 　　　　　　　　　　　B. Ctrl

C. Shift 　　　　　　　　　　D. Tab

3. 若要显示"字段列表"窗格，可按（　　）键。

A. Alt+F8 　　　　　　　　　B. F4

C. F8 　　　　　　　　　　　D. Alt+F4

4. 要在报表上显示总页数，应将文本框的"控件来源"属性设置为（　　）。

A. =[Page] 　　　　　　　　　B. =[Pages]

C. =Now() 　　　　　　　　　D. =Date()

5. 在下列各项中，（　　）不是报表的视图。

A. "报表"视图 　　　　　　　B. "数据表"视图

C. "打印预览"视图 　　　　　D. "布局"视图

6. 在（　　）中可包含分组依据的字段。

A. 报表页眉节 　　　　　　　B. 页面页眉节

C. 组页眉节 　　　　　　　　D. 主体节

7. 设置原型标签内容时，字段名应包含在（　　）中。

A. < > 　　　　　　　　　　　B. []

C. ( ) 　　　　　　　　　　　D. { }

8. 在下列各项中，（　　）不是"报表设计工具"选项卡包含的子选项卡。

A. "设计"选项卡 　　　　　　B. "排列"选项卡

C. "格式"选项卡 　　　　　　D. "样式"选项卡

9. 在下列各项中，（　　　）不是图表向导提供的图形类型。

    A．柱形图   B．条形图

    C．雷达图   D．饼图

二、判断题

1. 使用报表工具创建报表之前，首先需要选择一个表或查询作为报表的数据源。

                                                                 （　　　）

2. 报表与窗体的共同点是，在窗体和报表中都能输入和修改数据。（　　　）

3. 使用报表向导创建报表时可以从各表或查询中选择字段。（　　　）

4. "记录源"属性指定用于打开报表的窗口所显示的标题。（　　　）

5. 报表的"默认视图"属性可以是"报表视图"或"布局视图"。（　　　）

6. 报表中每个组由组页眉、组文本和组页脚组成。（　　　）

7. 要在报表进行计算，应在报表主体节中添加绑定文本框控件。（　　　）

8. 若要在主报表中插入一个子报表，首先必须保证主报表与子报表的记录源之间建立了正确的关系。（　　　）

三、简答题

1. 报表与窗体有哪些共同点？有哪些区别？

2. 报表由哪些节组成？

3. 在报表中进行计算时，应将未绑定文本框添加在哪个节中？

4. 在报表中添加图表控件后，如果在"设计"视图中看不到正确的数据应该怎么办？

项目实训

1. 使用报表工具创建一个报表，用于显示学生的基本信息。

2. 使用报表向导创建一个报表，用于按系部来查看学生信息。

3. 使用标签向导创建一个报表，用于显示学生基本信息。

4. 使用空白报表工具创建一个报表，用于学生的各科成绩。

5. 使用设计视图创建一个报表，用于显示学生的详细信息。

6. 创建一个学生成绩报表，要求按班级分组并对每个班级计算平均值。

7. 创建一个包含子报表的报表，在主报表中显示学生信息，在子报表中显示学生的成绩信息。

8. 创建一个包含子报表的报表，在主报表中显示教师信息，在子报表中显示教师的授课信息。

9. 创建一个包含图表的报表，通过图表对各个班级的入学成绩平均值进行比较。

10. 创建一个报表，用于显示教师详细信息，并将该报表导出到 PDF 文件中。

宏的创建和应用

在前面各项目中学习了表、查询、窗体和报表等类型的 Access 数据库对象。每种类型的数据库对象都有其特定用途，可以独立完成特定的数据处理任务。为了使各种数据库对象相互协调、相互调用，还需要借助另一种数据库对象来实现，这就是宏。宏是一种工具，可以用来自动完成任务，并向窗体、报表和控件中添加功能。在 Access 中，可以将宏看作一种简化的编程语言，编写这种生成一系列要运行的操作。通过使用宏，无须在 VBA 模块中编写代码，即可向窗体、报表和控件中添加所需的功能。宏提供了 VBA 中可用命令的子集，生成宏通常要比编写 VBA 代码容易。本项目将学习和掌握在 Access 2013 中创建和应用宏的方法，通过宏来打开数据库对象、实现记录操作和窗体查询，以及通过宏来验证密码、导出子窗体数据、邮寄报表数据及集成数据库管理系统等。

项目目标

◆ 理解宏的概念、类型和结构
◆ 掌握创建和使用独立宏的方法
◆ 掌握创建和使用嵌入宏的方法
◆ 掌握运行和调试宏的方法
◆ 掌握常用宏操作的使用方法

任务 6.1 通过宏打开数据库对象

任务描述

在 Access 2013 中，双击导航窗格中某个数据库对象，便可以在默认视图中打开该对象。如果要在指定视图中打开某个数据库对象，则需要在导航窗格中用鼠标右键单击该对象并从弹出的菜单中选择所需的视图。除了使用导航窗格外，也可以通过创建自定义窗体来打开数据库对象，为此可以在窗体上添加命令按钮控件，并指定单击命令按钮时执行的宏对象，完成打开指定数据库对象的操作。

本任务将学习创建和应用宏的方法，并创建一个自定义窗体，运行该窗体时可以从组合框中选择要打开的数据库对象，然后通过单击命令按钮来打开该数据库对象。此外，还可以通过单击命令按钮来关闭当前窗体，或者退出 Access 2013 应用程序。

实现步骤

首先，需要创建一个窗体，然后创建一个宏组，最后通过设置窗体上命令按钮的事件过程，以指定单击命令按钮时执行的宏。

1. 创建"打开数据库对象"窗体

下面使用窗体设计工具创建一个窗体，然后在该窗体上添加一些控件，包括标签、组合框及命令按钮等。

（1）打开教务管理数据库。

（2）在"创建"选项卡的"窗体"组中单击"窗体设计"命令，此时在"设计"视图中打开一个空白窗体，将其保存为"打开数据库对象"。

（3）在"设计"选项卡的"窗体页眉/页脚"组中单击"标题"命令，在窗体页眉节中添加标题，标题中输入文字内容为"打开数据库对象"，如图 6.1 所示。

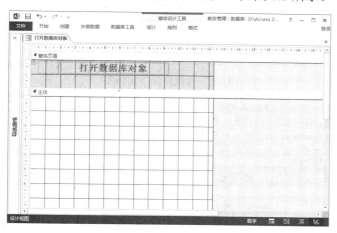

图 6.1　在窗体页眉节中输入标题

（4）确保"设计"选项卡"控件"组中的"使用控件向导"选项处于选中状态，单击该组中的"组合框"控件，然后单击窗体主体节以添加组合框控件。

（5）在图 6.2 所示的"组合框向导"对话框中，选择"自行键入所需的值"选项，然后单击"下一步"按钮。

（6）在图 6.3 所示的"组合框向导"对话框中，依次输入要在组合框中显示的各个表的名称，包括"系部"、"班级"、"学生"、"教师"、"课程"、"授课"及"成绩"，然后单击"下一步"按钮。

（7）在图 6.4 所示的"组合框向导"对话框中，将组合框标签指定为"表名称："，然后单击"完成"按钮。

此时，一个附有标签的未绑定组合框控件添加到窗体上，如图 6.5 所示。

宏的创建和应用

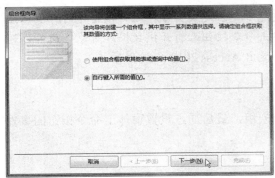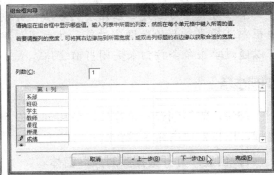

图 6.2　确定组合框获取数据的方式　　　　图 6.3　确定在组合框显示的值

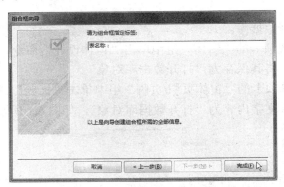

图 6.4　为组合框指定标签

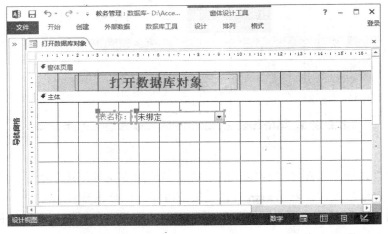

图 6.5　用向导在窗体上添加未绑定的组合框控件

（8）按 F4 键以显示"属性表"窗格，单击已添加的组合框控件，然后在"属性表"窗格中将该控件名称更改为 cmbTableName。这个名称将在创建宏时引用。

（9）在组合框 cmbTableName 右边添加一个命令按钮，并命名为 cmdOpenTable，将其标题更改为"打开表"。

（10）在组合框 cmbTableName 下方添加另一个组合框控件和另一个按钮，将该组合框命名为 cmbQueryName，将其"行来源"属性设置为一组查询名称，即"学生基本信息";"教师基本信息";"学生课程成绩"；将该按钮命名为 cmdOpenQuery，标题设置为"打开查询"。

（11）在组合框 cmbQueryName 下方添加另一个组合框控件和另一个按钮，将该组合框命名为 cmbFormName，将其"行来源"属性设置为一些窗体的名称（"学生信息管理";"学生主窗体";"教师详细信息"）；将该按钮命名为 cmdOpenForm，标题设置为"打开窗体"。

（12）在组合框 cmbFormName 下方添加另一个组合框控件和另一个按钮，将该组合框命名为 cmbReportName，将其"行来源"属性设置为一组报表的名称（"学生基本信息";"教师基本信息标签";"学生信息报表";"学生成绩报表"），将该按钮命名为 cmdOpenReport，标题设置为"打开报表"。

（13）在组合框 cmbReportName 下方画一条线段。

（14）在线段下方添加两个按钮，分别命名为 cmdClose 和 cmdQuit，标题分别设置为"关闭窗口"和"退出程序"。窗体用户界面设计效果如图 6.6 所示。

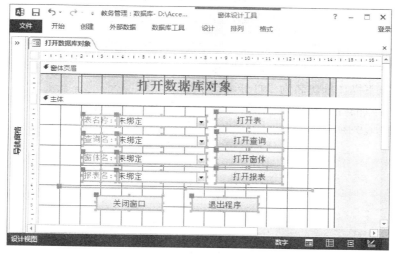

图 6.6 "打开数据库对象"窗体用户界面设计效果

2. 创建"打开数据库对象"宏组

当从某个组合框中选择一个数据库对象并单击该组合框右边的命令按钮时，应能打开这个数据库对象。为此，需要创建一个名为"打开数据库对象"的宏组，其中包含 4 个子宏，每个宏用于打开特定的数据库对象。

（1）在"创建"选项卡的"宏与代码"组中单击"宏"命令，如图 6.7 所示。

图 6.7 选择"宏"命令

此时，将打开宏生成器，同时显示与创建宏相关的"设计"选项卡，如图 6.8 所示。

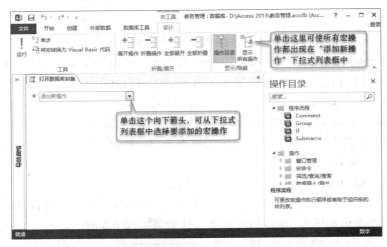

图 6.8　宏生成器窗口与宏设计相关的选项卡

（2）单击快速访问工具栏上的"保存"按钮，将宏保存为"打开数据库对象"，此时在导航窗格的"宏"类别中可以看到这个宏对象。

（3）通过以下操作创建名为"打开表"子宏。

① 单击"添加新操作"框右侧的向下箭头并选择 Submacro 操作，然后将子宏命名为"打开表"，如图 6.9 所示。

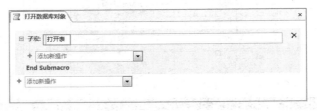

图 6.9　创建并命名子宏

提示： 在一个宏对象中可以创建多个子宏。对于每个子宏都要指定一个唯一的名称。每个子宏可以包含多个宏操作，并以 End Submacro 结束。与 Access 早期版本相比，Access 2013 创建子宏和设置宏操作的方法有很大变化。

② 在子宏"打开表"下方单击"添加新操作"框右侧的箭头，选择 If 操作，在"条件表达式"框中输入"Not IsNull([Forms]![打开数据库对象]![cmbTableName])"，如图 6.10 所示。

图 6.10　设置 If 操作的条件表达式

提示：If 操作用于指定一个条件表达式，当该表达式的值为 True 时，将执行下面指定的宏操作。IsNull 函数返回一个布尔值，如果返回值为 True，则表示测试表达式包含无效数据；Not 为逻辑运算符，用于对结果取反；表达式 "[Forms]![打开数据库对象]![cmbTableName]" 引用 "打开数据库对象" 窗体上名称为 cmbTableName 的组合框控件的值。如果用户已从该组合框中选择了一个表名称，则 IsNull 函数返回 False 值，再进行 Not 运算取非，条件表达式最终结果为 True，此时将执行 "If…Then" 下面一行中指定的宏操作。

③ 在 If 操作下方单击 "添加新操作" 框右侧的向下箭头，选择 OpenTable 操作，在 "表名称" 框中输入 "=[Forms]![打开数据库对象]![cmbTableName]"，"视图" 参数设置为 "数据表"，"数据模式" 设置为 "编辑"，如图 6.11 所示。

图 6.11　添加并设置 OpenTable 操作

提示：OpenTable 宏操作用于打开数据库中的一个表。OpenTable 宏操作有 3 个参数："表名称""视图"和"数据模式"，这些参数分别指定要打开的表名称、打开这个表时所使用的工作视图及数据模式。当使用一个表达式的值来设置"表名称"参数时，必须在这个表达式前面添加一个等号 "="。

④ 单击 OpenTable 操作框左上角的减号按钮以折叠该操作；单击 If 操作框右下角的"添加 Else"链接，在 Else 下方单击 "添加新操作" 框右侧的向下箭头，选择 MessageBox 操作（用于弹出消息框），在"消息"框中输入"请选择要打开的表!"，在"标题"框中输入"提示信息"，其他参数取默认值。完成设置后将 MessageBox 操作折叠起来，如图 6.12 所示。

图 6.12　添加并设置 MessageBox 操作

提示：通过设置 Else 分支指定当 If 条件不成立时执行的宏操作。

⑤ 完成 "打开表" 子宏创建后，通过单击减号按钮将其折叠起来。

（4）通过以下操作创建"打开查询"子宏。

① 在子宏"打开表"下方单击"添加新操作"框右侧的向下箭头，选择 Submacro 创建新的子宏，并将这个子宏命名为"打开查询"。

② 在子宏"打开查询"下方单击"添加新操作"框右侧的向下箭头，选择 If 操作；然后在 If 操作的"条件表达式"框中输入以下语句。

```
Not IsNull([Forms]![打开数据库对象]![cmbQueryName])
```

③ 在"If"操作行下方单击"添加新操作"框右侧的向下箭头，选择 OpenQuery 操作；在"查询名称"参数框输入以下表达式。

```
=[Forms]![打开数据库对象]![cmbQueryName]
```

将 OpenQuery 操作的"视图"参数设置为"数据表"，"数据模式"参数设置为"编辑"；然后折叠 OpenQuery 操作。

④ 在 If 操作框中单击"添加 Else"链接，选择 MessageBox 操作，将其"消息"参数设置为"请选择要打开的查询!"，"标题"参数设置为"提示信息"，其他参数均取默认值；然后将 MessageBox 操作折叠起来，如图 6.13 所示。

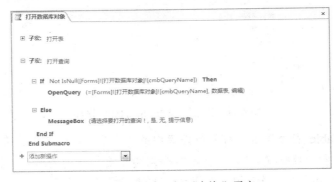

图 6.13　创建"打开查询"子宏

⑤ 通过单击减号按钮将子宏"打开查询"折叠起来。

（5）通过以下操作创建"打开窗体"子宏。

① 在子宏"打开查询"下方单击"添加新操作"框右侧的向下箭头，选择 Submacro 以创建新的子宏，然后将这个子宏命名为"打开窗体"。

② 在子宏"打开窗体"下方单击"添加新操作"框右侧的向下箭头，选择 If 操作；在 If 操作的"条件表达式"框中输入以下语句。

```
Not IsNull([Forms]![打开数据库对象]![cmbFormName])
```

③ 在 If 操作行下方单击"添加新操作"框右侧的向下箭头，选择 OpenForm 操作；在"窗体名称"参数框输入以下表达式。

```
=[Forms]![打开数据库对象]![cmbFormName]
```

将 OpenForm 操作的"视图"参数设置为"窗体"，"数据模式"参数设置为"编辑"，"窗口模式"参数设置为"普通"；然后折叠 OpenForm 操作。

④ 在 If 操作框中单击添加 Else 链接，选择 MessageBox 操作，将其"消息"参数设置为"请选择要打开的查询!"，"标题"参数设置为"提示信息"，其他参数均取默认值；然后将 MessageBox 操作折叠起来，如图 6.14 所示。

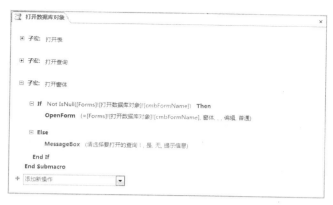

图 6.14 创建"打开窗体"子宏

⑤ 单击减号按钮，将子宏"打开窗体"折叠起来。

（6）通过以下操作创建子宏"打开报表"。

① 在子宏"打开窗体"下方单击"添加新操作"框右侧的向下箭头，选择 Submacro 以创建新的子宏，然后将这个子宏命名为"打开报表"。

② 在子宏"打开报表"下方单击"添加新操作"框右侧的向下箭头，选择 If 操作；在 If 操作的"条件表达式"框中输入以下语句。

```
Not IsNull([Forms]![打开数据库对象]![cmbReportName])
```

③ 在 If 操作行下方单击"添加新操作"框右侧的向下箭头，选择 OpenReport 操作；在"查询名称"参数框输入以下表达式。

```
=[Forms]![打开数据库对象]![cmbReportName]
```

将 OpenReport 操作的"视图"参数设置为"报表"，"窗口模式"参数设置为"普通"；然后折叠 OpenReport 操作。

④ 在 If 操作框中单击"添加 Else"链接，选择 MessageBox 操作，将其"消息"参数设置为"请选择要打开的报表！"，"标题"参数设置为"提示信息"，其他参数取默认值；然后将 MessageBox 操作折叠起来，如图 6.15 所示。

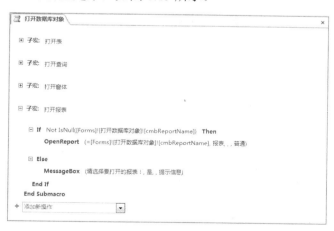

图 6.15 创建"打开报表"子宏

⑤ 单击减号按钮，将子宏"打开报表"折叠起来。

（7）单击"设计"选项卡的"折叠/展开"组中的"全部折叠"命令，使宏组中的 4 个子宏都处在折叠状态，如图 6.16 所示。

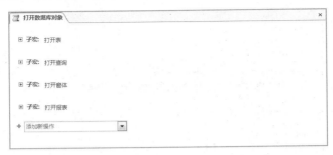

图 6.16　"打开数据库对象"宏组包含的子宏

（8）创建"打开数据库对象"宏组完成后，关闭宏生成器。

3．指定单击命令按钮时运行的宏

下面通过设置窗体上命令按钮的事件属性将宏与窗体联系起来。

（1）在"设计"视图中打开"打开数据库对象"窗体，按 F4 键显示属性表。

（2）在窗体上单击"打开表"按钮，在属性表中选择"事件"选项卡，将"单击"事件属性设置为"打开数据库对象.打开表"，如图 6.17 所示。

图 6.17　选择"打开表"子宏

（3）使用相同的方法，将"打开查询"按钮的"单击"事件属性设置为"打开数据库对象.打开查询"，如图 6.18 所示。

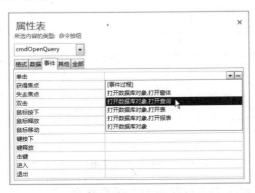

图 6.18　选择"打开查询"子宏

（4）在窗体上单击"打开窗体"按钮，在属性表的"事件"选项卡中将其"单击"事件属性设置为"打开数据库对象.打开窗体"；使用相同的方法，将"打开报表"按钮的"单击"事件属性设置为"打开数据库对象.打开报表"。

（5）在窗体上单击"关闭窗口"按钮，在属性表中选择"事件"选项卡，单击"单击"事件属性框右侧的⋯按钮，如图6.19所示。

当出现图6.20所示的"选择生成器"对话框时，在列表框中选择"宏生成器"，然后单击"确定"按钮。

图6.19　设置"单击"事件

图6.20　选择宏生成器

（6）此时将打开宏生成器，用于创建嵌入宏。选择CloseWindow宏操作，设置"对象类型"参数为"窗体"，"对象名称"参数为"打开数据库对象"，"保存"参数为"提示"，如图6.21所示。

图6.21　在宏生成器创建嵌入宏

（7）关闭宏生成器。

由于所创建的宏是一个嵌入宏，是命令按钮的一个组成部分，故在导航窗格中不可见。

（8）重复步骤（4）～（6），将"退出系统"按钮的"单击"事件属性设置为另一个嵌入宏。打开宏生成器后，添加If操作，并在"条件"行输入以下条件表达式。

```
1=MsgBox("您确实要退出Access 2013应用程序吗？", 1+32, "提示信息")
```

提示： MsgBox函数是一个VBA函数，用于显示包含提示或警告信息的消息框。这个函数有三个参数：第一个参数指定要显示的文本信息，第二个参数指定要显示的图标和按钮（1表示显示"确定"和"取消"按钮，32表示问号图标），第三个参数指定消息框的标题。如果用户单击"确定"按钮，则MsgBox函数的返回值为1。

（9）在"添加新操作"下拉列表中选择QuitAccess操作（用于退出Access应用程序），并将"选项"参数设置为"全部保存"，如图6.22所示。

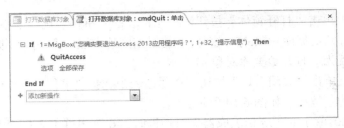

图 6.22　为"退出程序"按钮设置嵌入宏

（10）保存窗体，然后在"窗体"视图中对窗体功能进行以下测试，如图 6.23 所示。
- 选择一个数据库对象并单击相应的命令按钮，此时打开该数据库对象。
- 如果未选择数据库对象而单击命令按钮，则会弹出一个消息框。
- 单击"关闭窗体"按钮，则会关闭当前窗口。
- 单击"退出程序"按钮，将会弹出一个消息框，单击"确定"按钮，则会退出 Access 2013 应用程序。

图 6.23　通过单击命令按钮执行独立宏或嵌入宏

知识与技能

　　宏是 Access 数据库中的一种重要对象。通过宏可以对 Access 数据库中的表、查询、窗体和报表进行组织，从而自动执行常规任务。例如，通过运行宏可以使用户在单击某个命令按钮时打印报表。不过，使用宏也可能无法执行某些复杂的任务，在这种场合可以通过 VBA（Visual Basic for Application）编程来实现所需的功能。开发 Access 数据库应用程序时，使用宏还是使用 VBA 主要取决于要完成的任务。

1．宏的概念

　　宏是用来自动执行任务的一个操作或一组操作，这些操作称为宏操作，每个宏操作可以实现特定的功能，例如打开某个窗体或报表等。每个宏操作都有一个名称，操作的命名由 Access 确定，用户不能更改。一个宏中的所有操作都封装在一起，一次必须执行所有操作，而不能只执行其中的部分操作。宏操作是宏的基本组成部分，可以与其他操作相结合来自动执行任务。Access 2013 提供了几十种预定义的宏操作，为应用开发带来便利。使用这些预定义的宏操作可以完成许多开发工作，且不需要编写代码。

　　宏组是指共同存储在一个宏名下的相关子宏的集合，该集合通常只作为一个宏引用，通过宏组可以执行一系列相关的操作。将相关的子宏分到不同的宏组中，可以更方便地对数据库进行管理。宏可以按照其名称来引用。在宏组中，每个子宏必须有自己的宏名，需要时可以通过"宏组名.子宏名"格式来引用这些子宏。

2．宏的类型

在 Access 2013 中，宏分为独立宏和嵌入宏。独立宏包含在宏对象中，独立于其他数据库对象而存在。独立的宏对象在导航窗格中的"宏"类别下可见，可以通过在导航窗格中双击宏对象来运行。嵌入宏已成为所嵌入到的窗体、报表或控件的一部分。嵌入宏在导航窗格中是不可见的，只能通过包含它的窗体、报表或控件来运行。

在本任务中，创建了一个名为的"打开数据库对象"的独立宏对象，这就是一个宏组，它由"打开表"、"打开查询"、"打开窗体"和"打开报表"4 个子宏组成，每个子宏则由两个宏操作组成，通过 If…Then…Else 对执行流程进行控制。如果条件表达式的值为 True，则执行其中的一个宏操作，否则执行另一个宏操作。

为了在单击命令按钮时运行宏，应将命令按钮的"单击"事件属性设置为所需的宏。例如，"打开表"按钮的"单击"事件属性被设置为"打开数据库对象.打开表"，其中"打开数据库对象"是宏组名，"打开表"是子宏名。

除了独立宏之外，本任务还创建了两个嵌入宏，分别包含在"关闭窗口"和"退出程序"命令按钮中。

3．宏的结构

宏由条件、操作和参数组成。包含在宏组中的每个子宏，除了前面这些部分外，还必须拥有一个宏名。

（1）宏名：如果宏对象仅包含一个宏，则宏名不是必选的；但对于宏组来说，则必须为其中包含的每个子宏指定一个唯一的宏名。宏对象可以通过其名称来引用；对于子宏，则需要通过"宏组名.子宏名"形式来引用。

（2）宏条件：用于控制宏的执行流程，以便在满足条件时运行宏中的一个或多个操作。若要设置宏操作的执行条件，可在"添加新操作"下拉式列表框中选择 If（也可以在 If 框中单击"添加 ElseIf"链接），然后输入所需的条件表达式。宏条件可以是任何计算结果为 True/False 的表达式。在条件表达式中，可以使用以下格式来引用窗体或报表上的控件值。

```
[Forms]![窗体名称]![控件名称]
[Reports]![报表名称]![控件名称]
```

（3）宏操作：操作是宏的基本组成部分。Access 2013 提供了大量的宏操作，可以用来执行各种常见任务。例如，OpenTable 用来打开表，OpenQuery 用来打开查询，OpenForm 用来打开窗体，OpenReport 用来打开报表。在宏生成器中，可以单击"添加新操作"下拉框，然后选择所需要的宏操作。

（4）参数：为宏操作提供必要的信息。例如，对 OpenTable 操作需要指定"表名称""视图"和"数据模式"3 个操作参数。设置操作参数时，可以从列表框中选择所需的值，也可以使用表达式。如果要使用一个表达式的值作为操作参数，则要在该表达式的前面添加一个等号（=）。

4．创建和编辑宏

若要创建独立宏对象，可在"创建"选项卡的"宏与代码"组中单击"宏"命令。

若要在宏组中创建子宏，可在"添加新操作"框中选择 Submacro 并指定一个名称。

若要创建嵌入宏，可在属性表中选择"事件"选项卡，在窗体、报表或者控件的事件属性框右侧单击对话按钮，并在"选择生成器"对话框中选择"宏生成器"，然后单击"确定"按钮。

若要编辑独立宏，可在导航窗格中用鼠标右键单击宏对象并选择"设计视图"命令；若要编辑嵌入宏，可在属性表中选择包含嵌入宏的窗体、报表或控件，然后在相关属性框右侧单击对话按钮以打开宏生成器。

在宏生成器中打开宏之后，可以对宏进行各种编辑操作。

（1）若要在宏中添加操作，可单击"添加新操作"框右侧的向下箭头，然后从列表中选择所需要的操作并对操作参数进行设置，建议完成设置后将该操作折叠起来。

（2）若要从宏中删除操作，可用鼠标指针指向待删除的操作，然后单击"删除"按钮，如图 6.24 所示。

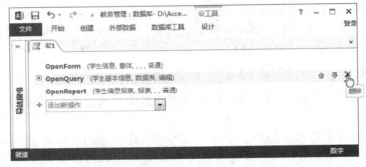

图 6.24　从宏中删除操作

（3）若要调整操作在宏中的位置，可用鼠标指针指向该操作，然后单击"上移"按钮或"下移"按钮。

也可以对宏操作进行复制、剪切和粘贴。此外，还可以对宏操作添加注释，以增加可读性。具体方法是：在"添加新操作"下拉框中选择 Comment，然后输入注释文字，这些注释文字将放置在"/*"与"*/"之间并在屏幕上以绿色斜体文字来表示，如图 6.25 所示。

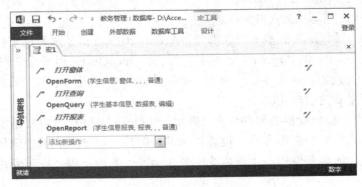

图 6.25　对宏操作添加注释

5．本任务中用到的宏操作

在本任务中，主要用到了以下宏操作。

（1）OpenForm 操作：在"窗体"视图、"设计"视图、"数据表"视图中打开窗体，为窗体选择数据输入和窗口模式，并可以限制窗体显示的记录。

（2）OpenQuery 操作：在"数据表"视图、"设计"视图、或"打印预览"视图中打开选择查询或交叉表查询，以及为查询选择数据输入模式。

（3）OpenReport 操作：在"设计"视图或"打印预览"视图中打开报表，或将报表直接发送到打印机，以及限制报表中打印的记录。

（4）OpenTable 操作：在"数据表"视图、"设计"视图或"打印预览"视图中打开表，以及选择该表的数据输入模式。

（5）CloseWindow 操作：关闭指定的 Access 2013 文档选项卡，如果未指定任何文档选项卡，则关闭活动文档选项卡。

（6）QuitAccess 操作：退出 Access 2013，在退出前保存数据库对象。

本任务用到一个 VBA 函数 MsgBox，可以显示一个包含警告或信息性消息的消息框。例如，可将 MsgBox 函数与验证宏一起使用。当某一控件或记录不满足宏中的验证条件时，消息框将显示错误消息并提供应输入的有关数据类型的说明。

在本任务中，还使用 If、Else 和 Then 生成了程序流程控制结构，以实现二选一的目的。在 If 块和 Else 块中都可以包含多个宏操作。在实际应用中，还可以根据需要添加 Else If 块，以便从更多的操作中进行选择。

任务 6.2　通过宏实现记录操作

任务描述

Access 2013 提供了许多宏操作，用来对数据库记录进行操作。例如，使用 Go To Record 操作可以使打开的表、窗体或查询结果集中的指定记录成为当前记录，也可以添加新记录；使用 Run Menu Command 操作可以执行内置的 Access 2013 命令，以查找、保存、撤销和删除记录等。这些宏操作既可以用在独立宏中，也可以用在嵌入宏中。本任务将学习和掌握通过宏实现记录操作的方法，并在教务管理数据库中创建一个"教师信息管理"窗体，并针对各个命令按钮的"单击"事件创建嵌入宏，以实现记录导航和记录的添加、修改、查找、保存、撤销及删除等操作。

实现步骤

在本任务中，首先基于教师表创建一个窗体，然后在该窗体上添加一些命令按钮，最后针对每个命令按钮创建嵌入宏。

（1）打开教务管理数据库。

（2）在导航窗格中单击教师表，选择该表作为新窗体的数据来源，然后在"创建"选项卡的"窗体"组中单击"窗体设计"命令，此时将在"设计"视图中打开一个空白窗体，在该窗体上添加教师表中的字段并对控件进行排列，如图 6.26 所示。

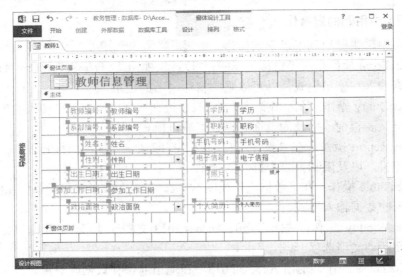

图 6.26 基于教师表创建的窗体

（3）在属性表中将窗体的"标题"属性设置为"教师信息管理"，将其"记录选择器"和"导航按钮"均设置为"否"；单击"保存"按钮，将该窗体保存为"教师信息管理"。

（4）确保"设计"选项卡的"控件"组中的"使用控件向导"选项处于未选定状态，然后单击该组中的"按钮"，在窗体页脚节中添加一个按钮控件，将其命名为 cmdFirst，并将其标题设置为"首记录"。

（5）重复步骤（4），依次在窗体页脚节中添加另外 9 个命令按钮，并将它们分别命名为 cmdPrev、cmdNext、cmdLast、cmdFind、cmdAdd、cmdSave、cmdUndo、cmdDelete 及 cmdClose，将它们的标题分别设置为"上一条"、"下一条"、"末记录"、"查找记录"、"添加记录"、"保存记录"、"撤销记录"、"删除记录"及"关闭窗口"。在"布局"视图中查看该窗体的布局，用户界面的设计效果如图 6.27 所示。

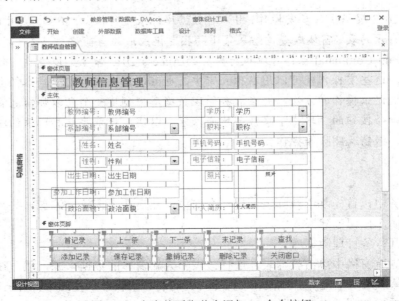

图 6.27 在窗体页脚节中添加 10 命令按钮

（6）创建单击"首记录"按钮时运行的嵌入宏。切换到"设计"视图，按 F4 键以显示属性表，单击窗体上的"首记录"按钮，在属性表中选择"事件"选项卡，单击"单击"属性框右侧的按钮，然后在"选择生成器"对话框中选择"宏生成器"，并单击"确定"按钮；在宏生成器中，从"操作"单元格的列表中选择 Go To Record 操作，并将参数"记录"设置为"首记录"，如图 6.28 所示。

图 6.28　创建单击"首记录"按钮时运行的嵌入宏

（7）在窗体上单击"上一条"按钮，在宏生成器中创建单击该按钮时运行的嵌入宏，这个嵌入宏由 3 个宏操作组成，如图 6.29 所示。

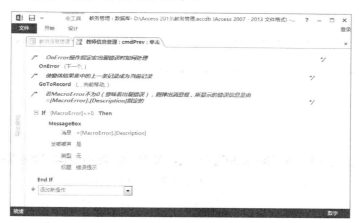

图 6.29　创建单击"上一条"按钮时运行的嵌入宏

（8）在窗体上单击"下一条"按钮，在宏生成器中创建单击该按钮时运行的嵌入宏，这个嵌入宏由 3 个宏操作组成，如图 6.30 所示。

图 6.30　创建单击"下一条"按钮时运行的嵌入宏

（9）在窗体上单击"末记录"按钮，在宏生成器中创建单击该按钮时运行的嵌入宏，这个嵌入宏由 3 个宏操作组成，如图 6.31 所示。

图 6.31　创建单击"末记录"按钮时运行的嵌入宏

（10）在窗体上单击"查找记录"按钮，在宏生成器中创建单击该按钮时运行的嵌入宏，这个嵌入宏由 5 个宏操作组成，如图 6.32 所示。

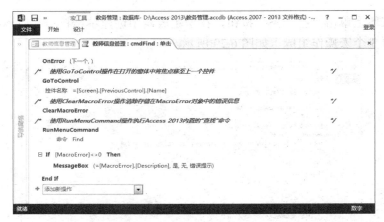

图 6.32　创建单击"查找记录"按钮时运行的嵌入宏

（11）在窗体上单击"添加记录"按钮，在宏生成器中创建单击该按钮时运行的嵌入宏，这个嵌入宏由 3 个宏操作组成，如图 6.33 所示。

图 6.33　创建单击"添加记录"按钮时运行的嵌入宏

（12）在窗体上单击"保存记录"按钮，在宏生成器中创建单击该按钮时运行的嵌入宏，这个嵌入宏由 3 个宏操作组成，如图 6.34 所示。

图 6.34　创建单击"保存记录"按钮时运行的嵌入宏

（13）在窗体上单击"撤销记录"按钮，在宏生成器中创建单击该按钮时运行的嵌入宏，这个嵌入宏由 3 个宏操作组成，如图 6.35 所示。

图 6.35　创建单击"撤销记录"按钮时运行的嵌入宏

（14）在窗体上单击"删除记录"按钮，在宏生成器中创建单击该按钮时运行的嵌入宏，这个嵌入宏由 7 个宏操作组成，如图 6.36 所示。

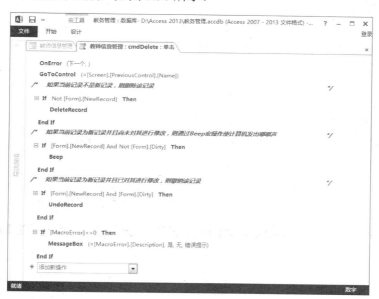

图 6.36　创建单击"删除记录"按钮时运行的嵌入宏

下面对其中的 3 个 If 块加以说明。

- 第一个 If 块：如果条件表达式 Not [Form].[NewRecord]的计算结果为 True，即当前记录不是新记录，则通过 Run Command 宏操作来执行 Access 2013 内置的"删除记录"命令，以删除当前记录。
- 第二个 If 块：如果条件表达式[Form].[NewRecord] And Not [Form].[Dirty]的值为 True，即当前记录为新记录并且尚未对其进行修改，则通过 Beep 宏操作使计算机发出嘟嘟声。
- 第三个 If 块：如果条件表达式[Form].[NewRecord] And [Form].[Dirty]的值为 True，即当前记录为新记录并且已对其进行修改，则通过 Run Command 宏操作来执行 Access 2013 内置的"撤销"命令。

（15）创建单击"关闭窗口"按钮时运行的嵌入宏，通过执行 Close 宏操作来关闭当前窗口，如图 6.37 所示。

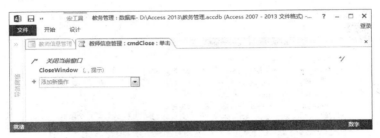

图 6.37 创建单击"关闭窗口"按钮时运行的嵌入宏

（16）保存对窗体设计的修改，切换到"窗体"视图，通过单击各个命令按钮对相应嵌入宏的功能进行测试，如图 6.38 所示。

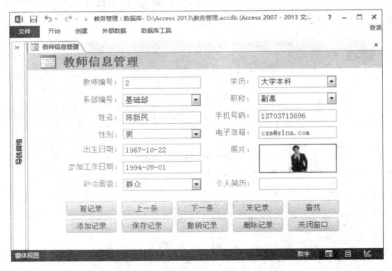

图 6.38 通过宏实现记录操作

知识与技能

在本任务中，通过为命令按钮创建嵌入宏实现了记录导航和记录的编辑操作。下面对本任务中所用到的宏操作做一个简要的归纳。

（1）Beep 宏操作：通过计算机的扬声器发出嘟嘟声。Beep 操作没有任何参数。

（2）ClearMacroError 宏操作：清除存储在 MacroError 对象中错误信息，例如错误说明、宏名、操作名称、条件和参数等。该操作不包含任何参数。如果宏发生错误，错误信息则存储在 MacroError 对象中。如果使用 ClearMacroError 操作清除 MacroError 对象，则会将该对象中的错误号重置为 0。

（3）Go To Control 宏操作：在当前打开的窗体、窗体数据表、表数据表或查询数据表记录中，可以将焦点移至指定的字段或控件上。此时，字段或控件便可以用于比较或 FindRecord 操作。此外，还可以根据某些条件使用此操作在窗体中导航。

Go To Control 宏操作具有一个"控件名称"参数，用于指定需要获得焦点的字段或控件的名称。在宏生成器窗格中"操作参数"部分的"控件名称"框中，可以输入字段或控件的名称，这个参数为必选项。在"控件名称"参数中只需输入字段或控件的名称，而不是完全为限定的标识符。本任务将"控件名称"参数设置为表达式"=[Screen].[PreviousControl]. [Name]"，这样便会把焦点移至上一个控件。

（4）Go To Record 宏操作：使打开的表、窗体或查询结果集中指定的记录成为当前记录。GoToRecord 操作具有以下参数。

- 对象类型：其中的记录要成为当前记录的对象，可以是"表"、"查询"或"窗体"等。将此参数保留为空，可选择活动对象。
- 对象名称：其中的记录要成为当前记录的对象名称。"对象名称"框可显示当前数据库中属于对象类型参数所选类型的所有对象。如果将对象类型参数保留为空，也应将该参数保留为空。
- 记录：要使之成为当前记录的记录。在"记录"列表框中可选择"向前移动"、"向后移动"、"首记录"、"尾记录"、"定位"或"新记录"。默认值为"向后移动"。
- 偏移量：整数或计算结果为整数的表达式。在表达式前面必须使用等号（=）。此参数可指定要使之成为当前记录的记录。可通过两种方式使用偏移量参数：当"记录"参数为"下一条"或"上一条"时，Access 2013 将向前或向后移动偏移量参数所指定的记录数；当"记录"参数为"转到"时，Access 将移动到编号等于偏移量参数的记录。

（5）OnError 宏操作：指定宏出现错误时如何处理。OnError 操作通常放在宏的开头，但也可以放在宏的后面。OnError 操作具有以下参数。

- 转到：指定在遇到错误时应运行的常规行为。其值可以是："下一个"（在 MacroError 对象中记录错误的详细信息，但并不停止宏，宏将继续执行下一操作）、"宏名"（停止当前宏并运行在宏名参数中命名的宏）、"失败"（停止当前宏并显示一条错误消息）。当宏出现错误时，可使用 MsgBox 操作显示由表达式"=[MacroError]. [Description]"指定的错误信息。
- 宏名称：如果将"转到"参数设置为"宏名"，可输入要用于错误处理的宏的名称。输入的名称必须与当前宏的"宏名"列中的名称匹配，不能输入其他宏对象的名称。如果将"转到"参数设置为"下一个"或"失败"，则必须将此参数保留为空。

（6）Run Menu Command 宏操作：执行 Access 2013 内置的命令。Run Menu Command 宏操作具有一个"命令"参数，用于指定要运行的命令的名称，此参数为必选项；可以从

"命令"框选择 Access 2013 中的可用内置命令。本任务通过 RunCommand 宏操作调用了以下内置命令。

- Find："开始"选项卡"查找"组中的"查找"命令。
- SaveRecord："开始"选项卡"记录"组中的"保存记录"命令。
- UndoRecord：快速访问工具栏中的"撤销"命令。
- DeleteRecord："开始"选项卡"记录"组中的"删除记录"命令。

任务 6.3　通过宏实现窗体查询

任务描述

　　通过参数查询，可以在运行查询功能时显示对话框来提示用户输入信息，这些信息可用于搜索条件或作为要插入到字段中的值，为选择查询或操作查询带来更大的灵活性。但是，使用预定义的"输入参数值"对话框时，只能通过文本框来输入参数值，且一次只能输入一个参数值；如果要提供多个参数值，就需要多次显示"输入参数值"对话框。为了改善输入参数值时的用户界面，可以根据查询的需要来创建自定义窗体，并在该窗体上添加各种类型的控件（例如文本框、组合框等），还可以通过子窗体控件来显示查询结果。本任务将学习和掌握使用宏实现窗体查询的方法和步骤，并创建一个"学生成绩查询"窗体，在该窗体上创建 3 个联动的组合框和一个子窗体。当从"系部"组合框中选择一个系部时，将在"班级"组合框中列出所选系部的所有班级；当从"班级"组合框中选择一个班级时，将在"学生"组合框中列出所选班级的所有学生；当从"学生"组合框中选择一个学生时，将在子窗体中列出所选学生的所有课程成绩。这种联动效果是通过组合框控件中的数据发生更改时执行嵌入宏来实现的。

　　这个任务具有一定的实用价值。很多学校往往有成千上万名学生，如果"学生"组合框包含全部在校学生的学号或姓名，要从这个组合框中选择某个学生就很麻烦。通过组合框的联动效果，则可以大大减少"学生"组合框包含的项数，即一次仅显示一个班级的学生，从而提高成绩查询的效率。

实现步骤

　　在本任务中，首先创建 3 个参数查询，然后设计查询窗体的用户界面，最后针对窗体控件创建一些嵌入宏。在参数查询中将用到查询窗体上的控件值，在设置控件事件属性时将用到嵌入宏。

1. 创建参数查询

　　下面创建 3 个参数查询，即"按照系部查询班级""按照班级查询学生"及"按照学生查询成绩"的查询功能。

　　（1）打开教务管理数据库。

　　（2）选择系部表和班级表作为数据来源，创建一个名为"按照系部查询班级"的参数查询，在系部编号字段列的"条件"单元格中输入"[Forms]![学生成绩查询窗体]![系部]"

作为查询参数（其中"学生成绩查询窗体"为查询窗体的名称，"系部"为组合框控件的名称），如图 6.39 所示。

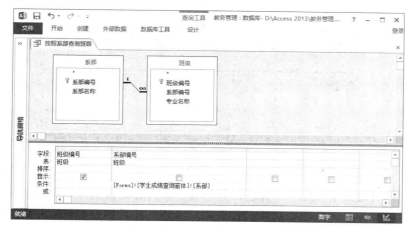

图 6.39　创建"按照系部查询班级"参数查询

（3）选择学生表作为数据来源，创建一个名为"按照班级查询学生"的参数查询，在"班级编号"字段列的"条件"单元格中输入"[Forms]![学生成绩查询窗体]![班级]"作为参数，如图 6.40 所示。

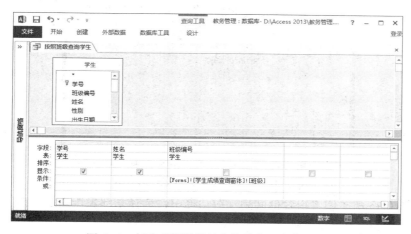

图 6.40　创建"按照班级查询学生"参数查询

（4）选择学生表、课程表和成绩表作为数据来源，创建一个名为"按照学生查询成绩"的参数查询，在"姓名"字段列的"条件"单元格中输入"[Forms]![学生成绩查询窗体]![学生]"作为参数，如图 6.41 所示。

2. 创建窗体用户界面

下面先创建一个空白窗体，然后在该窗体上添加三个组合框和一个子窗体，以完成查询窗体的用户界面设计。

（1）在"设计"视图中创建一个空白窗体，并将其保存为"学生成绩查询窗体"。

（2）按 F4 键以显示属性表，然后将该窗体的"记录选择器"和"导航按钮"属性都设置为"否"。

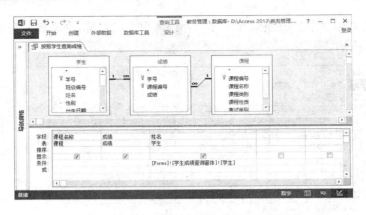

图 6.41 创建"按照学生查询成绩"参数查询

（3）在窗体页眉节中添加一个标题，并将其文字内容设置为"学生成绩查询"。

（4）确保在"设计"选项卡的"控件"组中选中"使用控件向导"选项，然后单击该组中的"组合框"命令，并在主体节中单击鼠标以添加组合框控件。

（5）在图 6.42 所示的"组合框向导"对话框中，选择"使用组合框获取其他表或查询中的值"，然后单击"下一步"按钮。

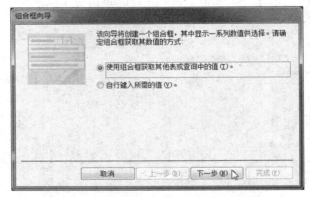

图 6.42 确定组合框获取数据的方式

（6）在图 6.43 所示的"组合框向导"对话框中，选择系部表作为组合框的数据来源，然后单击"下一步"按钮。

图 6.43 确定组合框的数据来源

（7）在图 6.44 所示的"组合框向导"对话框中，将"系部编号"和"系部名称"字段都添加到"选定字段"列表中，然后单击"下一步"按钮。

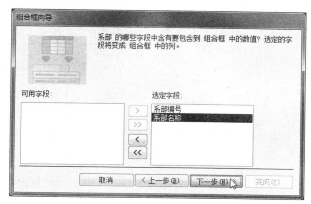

图 6.44　确定在组合框中包含的字段

（8）在图 6.45 所示的"组合框向导"对话框中，确定列表框中的项按照"系部编号"进行升序排序，然后单击"下一步"按钮。

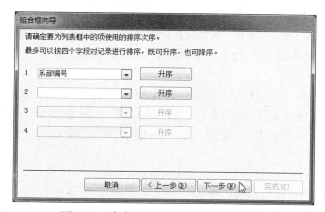

图 6.45　确定列表框中的项的排序次序

（9）在图 6.46 所示的"组合框向导"对话框中，选中"隐藏键列（建议）"复选框，并调整列的宽度，然后单击"下一步"按钮。

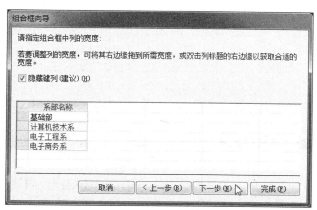

图 6.46　隐藏键列并调整列宽

（10）在图 6.47 所示的"组合框向导"对话框中，将附加在组合框上的标签标题设置为"系部:"，然后单击"完成"按钮，此时一个组合框添加到窗体上，将其命名为"系部"。

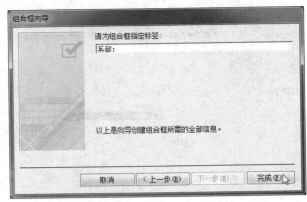

图 6.47　为组合框指定标签

（11）在"属性表"窗格中，将"系部"组合框的"行来源"属性修改为"SELECT 系部.系部编号，系部.系部名称 FROM 系部 WHERE (((系部.系部名称)<>"基础部")) ORDER BY 系部.[系部编号];"，目的是从查询结果中去掉"基础部"。

（12）重复步骤（4）～（10），使用组合框向导创建另一个组合框，设置该组合框的数据来源为"按照系部查询班级"查询，然后将该控件命名为"班级"，并将附加的标签标题设置为"班级:"。

（13）重复步骤（4）～（10），使用组合框向导再创建一个组合框，设置该组合框的数据来源为"按照班级查询学生"查询，将"姓名"字段添加到"选定字段"列表中，然后将该组合框命名为"学生"，将附加标签标题设置为"学生:"。此时的窗体设计效果如图 6.48 所示。

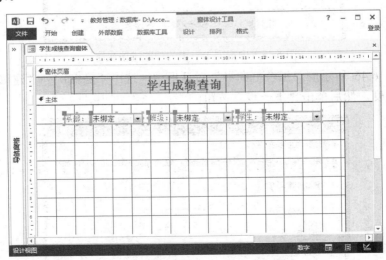

图 6.48　使用向导在窗体上添加组合框控件

（14）确保在"设计"选项卡的"控件"组中选中"使用控件向导"选项，在该组中单击"子窗体/子报表"选项，然后在三个组合框下方单击鼠标右键，以添加子窗体控件。

（15）在图 6.49 所示的"子窗体向导"对话框中，选择"使用现有的表和查询"，然后单击"下一步"按钮。

（16）在图 6.50 所示的"子窗体向导"对话框中，选择"按照学生查询成绩"查询，并将"课程名称"和"成绩"字段添加到"选定字段"列表中，然后单击"下一步"按钮。

图 6.49　确定用于子窗体的数据来源

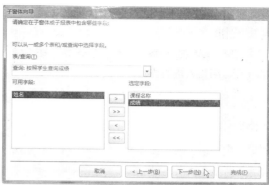

图 6.50　确定子窗体中包含的字段

（17）在图 6.51 所示的"子窗体向导"对话框中，将子窗体命名为"按照学生查询成绩子窗体"，然后单击"完成"按钮。

图 6.51　命名子窗体

（18）删除附加于子窗体的标签，窗体用户界面设计效果如图 6.52 所示。

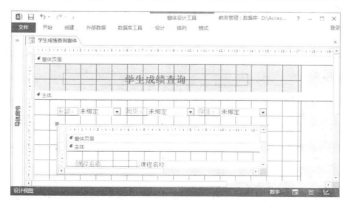

图 6.52　窗体用户界面设计效果

3. 创建实现联动效果的嵌入宏

下面针对窗体上的三个组合框控件的"更改"事件，分别创建三个嵌入宏，以实现这些组合框的联动效果。

（1）在窗体上单击"系部"组合框控件，在属性表中选择"事件"选项卡，单击"更改"事件属性框右侧的 ... 按钮，在"选择生成器"对话框中单击"宏生成器"，然后单击"确定"按钮。

（2）在宏生成器中创建"系部"组合框的值发生变化时运行的嵌入宏，在这个宏中创建一个 If-Else 程序块，要设置一个条件和两个宏操作，如图 6.53 所示。

图 6.53　创建"系部"组合框的值变化时运行的嵌入宏

（3）重复步骤（1）和步骤（2），针对"班级"组合框控件的"更改"事件属性创建一个嵌入宏，如图 6.54 所示。

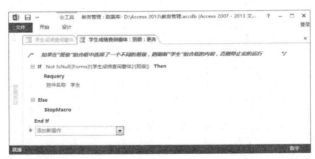

图 6.54　创建"班级"组合框的值变化时运行的嵌入宏

（4）重复步骤（1）和步骤（2），针对"学生"组合框控件的"更改"事件属性创建一个嵌入宏，如图 6.55 所示。

图 6.55　创建"学生"组合框的值变化时运行的嵌入宏

（5）保存对窗体所做的更改，然后切换到"窗体"视图，通过从组合框中选择系部、班级和学生，对各个嵌入宏进行以下测试，如图 6.56 所示。

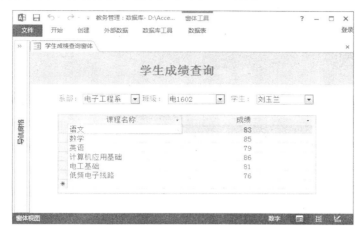

图 6.56　测试"学生成绩查询"窗体

- 从"系部"组合框中选择一个系部，此时"班级"组合框中仅列出该系的所有班级。
- 从"班级"组合框中选择一个班级，此时"学生"组合框中仅列出该班级的所有学生。
- 从"学生"组合框中选择一个学生，此时子窗体中列出该学生的各科成绩。

知识与技能

在本任务中，通过执行嵌入宏实现了组合框与组合框及组合框与子窗体之间的联动效果。嵌入宏是通过设置组合框控件的"更改"事件属性来创建的，在每个嵌入宏中都用到了一个 Requery 宏操作。

使用 Requery 操作可以对活动对象上的指定控件的数据源进行重新查询，以此实现对该控件中数据的更新。如果没有指定控件，该操作会对对象自身的源进行重新查询。使用该操作可确保活动对象或其某个控件显示的是最新数据。

Requery 操作具有一个名为"控件名称"的参数，用于指定要更新的控件的名称。在宏生成器窗格的"操作参数"部分的"控件名称"框中输入控件名称时，只能使用控件名称，不能使用完全限定的标识符。要对活动对象的源进行重新查询，可将该参数保留为空。如果活动对象是数据表或查询结果集，则必须将该参数保留为空。

基于查询或表的控件主要包括：列表框和组合框；子窗体控件；OLE 对象（例如图表）。

如果保留"控件名称"参数为空，Requery 操作的效果就等同于在对象具有焦点的情况下按 Shift+F9 组合键。如果某个子窗体控件具有焦点，则该操作仅对该子窗体的数据源进行重新查询。

在本任务中，Requery 操作用于对组合框和子窗体控件进行重新查询。

Requery 操作可执行以下任务之一：重新运行控件或对象所基于的查询；显示新添加或更改后的记录，以及从控件或对象所基于的表中删除任何已删除的记录。

Requery 操作不影响记录指针的位置。

如果想对并未处于活动对象之上的控件进行重新查询，就必须使用 VBA 模块中的

Requery 方法，而不是 Requery 操作或与之对应的 DoCmd 对象的 Requery 方法。VBA 中的 Requery 方法比 Requery 操作或 DoCmd.Requery 方法要迅速一些。

此外，使用 Requery 操作或 DoCmd.Requery 方法时，Access 2013 会关闭查询然后从数据库中重新加载；而使用 Requery 方法时，Access 将直接重新执行该查询功能，而不执行关闭与重新加载操作。

任务 6.4　通过自动运行宏实现密码验证

任务描述

使用 Access 2013 开发的信息管理系统通常存储在一个 Access 数据库文件中，只要打开该数据库文件，便可以查看和更改数据库中的信息。为了提高系统的安全性，可以在数据库中创建一个用于打开登录窗体的宏，并且将这个宏命名为 AutoExec，以便在打开数据库文件时自动执行这个宏，以模式窗口方式打开登录窗体。

本任务将学习使用自动运行宏实现密码验证的方法，并创建"系统登录"窗体和可自动运行的 AutoExec 宏。在登录窗体上，如果输入了正确的用户名和登录密码，单击"确定"按钮即可进入数据库；如果输入了错误的用户名或密码，单击"确定"按钮时将弹出一个消息框，提示相关输入信息错误；如果未输入用户名和密码而直接单击"确定"按钮，则会弹出一个对话框，提示输入用户名和密码。对于未授权的用户，由于没有有效的账号信息，只能单击"取消"按钮，将关闭数据库。

实现步骤

在本任务中，首先创建"系统登录"窗体用户界面，然后创建单击命令按钮时运行的嵌入宏，最后创建打开数据库时自动运行的命名宏。

1．设计"系统登录"窗体用户界面

下面在"设计"视图中打开一个空白窗体，然后在该窗体上添加一些控件，主要包括文本框和命令按钮。文本框用于输入用户名和密码，命令按钮用于执行密码验证操作。

（1）打开教务管理数据库。

（2）在"创建"选项卡的"窗体"组中单击"窗体设计"，在"设计"视图中打开一个空白窗体，然后在窗体页眉节中插入一个徽标和标题，标题文字设置为"教务管理系统登录"，然后将该窗体保存为"系统登录"。

（3）在属性表中，将窗体的"自动居中"属性设置为"是"，"记录选择器"和"导航按钮"属性设置为"否"，"控制框"和"关闭按钮"属性设置为"否"，"弹出方式"和"模式"属性设置为"是"。

（4）在窗体主体节中添加以下控件。

- 未绑定文本框：将该文本框命名为 txtUsername；将其附加标签的"标题"属性设置为"用户名:"。
- 未绑定文本框：将该文本框命名为 txtPassword，将其"输入掩码"属性设置为

Password；将其附加标签的"标题"属性设置为"密　码："。
- 命令按钮：将其命名为 cmdLogin，将其"标题"属性设置为"登录"。
- 命令按钮：将其命名为 cmdCancel，将其"标题"属性设置为"取消"。

至此，"系统登录"窗体的用户界面设计已完成，其布局设计效果如图 6.57 所示。

图 6.57　"登录"窗体布局设计效果

2. 创建单击命令按钮时运行的嵌入宏

下面针对窗体上的两个命令按钮创建嵌入宏，以实现密码验证功能。

（1）在"设计"视图中，单击窗体上的"确定"按钮，在属性表中选择"事件"选项卡，单击"单击"属性框右侧的按钮，在"选择生成器"对话框中选择"宏生成器"，然后单击"确定"按钮。

（2）在宏生成器中，创建单击"登录"按钮时运行的嵌入宏。这个宏由以下两个 If 程序块和一个 If…Else 程序块组成，如图 6.58 所示。

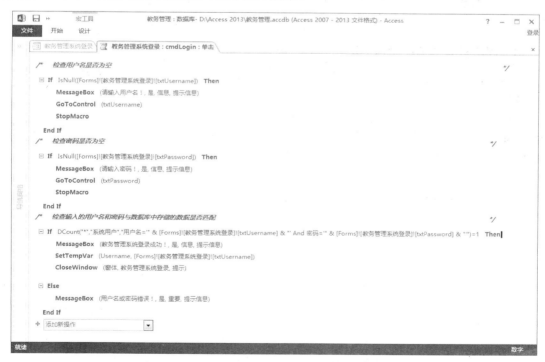

图 6.58　创建单击"登录"按钮时运行的嵌入宏

- 第一个 If 程序块：如果"用户名"框为空，则弹出对话框，提示输入用户名，并将焦点移至"用户名"框，然后停止宏的运行。
- 第二个 If 程序块：如果"密码"框为空，则弹出对话框，提示输入密码，并将焦点移至"密码"框，然后停止宏的运行。
- If···Else 程序块：检查输入的用户名和密码是否与存储在数据库中的字段值相匹配，如果匹配，则弹出对话框提示登录成功，将用户名保存到临时变量中，并关闭"系统登录"窗体。

（3）创建单击"取消"按钮运行的嵌入宏，如图 6.59 所示。

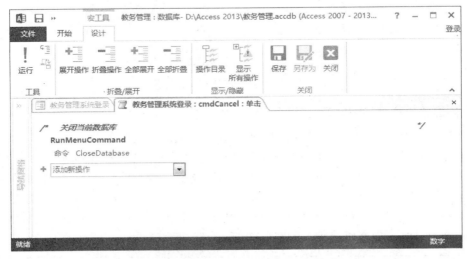

图 6.59　创建单击"取消"按钮时运行的嵌入宏

3．创建打开数据库时自动运行的命名宏

下面创建一个特殊的宏，它能在打开数据库时自动运行，从而打开"系统登录"窗体，并使密码验证功能生效。

（1）在"创建"选项卡的"查询"组中单击"宏"，此时将打开宏生成器，将该宏命名为"AutoExec"；在宏生成器中添加一个注释，然后添加一个 OpenForm 操作，用于打开"系统登录"窗体，如图 6.60 所示。

图 6.60　创建打开数据库时自动运行的命名宏

（2）保存对宏所做的更改，关闭宏生成器，然后关闭当前数据库。

（3）重新在 Access 2013 中打开教务管理数据库，此时将显示"教务管理系统登录"对话框，通过输入用户名和密码并单击相关命令按钮，对嵌入宏进行测试。

- 在未输入用户名的情况下，直接单击"登录"按钮，此时将弹出消息框，提示输入用户名，如图 6.61 所示。

图 6.61　未输入用户名的情形

- 在输入用户名但未输入密码的情况下，单击"登录"按钮，此时将弹出消息框，提示输入密码，如图 6.62 所示。

图 6.62　未输入密码的情形

- 输入了用户名和密码，但输入的用户名和密码与存储在数据库中的信息不匹配，此时将弹出对话框，提示用户名或密码错误，登录失败，如图 6.63 所示。

图 6.63　用户名或密码错误的情形

- 输入了正确的用户名和密码，单击"登录"按钮，此时弹出对话框，提示登录成功。

单击"确定"按钮即可关闭"系统登录"窗体，进入 Access 2013 对数据库进行操作，如图 6.64 所示。

图 6.64　登录成功的情形

- 如果单击"取消"按钮，则关闭当前数据库并返回 Backstage 视图，如图 6.65 所示。

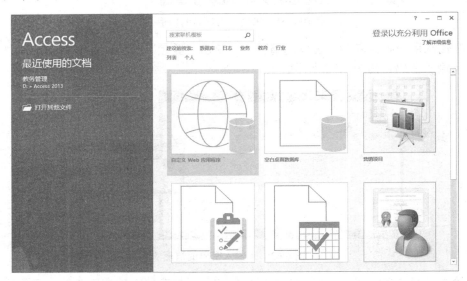

图 6.65　Access 2013 Backstage 视图

知识与技能

在本任务中，通过创建一个自动运行的宏，来打开"系统登录"窗体，然后对用户名和密码进行验证。

1. 宏的运行

一个宏中的所有操作都是封装在一起的，一次必须执行完所有操作，而不能只执行其中的部分操作。不过，如果要对宏进行调试，也可以分步执行宏，即一次执行宏中的一个操作，这样便于确定问题所在。宏的这种运行方式称为单步运行。

若要一次运行宏中包含的所有操作，可以在导航窗格中双击宏对象。

在宏生成器中，宏可以通过以下方式来运行。

如果已经在宏生成器中打开宏对象，可在"设计"选项卡的"工具"组中单击"运行"命令，如图 6.66 所示。

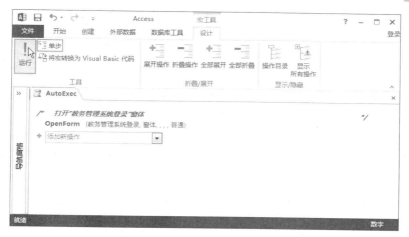

图 6.66　通过"工具"组中的命令运行宏

若要以单步方式来运行宏，可在宏生成器中打开宏，然后在"设计"选项卡的"工具"组中单击"单步"命令。

在实际应用中，宏通常是与窗体控件联系在一起的。设置窗体控件的事件属性时，可以选择已存在的宏对象或子宏。这样，发生控件事件时就会运行相应的宏或子宏。

2．自动运行的宏

通常情况下，可以通过在导航窗格中双击宏对象或者单击命令按钮来运行宏，以执行某个任务。如果希望每次打开数据库时宏都能够自动运行，则可以向 Access 数据库中添加一个名为 AutoExec 的宏，正常情况下打开数据库时这个宏便会自动运行。在本任务中，通过运行 AutoExec 宏来打开"登录"窗体。如果要禁止打开数据库时自动运行 AutoExec 宏，可在打开数据库时按住 Shift 键。

3．DCount 函数

在本任务中，使用宏生成器创建"登录"按钮的嵌入宏时，为了验证用户输入的用户名和密码用到了 DCount 函数。下面介绍一下这个函数的用法。

DCount 函数用于计算指定记录集中的记录数，可在 VBA 模块、宏、查询表达式或计算控件中使用 DCount 函数。语法如下：

```
DCount(表达式, 记录集 [, 准则])
```

其中，"表达式"是必选参数，用于标示要对其记录进行计数的字段。该表达式可以是标示表或查询中字段的字符串表达式，也可以是对该字段中的数据执行计算的表达式。该参数中可以包括表中字段的名称、窗体上的控件、常量或函数。如果该参数中包括函数，则该参数可以是内置函数或用户定义函数，但不能是其他域聚合函数或 SQL 聚合函数。

参数"记录集"也是必选的，它是一个字符串表达式，用于标示构成域的记录集。它可以是不需要参数查询的表名或查询名。

参数"准则"是可选的，是一个字符串表达式，用于限制执行 DCount 函数的数据范围。例如，"准则"通常等效于 SQL 表达式中的 WHERE 子句，只是不包含 WHERE 一词。如果省略"准则"，则 DCount 函数针对整个记录集计算"表达式"。"准则"中包括的任何字段都必须是"记录集"中的字段，否则 DCount 函数将返回 Null。

例如，要计算"系统用户"表中包含的记录数，可以使用以下表达式。

```
DCount("*", "系统用户")
```

要计算"系统用户"表中拥有管理员权限的记录数，则需要在函数 DCount 中添加一个准则参数，即：

```
DCount("*", "系统用户", "权限='管理员'")
```

由于准则参数是一个字符串，所以要使用双引号括起来。在这种情况下，字段值则可以使用单引号括起来。

在本任务中，使用 DCount 函数实现验证密码功能，实际上就是计算"系统用户"表中具有指定用户名和密码的记录数，准则参数同时包含用户名和密码两个字段，而字段值是通过"系统登录"窗体上的文本框分别输入的，两个条件使用逻辑运算符 And 组合起来，使用字符串连接运算符&组合各个部分，通过以下条件表达式来验证用户名和密码。

```
DCount("*","系统用户","用户名='" & [Forms]![教务系统登录]![txtUsername] & "' And 密码='" & [Forms]![教务系统登录]![txtPassword] & "'")=1
```

在宏生成器器中创建"登录"按钮的嵌入宏时，可以将这个表达式作为 If 程序块中的条件表达式。如果这个条件的计算结果为 True，则通过密码验证，通过消息框提示登录成功，单击"登录"按钮即可进入数据库；否则提示用户名或密码错误，登录失败。

4．SetTempVar 宏操作

SetTempVar 宏操作用于创建一个临时变量并将其设置为特定值。在后续操作中可以将该变量用作条件或参数，也可以在其他宏、事件过程、窗体或报表中使用该变量。

SetTempVar 宏操作具有以下参数。

- "名称"：输入临时变量的名称。
- "表达式"：输入将用来为临时变量设置值的表达式。设置该参数时，不要在表达式前面加等号（=）。单击"生成"按钮可以使用表达式生成器设置此参数。

一次最多只能定义 255 个临时变量。如果不删除临时变量，它会一直保留在内存中，直到关闭数据库为止。在使用完临时变量后，最好将其删除。若要删除单个临时变量，请使用 RemoveTempVar 操作并将其参数设置为要删除的临时变量的名称。如果有多个临时变量并且要一次将其全部删除，请使用 RemoveAllTempVars 操作。

临时变量是全局的。一旦创建了临时变量，就可以在宏、事件过程、VBA 模块、查询或表达式中引用。例如，如果创建了名为 Username 的临时变量，就可以使用下面的语法将该变量用作文本框的控件来源。

```
=[TempVars]![Username]
```

任务 6.5　通过宏导出子窗体数据

任务描述

在成绩管理系统中，可以按照各种方式来检索学生的成绩信息。按照某种方式来检索成绩后，除了在屏幕上浏览查询结果外，还可以根据需要将查询结果导出到 Excel 工作簿、HTML 网页、XML 文档或文本文件中，以便于共享和交换数据。本任务将学习使用宏导出

窗体数据的方法，并创建一个"按照班级和课程查询成绩"窗体，可以从列表框中选择班级和课程并通过子窗体显示出查询结果，此时可以将子窗体数据输出到文件中。

实现步骤

在本任务中，首先创建一个包含参数的选择查询，然后创建一个窗体用户界面并添加各种控件，最后通过创建与窗体控件的时间属性相关的嵌入宏。

1. 创建选择查询

下面创建一个选择查询功能，实现按照班级和课程查询学生成绩，班级和课程信息均来自窗体上的控件。

（1）打开教务管理数据库。

（2）在"设计"视图中，创建一个名为"班级课程成绩查询"的选择查询，在班级编号和课程编号字段列的"条件"单元格中包含两个参数，用于从窗体控件中获取数据，该窗体名称为"班级课程成绩查询"，两个控件名称分别为"班级"和"课程"，如图 6.67 所示。

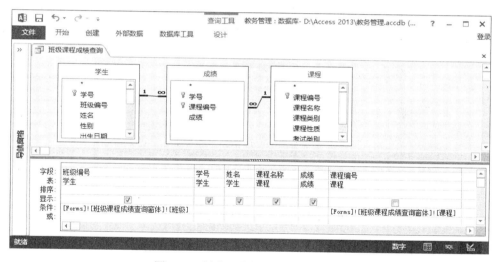

图 6.67 创建"班级课程成绩查询"

2. 创建窗体用户界面

下面创建一个窗体，然后在该窗体上添加一些控件，完成用户界面设计。

（1）使用窗体设计工具在"设计"视图中创建一个空白窗体，然后将该窗体保存为"班级课程成绩查询窗体"。

（2）在窗体页眉节中添加标题，然后在该标题输入文字内容"按班级和课程查询成绩"，如图 6.68 所示。

（3）在属性表中，将窗体的"记录选择器"和"导航按钮"属性均设置为"否"。

（4）确保在"设计"选项的"控件"组中选中"使用控件向导"选项，然后单击"列表框"，并在窗体主体节中单击鼠标右键，以添加列表框控件。

（5）在图 6.69 所示的"列表框向导"对话框中，选择"使用列表框获取其他表或查询中的值"，然后单击"下一步"按钮。

图 6.68 在"设计"视图中创建空白窗体

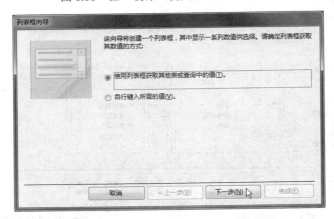

图 6.69 确定列表框获取数据的方式

（6）在图 6.70 所示的"列表框向导"对话框中，选择"班级"表作为列表框的数据来源，然后单击"下一步"按钮。

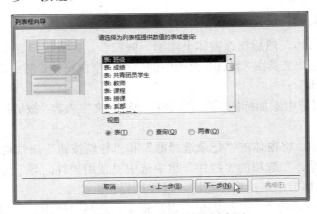

图 6.70 确定列表框的数据来源

（7）在图 6.71 所示的"列表框向导"对话框中，将"班级编号"字段添加到"选定字段"列表中，然后单击"下一步"按钮。

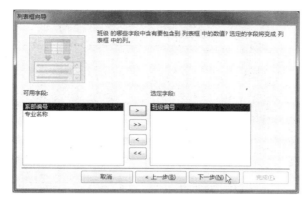

图 6.71　确定列表框中包含的字段值

（8）在图 6.72 所示的"列表框向导"对话框中，指定按"班级编号"字段对列表框中的项进行升序排序，然后单击"下一步"按钮。

图 6.72　确定列表框中项的排序次序

（9）在图 6.73 所示的"列表框向导"对话框中，调整列表框中列的宽度，然后单击"下一步"按钮。

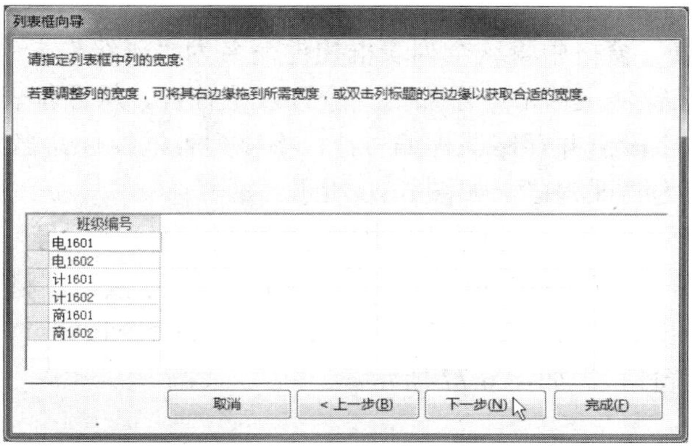

图 6.73　设置列表框中列的宽度

数据库应用基础 (Access2013)

（10）在图 6.74 所示的"列表框向导"对话框中，将列表框指定标签标题设置为"班级："，然后单击"完成"按钮。

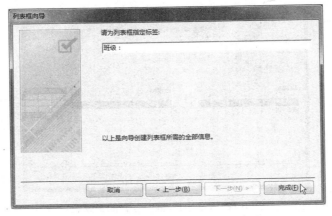

图 6.74　指定列表框的标签标题

此时，一个列表框控件添加到窗体主体节中，如图 6.75 所示。

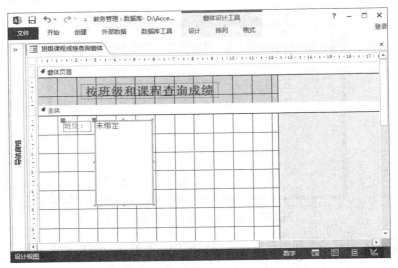

图 6.75　利用向导添加的列表框控件

（11）在"属性表"窗格中将这个列表框控件命名为"班级"。

（12）使用向导在窗体主体节中添加另一个列表框控件，从课程表中获取数据，通过该列表框显示课程名称字段值并存储课程编号值，将该列表框控件命名为"课程"，将附加于其上的标签标题设置为"课程："，如图 6.76 所示。

（13）在"设计"选项卡的"控件"组中取消对"使用控件向导"选项的选择，在该组中单击"按钮"控件，在"课程"列表框右边添加一个命令按钮，将其命名为 cmdExport，将其标题设置为"导出数据"；在该按钮下方添加另一个命令按钮并命名为 cmdClose，将其标题设置为"关闭窗口"，如图 6.77 所示。

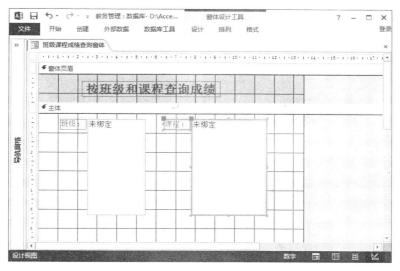

图 6.76　在窗体上添加"课程"列表框

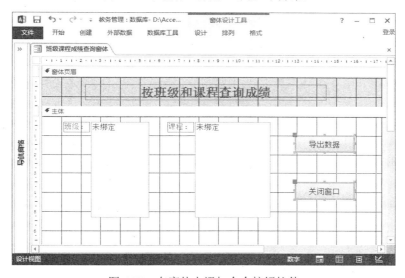

图 6.77　在窗体上添加命令按钮控件

（14）在"设计"选项卡的"控件"组中选中"使用控件向导"选项，在该组中单击"子窗体/子报表"，然后在两个列表框下方单击鼠标右键以添加子窗体控件。

（15）在图 6.78 所示的"子窗体向导"对话框中，选择"使用现有的表和查询"，然后单击"下一步"按钮。

（16）在图 6.79 所示的"子窗体向导"对话框中，将"班级课程成绩查询"中的全部字段都添加到"选定字段"列表中，然后单击"下一步"按钮。

（17）在图 6.80 所示的"子窗体向导"对话框中，将子窗体命名为"班级课程成绩查询子窗体"，然后单击"完成"按钮。

宏的创建和应用

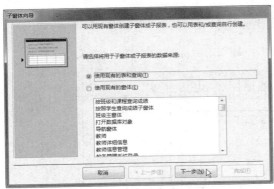 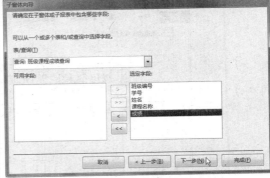

图 6.78　确定子窗体的数据来源　　　　图 6.79　确定子窗体上包含的字段

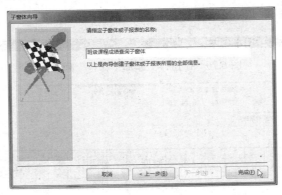

图 6.80　命名子窗体

（18）将附加于子窗体上的标签删除掉，窗体布局设计效果如图 6.81 所示。

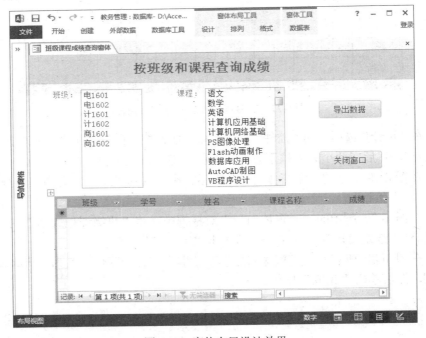

图 6.81　窗体布局设计效果

3．创建与窗体控件的事件属性相关的嵌入宏

下面针对窗体上各个控件的"单击"事件创建嵌入宏。

（1）在窗体上单击"班级"列表框，在属性表中选择"事件"选项卡，单击"单击"属性框右侧的■按钮，当出现"选择生成器"对话框时，在列表框中选择"宏生成器"，然后单击"确定"按钮。

（2）在宏生成器中创建单击"班级"列表框中的项时运行的嵌入宏，首先添加一行注释文字，然后在"操作"单元格的宏操作列表中选择 Requery 操作，并将"控件名称"参数设置为"班级课程成绩查询子窗体"，如图 6.82 所示。

图 6.82　创建单击"班级"列表项时运行的嵌入宏

（3）在宏生成器中，创建单击"课程"列表框中的项时运行的嵌入宏，如图 6.83 所示。

图 6.83　创建单击"课程"列表项时运行的嵌入宏

这个嵌入宏的组成如下：首先通过 Requery 操作对子窗体进行重新查询；然后通过 If 程序块检查运行"班级课程成绩查询"生成的结果集所包含的记录数，如果记录数为 0，则弹出消息框，提示未检索到任何成绩记录。

（4）在宏生成器中，创建单击"导出数据"按钮时运行的嵌入宏，如图 6.84 所示。

这个嵌入宏的组成如下：第一个 If 程序块检查"班级课程成绩查询"的结果集中包含的记录数，如果记录数为 0，则弹出消息框，提示"没有检索到任何成绩记录，无须导出！"，然后通过 StopMacro 操作终止当前正运行的宏。第二个 If 程序块检查上述查询的结果集包含的记录数，如果记录数大于 0，则通过 ExportWithFormatting 操作将子窗体中的数据导出为各种格式的文件。由于未指定输出格式，执行导出操作时可以选择输出格式，可以是 Excel 电子表格、Word RTF 文档、HTML 网页、PDF 文档、XML 文件、XPS 文件或文本文件等。

宏的创建和应用

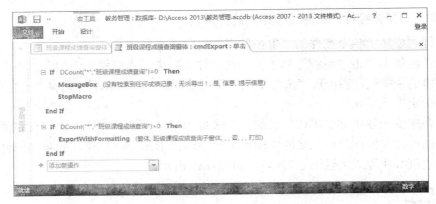

图 6.84　创建单击"导出数据"按钮时运行的嵌入宏

（5）在宏生成器中，创建单击"关闭窗口"按钮时运行的嵌入宏，如图 6.85 所示。

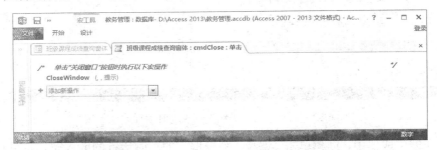

图 6.85　创建单击"关闭窗口"按钮时运行的嵌入宏

（6）切换到"窗体"视图，对数据导出功能进行测试。从列表框中选择一个班级和一门课程，当在子窗体中列出成绩时单击"导出数据"按钮，如图 6.86 所示。

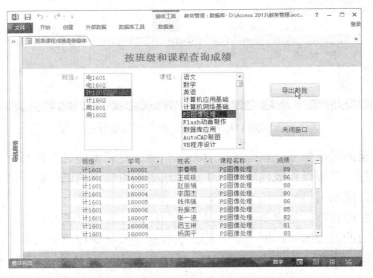

图 6.86　选择班级和课程并导出数据

（7）在"输出到"对话框中选择所需要的输出格式（例如 Excel 工作簿），然后单击"确定"按钮，如图 6.87 所示。

（8）当出现图 6.88 所示的"输出到"对话框时，选择一个保存位置并指定输出文件的名称，然后单击"确定"按钮，完成数据导出操作。

图 6.87　选择输出格式　　　　　　图 6.88　将子窗体中的数据导出到文件

（9）如果从列表框中选择一门课程后未返回任何成绩记录，则会弹出如图 6.89 所示的消息框，提示"没有检索到任何成绩记录"。

（10）如果在这种情况下单击"导出数据"按钮，则会弹出如图 6.90 所示的消息框，提示子窗体不包含任何记录，无须导出。

图 6.89　未检索到记录　　　　　　　图 6.90　无须导出数据

（11）单击"关闭窗口"按钮，以关闭"班级课程成绩查询"窗体。

知识与技能

在本任务中，使用 ExportWithFormatting 宏操作将指定子窗体中的数据输出到文件中。该宏操作可将 Access 2013 数据库对象、窗体、报表、模块或数据访问页中的数据输出为多种输出格式。ExportWithFormatting 操作具有以下参数。

- "对象类型"：包含要输出数据的对象的类型。在宏生成器窗格的"操作参数"部分的"对象类型"框中，可以选择"表"、"查询"、"窗体"或"报表"等对象类型。若要输出活动对象，可用该参数选择它的类型，但保留对象名称参数为空。
- "对象名称"：包含要输出数据的对象的名称。可从"对象名称"框中选择数据库中属于对象类型参数所选类型的所有对象。
- "输出格式"：输出数据时将要采用的格式的类型。可从"输出格式"框中选择"Excel 97-Excel 2003 工作簿（*.xls)"、"Excel 二进制工作簿（*.xlsb)"、"Excel 工作簿（*.xlsx)"、"HTML (*.htm; *.html)"、"Microsoft Excel 5.0/95 工作簿（*.xls)"、"PDF 格式（*.pdf)"等格式。若将该参数保留为空，则 Access 会提示选择所需的输出格式。
- "输出文件"：作为数据输出目标的文件（包括完整路径）。可以包括用输出格式参数选择的输出格式所对应的标准文件扩展名，但该参数不是必选项。如果保留输出文件参数为空，则 Access 会提示选择输出文件名。

- "自动启动"：指定当输出文件参数所指定文件处于打开状态时，在执行 OutputTo 操作后，是否立即启动相应的软件。
- "模板文件"：指将要用作 HTML 文件模板的那个文件的路径和文件名。模板文件是一种文本文件，其中包含对 Access 而言具有唯一性的 HTML 标记和符号。
- "编码"：指将要用于输出文本或 HTML 数据的字符编码格式的类型。可以选择 "MS-DOS"、"Unicode" 或 "Unicode(UTF-8)"。"MS-DOS" 参数设置仅对文本文件提供。如果将该参数保留为空，那么对于文本文件，Access 将采用 Windows 默认编码来输出数据；对于 HTML 文件，Access 将采用默认系统编码来输出数据。
- "输出质量"：指选择 "打印" 可优化打印输出，选择 "屏幕" 可优化屏幕的输出显示。

任务 6.6 通过宏邮寄报表数据

任务描述

教务管理数据库中包含一些报表，教务管理部门通常要通过电子邮件将报表数据发送给教师，这就需要将报表输出到文件中，然后使用手动方式撰写邮件并添加报表文件作为附件。为了提高工作效率，可以使用 EMailDatabaseObject 宏操作将指定的报表包含在电子邮件消息中，并将报表输出文件和电子邮件信息发送到电子邮件应用程序中进行查看和转发。

通过本任务将学习和掌握使用宏邮寄报表数据方法，并创建一个 "报表邮寄系统" 窗体。该窗体列出教务管理数据库中的所有报表名称和教师表中的所有教师，可以从 "报表" 列表框中选择要发送的报表，并从 "教师" 列表框中选择接收该报表的教师，然后单击 "邮寄报表" 按钮，此时可选择所需格式并生成一封包含报表文件附件的新邮件。

实现步骤

在本任务中，首先创建一个选择查询功能以获取报表列表，然后创建报表邮寄窗体的用户界面，最后创建实现发送邮件功能的嵌入宏。

1. 创建用于获取报表名称的选择查询功能

下面创建一个选择查询功能，用于获取当前数据库中的所有报表对象。

（1）打开教务管理数据库。

（2）在 "创建" 选项卡的 "查询" 组中单击 "查询设计"，不添加任何表或查询，进入创建的 "设计" 视图后，切换到 SQL 视图，直接输入以下 SELECT 语句，用于获取当前数据库中的所有报表对象。

```
SELECT MSysObjects.Name AS 名称
FROM MSysObjects
WHERE (((MSysObjects.Type)=-32764)
    AND ((MSysObjects.Flags)=0));
```

其中，MSysObjects 为 Access 2013 数据库中的一个系统表，其中存储着表、查询、窗体、报表、宏等数据库对象的相关信息，默认情况下这个系统表处于隐藏状态。对于用户创建的报表对象而言，Type 字段值为-32764，Flags 字段值为 0。

（3）单击快速访问工具栏上的"保存"按钮，然后将该查询保存为"报表对象"。

2. 创建报表邮寄窗体的用户界面

下面在"设计"视图中打开一个空白窗体，然后在该窗体上添加两个列表框，分别列出报表名称和教师的电子邮件地址。此外在该窗体上添加两个命令按钮，分别用于邮寄报表和关闭窗口。

（1）在"创建"选项卡的"窗体"组中单击"窗体设计"，在"设计"视图中打开一个空白窗体。

（2）在"属性表"窗格中将其"标题"设置为"报表邮寄系统"，将该窗体的"记录选择器"和"导航按钮"属性均设置为"否"，然后将该窗体保存为"报表邮寄系统"。

（3）在窗体页眉节中插入一个标题，设置标题内容为"报表邮寄系统"。

（4）确保在"设计"选项卡的"控件"组中未选中"使用控件向导"选项，在该组中单击"列表框"命令，在窗体主体节中添加一个列表框控件，将该列表框命名为"报表"，将附加标签的标题设置为"选择要发送的报表："。

（5）在窗体上单击"报表"列表框，在属性表中选择"数据"选项卡，在"行来源"属性框中输入以下查询语句：

```
SELECT 报表对象.名称 FROM 报表对象;
```

（6）确保在"设计"选项卡的"控件"组中选中"使用控件向导"选项，在该组中单击"列表框"命令，然后在"报表"列表框右边添加一个列表框控件。

（7）在图 6.91 所示的"列表框向导"对话框中，选择"使用列表框获取其他表或查询中的值"，然后单击"下一步"按钮。

（8）在图 6.92 所示的"列表框向导"对话框中，选择教师表作为列表框的数据来源，然后单击"下一步"按钮。

（9）在图 6.93 所示的"列表框向导"对话框中，将"教师编号"、"姓名"和"电子信箱"字段添加到"选定字段"列表中，然后单击"下一步"按钮。

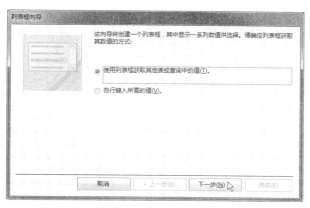

图 6.91 确定列表框获取数据的方式

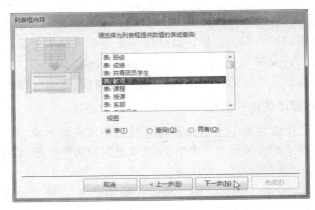

图 6.92　确定为列表框提供数据的来源

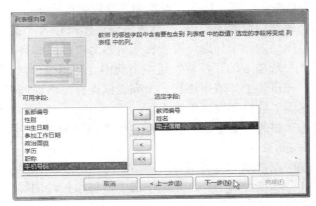

图 6.93　确定列表框中包含的字段值

（10）在图 6.94 所示的"列表框向导"对话框中，设置列表框中的项按"教师编号"升序排序，然后单击"下一步"按钮。

（11）在图 6.95 所示的"列表框向导"对话框中，选中"隐藏键列"复选框，并调整列的宽度，然后单击"下一步"按钮。

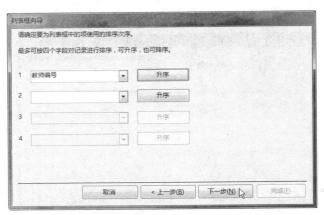

图 6.94　确定列表框中的项的排序次序

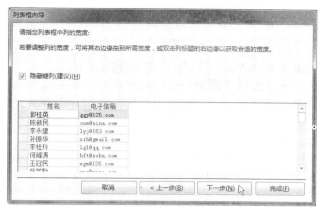

图 6.95　隐藏键列并调整列宽

在图 6.96 所示的"列表框向导"对话框中，将列表框的标签标题设置为"选择接收邮件的教师:"，然后单击"完成"按钮。

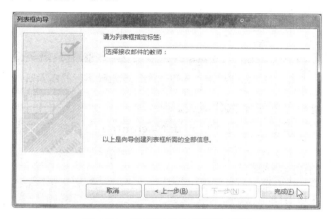

图 6.96　设置列表框标签的标题

（12）使用向导添加列表框控件后，在属性表中将该控件命名为"教师"。

（13）在列表框控件下方添加两个命令按钮，分别命名为 cmdSend 和 cmdClose，将其标题分别设置为"邮寄报表"和"关闭窗口"，并对窗体布局进行调整，效果如图 6.97 所示。

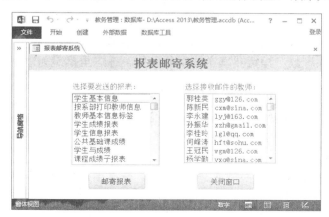

图 6.97　报表邮寄系统窗体布局效果

3. 创建单击命令按钮时实现发送邮件功能的嵌入宏

下面针对两个命令按钮设置"单击"事件，在宏生成器中分别创建两个嵌入宏。

（1）在窗体上单击"邮寄报表"按钮，在属性表中选择"事件"选项卡，单击"单击"属性框右侧的 ⋯ 按钮，在"选择生成器"对话框中选择"宏生成器"，单击"确定"按钮。

（2）在宏生成器中，创建单击"邮寄报表"按钮时运行的嵌入宏，如图 6.98 所示。

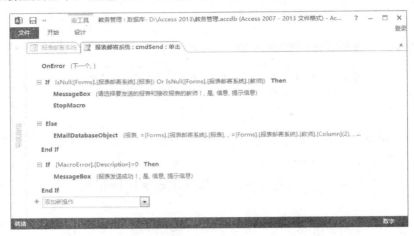

图 6.98　创建单击"邮寄报表"按钮时运行的嵌入宏

这个嵌入宏主要由以下三个部分组成。

① OnError 操作：指定宏出现错误时在 MacroError 对象中保存错误信息，然后继续执行后面的宏操作。

② If 程序块：条件表达式为

```
IsNull([Forms].[报表邮寄系统].[报表]) Or IsNull([Forms].[报表邮寄系统].[教师])
```

意即未在"报表"和"教师"列表框中选择报表和教师。

若条件为 True，则执行 MessageBox 操作，弹出一个消息框，显示提示信息；然后执行 StopMacro 操作，终止当前正在运行的宏。

③ Else 分支：若条件为 False，则意味着已经在"报表"和"教师"列表框中选择报表和教师，此时通过执行操作将发送所选报表至所选教师的电子信箱中。

以下是对 EMailDatabaseObject 操作的各个参数的设置。

- "对象类型"参数：指定要发送的对象类型，选择"报表"。
- "对象名称"参数：指定要发送的对象名称，在这里指定为以下表达式。

```
=[Forms].[报表邮寄系统].[报表]
```

- "到"参数：指定收件人的电子邮件地址，在这里指定为以下表达式。

```
=[Forms].[报表邮寄系统].[教师].[Column](2)
```

其中，[Forms].[报表邮寄系统].[教师].[Column](2)为"教师"列表框中的第 2 列，即电子信箱。

- "主题"参数：电子邮件主题行中的文本，在这里指定为以下表达式。

```
=[Forms].[报表邮寄系统].[报表] & "报表"
```

- "消息文本"参数：指定电子邮件的正文信息，在此指定为以下表达式。

=[Forms].[报表邮寄系统].[教师].[Column](1) & "老师：现将" & [Forms].[报表邮寄系统].[报表] & "报表发给您了，请查收！"

其中，[Forms].[报表邮寄系统].[教师].[Column](1)为"教师"列表框中的第 1 列，为教师姓名。

④ If 程序块：若邮寄过程中未出现错误，则通过 MessageBox 操作显示报表发送成功信息。

（3）在宏生成器中创建单击"关闭窗口"按钮运行的嵌入宏，通过执行 Close 操作来关闭当前窗口，如图 6.99 所示。

图 6.99　创建单击"关闭窗口"按钮时运行的嵌入宏

（4）切换到"窗体"视图，对"报表邮寄系统"窗体进行测试。选择一个报表和一个教师，然后单击"邮寄报表"按钮，如图 6.100 所示。

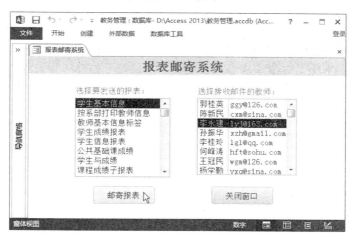

图 6.100　选择报表和教师

（5）在图 6.101 所示的"对象发送为"对话框中，选择 PDF 格式作为对象的输出格式，然后单击"确定"按钮。

（6）此时将在电子邮件应用程序（如 Outlook）中生成一封新邮件，报表的输出文件作为该邮件的附件，如图 6.102 所示；单击"发送"按钮，即可将该邮件发至发件箱中，此时会弹出消息框，提示报表发送成功。

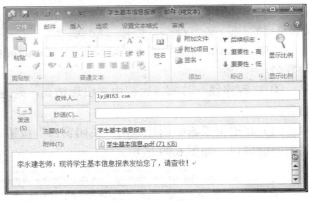

图 6.101　选择输出格式　　　　　图 6.102　在电子邮件应用程序中生成的新邮件

知识与技能

在本任务中，使用 EMailDatabaseObject 宏操作将教务管理数据库中的指定报表发送到指定教师的电子信箱中。

1．EMailDatabaseObject 宏操作

EMailDatabaseObject 宏操作将指定的 Access 2013 数据表、窗体、报表、模块或数据访问页包含在电子邮件中，以便在其中进行查看和转发。EMailDatabaseObject 操作具有以下参数。

- "对象类型"：指要包含在邮件中的对象的类型。在宏生成器窗格的"操作参数"部分的"对象类型"框中，单击"表"、"查询"、"窗体"、"报表"或"模块等。如果要包含活动对象，可使用该参数选择相应的类型，但需要将对象名称参数保留为空。
- "对象名称"：指要包含在邮件中的对象的名称。"对象名称"框显示数据库中属于对象类型参数所选类型的所有对象。如果将对象类型和对象名称参数均保留为空，则Access 会向邮件应用程序发送一封不带任何数据库对象的邮件。
- "输出格式"：指要用于包含的对象的格式类型。从其中选择的格式列表将根据对象类型选择的格式的不同而变化。在"输出格式"框中可用的格式包括："Excel 97 – Excel 2003 工作簿(*.xls)"、"Excel 二进制工作簿(*.xlsb)"、"Excel 工作簿 (*.xlsx)""HTML(*.htm, *.html)"、"Microsoft Excel 5.0/95 工作簿 (*.xls)"、"PDF 格式 (*.pdf)"、"RTF 格式 (*.rtf)"、"文本文件 (*.txt)"或者"XPS 格式 (*.xps)"等。模块只能以文本格式发送。数据访问页只能以 HTML 格式发送。如果将该参数保留为空，Access 会提示提供的输出格式。
- "到"：指希望将其姓名放到邮件的收件人行上的收件人。如果将该参数保留为空，则 Access 会提示输入收件人的姓名。将在该参数中（以及抄送和暗送参数中）指定的收件人的姓名用分号（;）分隔。如果邮件应用程序不能识别收件人的姓名，则不会发送邮件并产生一个错误。
- "抄送"：指希望将其姓名放到邮件的抄送（"副本"）行上的收件人。如果将该参数保留为空，则邮件中的抄送行为空。
- "暗送"：指希望将其姓名放到邮件的暗送（"匿名副本"）行上的收件人。如果将该参数保留为空，则邮件中的暗送行为空。

- "主题"：指邮件的主题。此文本出现在邮件中的主题行上。如果将该参数保留为空，则邮件中的主题行为空。
- "消息文本"：指除数据库对象外，希望包含在邮件中的任何文本。此文本出现在邮件的正文中并在数据库对象之后。如果将该参数保留为空，则邮件中不包含其他文本。如果将对象类型和对象名称参数保留为空，则可以使用该参数发送一封没有数据库对象的邮件。
- "编辑消息"：指定邮件发送前是否可以进行编辑。如果选择"是"，则电子邮件应用程序会自动启动，并且可以编辑邮件；如果选择"否"，则发送邮件且用户无法编辑邮件。默认值为"是"。
- "模板文件"：指希望用作 HTML 文件模板的文件的路径和文件名。模板文件是包含 HTML 标记的文件。

邮件中的对象为所选的输出格式。双击该对象时，对应的软件将启动并打开该对象。

2．使用多列列表框

在本任务中，"教师"列表框是使用"列表框向导"创建的。该列表框包含"教师编号"、"姓名"和"电子信箱"三个字段，称为多列列表框。若要引用多列列表框中某个字段的值时，需要使用 ListBox 对象的 Column 属性。语法格式如下：

```
表达式.Column(Index [,Row])
```

其中，表达式代表 ListBox 对象。参数 Index 为必选，是一个长整型整数，其范围为 0 到 ColumnCount 属性（列数）的值减 1。Row 参数为可选，是一个整数，其范围为 0 到 ListCount 属性的设置值减 1 的整数。因此，可用 0 引用第一列，用 1 引用第二列，依此类推。例如，在本任务中，由于被隐藏的键列（"教师编号"字段）为 0，在设置 SendObject 操作的参数时，需要通过以下表达式来引用"姓名"和"电子信箱"字段的值。

```
=[Forms].[报表邮寄系统].[教师].[Column](1)
=[Forms].[报表邮寄系统].[教师].[Column](2)
```

任务 6.7　通过宏实现系统集成

任务描述

通过前面各个任务的实施，已经在教务管理数据库中创建了表、查询、报表及窗体等各种数据库对象。为了方便快捷地使用这个数据库对教务信息进行有效的管理并保证数据的安全性，还必须将各个数据库对象组合起来，形成一个完整的信息管理系统。这个过程通常称为系统集成。通过本任务将学习和掌握使用宏实现系统集成的方法，并通过创建命名宏、自定义功能区及设置当前数据库选项来实现教务管理系统的集成。

实现步骤

在本任务中，首先使用宏生成器创建一组用于打开数据处理窗体的命名宏，然后通过自定义功能区创建新的选项卡和新的命令组并将这些命名宏添加到新建命令组中，最后通过设置当前数据库选项来指定应用程序的标题和图标，并将导航窗格隐藏起来。

1. 创建命名宏

在系统用户表中用户的权限分为管理员、教师和学生，这三种类型的用户具有不同的权限，其中管理员可以打开所有窗体，教师只能打开用于教师和成绩管理的窗体，学生只能打开用于成绩管理的窗体。此外，系统登录窗体对所有用户开放，因为登录到系统之前不可能保存用户名，更谈不上权限了。下面创建五个命名宏，它们的功能是打开系统登录窗体或退出系统，或对当前登录用户的权限进行检查，如果具有所需的权限，则打开实现相应管理功能的窗体。

（1）打开教务管理数据库。

（2）在"创建"选项卡的"宏与代码"组中单击"宏"命令，打开宏生成器，在宏对象中创建两个子宏，分别命名为"登录系统"和"退出系统"，向每个子宏中添加宏操作，"登录系统"子宏用于直接打开"系统登录"窗体，"退出系统"子宏则是退出 Access，将宏对象保存为"系统"，如图 6.103 所示。

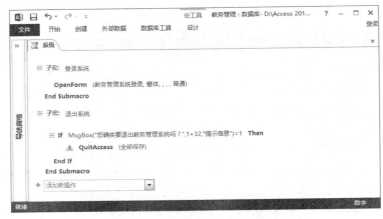

图 6.103　创建"系统"宏

（3）在宏生成器中创建一个名为"学生"的宏对象，在其中创建两个子宏，分别命名为"学生信息分页管理"和"学生信息分班管理"。它们的功能是根据当前登录用户名获取该用户的权限（通过调用 VBA 函数 DLookUp），如果其权限是"管理员"，则允许打开指定窗体，否则弹出消息框显示提示信息，如图 6.104 所示。

（4）在宏生成器中创建一个名为"教师"的宏对象，在其中创建两个子宏，分别命名为"教师信息分页管理""教师信息分割视图"和"教师授课信息管理"。它们的功能是根据当前登录用户名获取用户的权限，如果其权限是"教师"或"管理员"，则允许打开指定窗体，否则弹出消息框显示提示信息，如图 6.105 所示。

（5）在宏生成器中创建一个名为"课程信息管理"的宏对象，其功能是根据当前登录用户名获取其权限，如果其权限是"管理员"，则允许打开"课程"窗体，否则弹出消息框显示提示信息，如图 6.106 所示。

（6）在宏生成器中创建一个名为"成绩"的宏对象，在其中创建三个子宏，分别命名为"学生成绩分页信息""按班级和课程查询成绩"和"按班级和学生查询成绩"，它们的功能是根据当前登录用户名获取其权限，如果其权限不是 Null 值（只要登录成功，不管具有何种权限），则允许打开指定的窗体，否则弹出消息框显示提示信息，如图 6.107 所示。

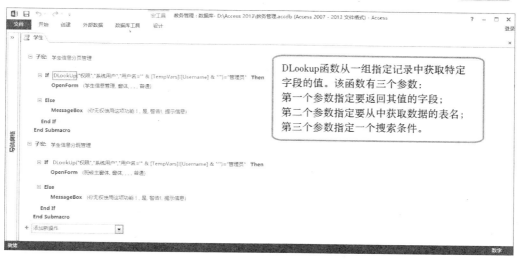

图 6.104　创建"学生"宏

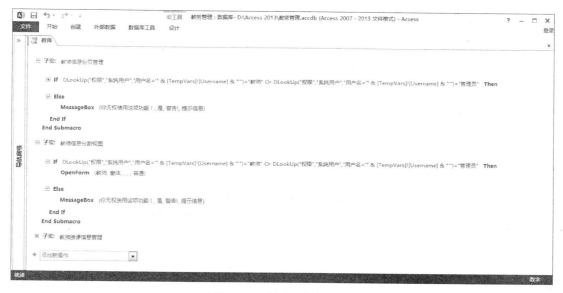

图 6.105　创建"教师"宏

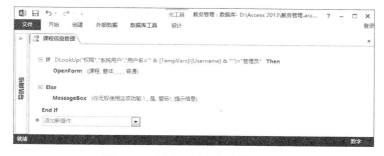

图 6.106　创建"课程信息管理"宏

图 6.107　创建"成绩"宏

2．自定义功能区

下面通过自定义功能区，将刚才创建的宏添加到自定义选项卡的自定义命令组中。要访问教务管理系统的功能，在这些命令组中单击相关命令即可。

（1）单击"文件"选项卡，单击"选项"。

（2）在"Access 选项"对话框中单击"自定义功能区"。

（3）单击"新建选项卡"按钮，此时将出现"新建选项卡（自定义）"项，这个新建选项卡下方有一个"新建组（自定义）"，如图 6.108 所示。

图 6.108　在功能区创建新选项卡

（4）单击这个新选项卡，单击"重命名"按钮，将该选项卡改名为"教务管理系统"；单击"教务管理系统"选项卡下方的"新建组（自定义）"，单击"重命名"按钮，将该组改名为"系统"。

（5）通过单击"新建组"按钮在"教务管理系统"选项卡下方创建另外四个命令组，并重命名为"教师""学生""课程"和"成绩"。

（6）在"从下列位置选择命令"下拉列表框中选择"宏"，然后将各个宏或子宏分别添加到 5 个自定义命令组中，并通过重命名为每个命令选择一个图标，如图 6.109 所示。

宏的创建和应用

图 6.109　将宏添加到自定义命令组中

（7）将原有的各主选项卡都隐藏起来，只保留自定义的"教务管理系统"选项卡，单击"确定"按钮。此时的应用程序窗口界面如图 6.110 所示。

图 6.110　"教务管理系统"选项卡及其包含的自定义命令组

3. 设置当前数据库选项

对功能区进行自定义后，还需要对当前数据库的启动选项进行设置，以指定应用程序标题和图标，设置打开 Access 应用程序时显示的窗体，隐藏导航窗体和其他选项卡等。具体操作步骤如下。

（1）单击"文件"选项卡，单击"选项"命令。

（2）在"Access 选项"对话框中选择"当前数据库"，在"应用程序选项"下指定应用程序的标题和图标，并选取"用作窗体和报表图标"复选框，如图 6.111 所示。

图 6.111　设置应用程序的标题和图标等选项

（3）在"文档窗口选项"下，选取"重叠窗口"复选框，取消"使用 Access 特殊键"（以防止按 F11 键显示或隐藏导航窗格等）。

（4）在"导航"下，取消"显示导航窗格"复选框，取消"允许全部菜单"和"允许默认快捷菜单"复选框。

（5）完成以上设置后，单击"确定"按钮，关闭"Access 选项"对话框；当弹出如图 6.112 所示的对话框时，单击"确定"按钮。

图 6.112　完成选项设置时弹出的对话框

（6）关闭并重新打开当前数据库，使指定的选项生效。此时将看到"教务管理系统"窗口，如图 6.113 所示。

图 6.113　最终完成的教务管理系统

知识与技能

在本任务中，通过创建命名宏、自定义功能区和设置当前数据库选项完成了教务管理系统的集成，最终完成教务管理系统的开发工作。

系统集成主要包括以下内容。

（1）创建命名宏。其主要目的是提高系统的安全性，即通过检查当前登录用户的权限来确定该用户是否能够打开相关的数据管理窗体。

（2）自定义功能区。使用宏生成器创建的命名宏或其子宏后，还必须通过自定义功能区将它们添加到自定义选项卡的自定义命令组中，才能供用户使用。

（3）设置当前数据库选项。其主要目的有两个：一是通过设置应用程序的标题和图标来定制个性化的教务管理系统；二是通过隐藏系统菜单、快捷菜单和导航窗格及禁用特殊键等措施进一步提高系统的安全性。

项目小结

本项目通过 7 个任务介绍了如何在 Access 2013 中创建和应用宏。

宏是 Access 数据库中的一种重要对象，是用来自动执行任务的一个操作或一组操作。在 Access 2013 中，宏分为独立宏和嵌入宏，前者可以独立于其他数据库对象而存在，后者则成为所嵌入到的窗体、报表或控件的一部分。

宏组是共同存储在一个宏名下的相关子宏的集合。通过"宏组名.子宏名"格式来引用宏组中的宏。宏由条件、操作和参数组成。包含在宏组中的每个子宏必须有一个宏名。

独立宏可以通过在导航窗格中双击宏对象来运行，也可以用来设置对象或控件的事件属性。嵌入宏则只能在引发对象或控件的事件时运行。AutoExec 宏可在每次打开数据库时自动运行。若要对宏进行调试，以确定问题所在，则可以通过单步方式来运行宏。

Access 2013 提供了许多宏操作，每个操作都实现特定的功能。在本项目中，主要用到了以下宏操作。

CloseDatabase 操作：关闭当前数据库。

CloseWindow 操作：关闭指定的 Access 2013 文档选项卡或者活动文档选项卡。

GoToControl 操作：将焦点移至指定的控件或字段。

GoToRecord 操作：使结果集中的指定记录成为当前记录。

MessageBox 操作：显示一个包含警告或信息性消息的消息框。

OnError 操作：指定宏出现错误时如何处理。

OpenForm 操作：打开窗体。

OpenQuery 操作：打开选择查询或交叉表查询功能。

OpenReport 操作：打开报表。

OpenTable 操作：打开表。

ExportWithFormatting 操作：将指定子窗体中的数据输出到多种格式的文件中。

QuitAccess 操作：退出 Access 2013。

Requery 操作：对活动对象上的指定控件的源进行重新查询。

RunMenuCommand 操作：执行 Access 内置的命令。

EMailDatabaseObject 操作：将指定的数据库对象包含在电子邮件中，以便在其中进行查看和转发。

SetTempVar 操作：创建一个临时变量并将其设置为特定值。在后续操作中可以将该变量用作条件或参数，也可以在其他宏、事件过程、窗体或报表中使用该变量。

Submacro 操作：定义子宏，可以通过"宏组.子宏"格式引用每个子宏。

If…Else… 操作：定义 If 程序块，如果满足指定条件，则执行一组操作，否则执行另一组操作。根据需要还可以添加 Else If 分支，以便从更多操作中进行选择。

此外，在本项目中还用到以下 VBA 函数。

IsNull 函数：检测表达式是否为 Null 值。

MsgBox 函数：在对话框中显示一条消息，等待用户单击按钮，然后返回一个指示用户所单击按钮的整数值。

DCount 函数：用于计算指定记录集中的记录数。

DLookup 函数：从一组指定记录中获取特定字段的值。

项目思考

一、选择题

1. 使用（　　）操作可打开窗体。
   A. OpenTable　　　　　　　B. OpenForm
   C. OpenReport　　　　　　 D. OpenQuery
2. 如果要使用表达式作为操作参数的值，则需要在表达式的前面添加一个（　　）。
   A. !　　　　　　　　　　　B. #
   C. $　　　　　　　　　　　D. =
3. 要退出 Access 2013，可使用（　　）操作。
   A. CloseWindow　　　　　　B. CloseDatabase
   C. QuitAccess　　　　　　 D. ExitAccess

4.（　　）操作用于执行 Access 2013 的内置命令。

    A．RunMenuCommand   B．GoToControl

    C．OnError   D．GoToRecord

5．若要使用 RunMenuCommand 操作执行"开始"选项卡的"记录"组中的"保存记录"命令，可将"命令"参数设置为（　　）。

    A．Find   B．SaveRecord

    C．Undo   D．DeleteRecord

6．若要在打开数据库时自动运行一个宏，则应将该宏命名为（　　）。

    A．Auto   B．Access

    C．AutoExec   D．AutoMacro

二、判断题

1．宏是用来自动执行任务的一个操作或一组操作。（　　）

2．宏操作的名称可以更改。（　　）

3．宏组是共同存储在一个宏名下的相关子宏的集合。（　　）

4．嵌入宏在导航窗格中可以看到。（　　）

5．若要使用一个表达式的值作为操作参数，则要在该表达式前面添加一个加号（+）。（　　）

6．若表达式[Form].[NewRecord]的计算结果为 True，则表明当前记录是新记录。（　　）

7．若[MacroError]的值不等于 0，则表明宏执行成功。（　　）

8．Requery 宏操作时可以重新运行控件或对象所基于的查询。（　　）

9．在 DCount 函数中，"准则"参数通常等效于 SQL 表达式中的 WHERE 子句，因此必须包含 WHERE 关键词。（　　）

10．使用 SetTempVar 宏操作时，设置"表达式"参数时必须在表达式前面加等号（=）。（　　）

三、简答题

1．独立宏和嵌入宏有哪些区别？

2．在宏组中如何创建子宏？

3．如何将子窗体中的数据导出到文件？

4．如何获取选择查询返回的记录数？

5．如何从一组指定记录中获取特定字段的值？

6．系统集成主要包括哪些内容？

项目实训

1．创建一个用于打开数据库对象的窗体，并在该窗体上添加 4 个组合框和 4 个命令按钮，其中组合框用于显示教务管理数据库中的表、查询、窗体和报表。当从组合框中选择一个数据库对象并单击相应的按钮时，可以打开该数据库对象。

2．在创建一个用于管理学生信息的窗体，通过针对命令按钮的"单击"事件创建嵌入宏，来实现记录导航和记录的添加、修改、查找、保存、撤销及删除操作。

3．创建一个窗体并在其中创建三个联动的组合框和一个子窗体。当从"系部"组合框中选择一个系部时，将在"班级"组合框中列出所选系部的所有班级；当从"班级"组合框中选择一个班级时，将在"学生"组合框中列出所选班级的所有学生；当从"学生"组合框中选择一个学生时，将在子窗体中列出所选学生的所有课程成绩。

4．创建一个登录窗体，用密码进行验证，如果用户名和密码正确，则关闭登录窗体；如果用户名或密码错误，则弹出消息框，显示出现错误；单击"取消"按钮，可退出 Access 2013。要求该窗体以模式窗口方式打开，并且每次打开数据库时都自动弹出该窗体。

5．创建一个窗体，其功能是按照班级和课程查询成绩。当从列表框中选择班级和课程后，将通过子窗体显示出查询结果，此时可将子窗体数据输出到文件中。

6．创建一个窗体，其功能是向教师发送包含报表数据的电子邮件。当从列表框中选择报表和教师后，可将所选报表中的数据以文件形式发送到所选教师的电子信箱中。

7．通过以下操作实现教务管理系统的集成。

（1）创建 4 个宏组，每个宏组包含一些子宏，分别用于打开以上创建的各个窗体。

（2）通过自定义功能区创建一个自定义选项卡，在该选项卡下面创建两个自定义命令组，将步骤（1）中创建的各个子宏分别添加到不同的命令组中。

（3）将 Access 2013 原有的各个主选项卡隐藏起来。

（4）设置应用程序的标题和图标。

（5）设置文档窗口选项为"重叠窗口"，禁用 Access 特殊键。

（6）隐藏全部菜单和默认快捷菜单。